AF360451

LA FERME

ET

LE PRESBYTÈRE

TYPOGRAPHIE DE H. CARION
rue Bonaparte, 61, Paris.

LA FERME

ET

LE PRESBYTÈRE

Par M. A. YSABEAU,

Rédacteur du Messager de la Charité.

BIBLIOTHÈQUE IMPÉRIALE IMPR.

PARIS

C. DILLET, LIBRAIRE-ÉDITEUR

du *Messager de la Charité.*

15, — RUE DE SEVRES, — 15.

1859

LA FERME

ET

LE PRESBYTÈRE

Notions d'agriculture progressive.

Si la nécessité de faire progresser incessamment l'agriculture, pour maintenir la production au niveau des besoins de la consommation, avait besoin d'être démontrée, elle le serait par les irrécusables enseignements de la statistique. Depuis la fin du dernier siècle, l'Europe voit grossir incessamment le nombre de ses habitants ; sa population, qui ne dépassait pas 150 millions en 1787, atteignait en 1857 le chiffre formidable de 272 millions. On ne peut pas dire que ce chiffre est exagéré ; la statistique officielle de la population des États européens est établie pour servir de base au recrutement des armées et à l'assiette de l'impôt ; il est évident que les autorités locales n'ont aucun intérêt à l'enfler aux dépens de la vérité ; la statitisque, ainsi contrôlée par les intéressés de part et d'autre , est forcément, sinon rigoureusement exacte, au moins très-rapprochée de la réalité. Donc, en 70 ans, de 1787 à 1857, la population de l'Europe s'est accrue de 122 millions. Celle de la France en particulier était vers la même époque d'environ 20 millions, elle est actuellement de près de 38 millions ; soit 18 millions d'augmentation en 70 ans.

Il est évident que, dans cet intervalle, l'étendue des terres cultivées en Europe ne s'est pas augmentée d'un centimètre carré. Cependant, les famines sont devenues de plus en plus rares et de moins en moins sévères ; la production s'est rapprochée du niveau des besoins réels de la consommation. Les 20 millions de Français du temps de Vauban vivaient avec peine ; la France d'alors les nourrissait mal ; quelquefois, elle ne les nourrissait pas du tout ; à des intervalles assez rapprochés, ils mouraient de faim par millions. Il ne faut plus qu'il puisse en arriver autant à ces 38 millions d'êtres humains dont les vivres doivent sortir de la même étendue de terrain cultivable ; c'est donc une des plus impérieuses nécessités de notre temps, que celle de faire progresser constamment l'agriculture.

Les fermiers mêmes les plus éclairés ont une répugnance prononcée pour les innovations agricoles : c'est pour ainsi dire une loi de leur position. Avant de les blâmer, il faut bien considérer sur quoi est fondée cette répugnance. En se conformant de point en point au système de culture en vigueur dans leur canton, ils savent où ils vont ; ce système peut ne pas être le meilleur possible ; mais, en l'adoptant, le fermier sait qu'il peut compter, bon an, mal an, sur des produits qui lui suffiront pour faire honneur à ses engagements ; sortir de là, c'est marcher vers l'inconnu ; il ne s'y décide qu'après mûre délibération, et il serait souverainement injuste de l'en blâmer.

Mais, qu'un homme dans lequel il est habitué à avoir pleine confiance vienne lui conseiller l'emploi d'une méthode nouvelle, lui recommander l'introduction dans son exploitation d'une innovation avantageuse, il est tout disposé à l'écouter et à faire son profit de ses conseils.

Le vrai propagateur du sage progrès en agriculture, c'est le curé ; tout conseil utile émané du presbytère est bien accueilli à la ferme. Ce n'est plus, pour le cultivateur, un monsieur de la ville, étranger à la vie des champs, venant se poser comme son supérieur, prétendant lui enseigner ce que le fermier connaît le plus souvent mieux que lui ; c'est le pasteur de son village, celui auquel il ouvre son cœur au tribunal de la pénitence, celui qui sait lui épargner une maladie par de bons conseils d'hygiène, un procès par de sages avis sur ses affaires : que M. le curé lui parle de progrès agricole, il est certain d'être écouté.

Il n'est presque plus de nos jours un curé de paroisse rurale, qui ne se soit pas tenu au courant des progrès de l'agriculture contemporaine ; il n'en est pas qui ne comprenne combien il est utile au bon ordre et aux bonnes mœurs de retenir la population rurale dans les campagnes, de l'arrêter sur cette pente glissante où elle se laisse entraîner pour venir dans les villes encombrer les avenues de toutes les carrières industrielles, ou se perdre dans l'ingrate et dangereuse carrière de la domesticité. L'attrait principal pour fixer dans la profession d'agriculteur l'habitant des campagnes, c'est le bénéfice assuré qu'il y peut obtenir, c'est l'aisance à conquérir dans cette profession honorable entre toutes, par le travail intelligent.

L'auteur de ce livre croit être également utile à la ferme et au presbytère, en mettant en relief, sous les yeux du fermier, les notions si importantes pour lui de l'agriculture progressive, et en offrant au pasteur de village un résumé succinct bien que suffisamment détaillé, pouvant, sans travail pénible de recherches et sans perte de temps, lui rappeler à lui ce qu'il sait, au moment où il a besoin d'en instruire les autres, et éclairer en même temps le cultivateur sur les points les plus utiles de sa profession, qui lui sont très-souvent étrangers; telle est la pensée tout entière du livre nouveau que nous offrons au public agricole, avec l'espoir que LA FERME ET LE PRESBYTÈRE seront également bien reçus dans le presbytère et dans la ferme.

CHAPITRE I

Du choix d'une ferme.

Conseils sur le choix d'une ferme. — Fermage à prix d'argent. — Ses avantages. — Circonstances dans lesquelles il doit être préféré. — Calcul des frais d'exploitation. — Qualité des terres. — Abondance et qualité des eaux. — Situation des bâtiments. — État des chemins. — Logement des bestiaux. — Métayage. — Rapports du métayer avec le propriétaire. — Cheptel. — Ressources en fourrages. — Vignes. — Cave. — Cellier.

—

C'est un moment décisif dans la vie d'un fermier que celui où, après avoir acquis par le travail agricole assez d'expérience des choses de l'agriculture, et, par la pratique de la vie, assez d'aplomb et de maturité, il songe à prendre une ferme à son compte. Cette grande affaire, la plus importante de toute sa vie, est très-simplifiée, quand il lui est possible de trouver une terre à exploiter dans le canton où il est né : il en connaît à fond le sol, le climat local, les usages ; il ne fait, en prenant possession d'une exploitation, que continuer le genre de vie auquel il est habitué. Et cependant, même dans ce cas, un guide et un conseil lui sont toujours d'une grande utilité ; car au début d'une situation nouvelle, celui qui a toujours obéi et qui commence à commander, a surtout besoin de se méfier de lui-même, et d'agir avec la plus grande circonspection.

Cette nécessité devient pour lui plus urgente encore quand, n'ayant pas pu s'établir dans le voisinage de sa famille, il doit aller prendre possession d'une ferme au loin, dans un pays où il arrive en étranger. C'est alors que, pour obtenir d'une source certaine les renseignements exacts faute desquels il ne saurait agir qu'au hasard, ses yeux se tournent tout naturellement vers le presbytère.

Afin de parcourir, sans rien omettre d'essentiel, le cercle entier des données que le pasteur est toujours en mesure de fournir au jeune fermier prêt à débuter dans un canton où tout est nouveau pour lui : le climat, les usages agricoles, la terre et ceux qui l'habitent, prenons l'hypothèse d'un jeune cultivateur qui, n'ayant point encore de situation arrêtée, prend conseil du curé de la paroisse dans laquelle il a formé le projet de s'établir.

Celui-ci, après avoir parcouru avec lui et visité en détail les terres à louer sur le territoire de sa paroisse, ne pense pas que dans une affaire aussi grave que le choix d'une ferme, quelques renseignements communiqués verbalement puissent suffire; il remet au jeune fermier des notes écrites dont nous donnons le résumé, applicable à une foule de situations diverses, et dont chacun peut faire son profit, selon les conditions sous l'empire desquelles il se trouve placé.

Conseils sur le choix d'une ferme. — Vous me demandez, mon jeune ami, les avis de ma vieille expérience, afin de choisir, en pleine connaissance de cause, la ferme où, selon le cours naturel des choses, doit s'écouler la partie la plus active de votre carrière; c'est pour moi un plaisir autant qu'un devoir de vous éclairer aussi complétement que cela peut dépendre de moi. Nous sommes ici, comme vous avez pu le remarquer pendant nos excursions, sur la limite de deux régions agricoles distinctes; dans l'une domine la grande culture, le fermage à prix d'argent ; dans l'autre, la moyenne culture et le métayage, c'est-à-dire le partage des produits du sol entre celui qui le possède et celui qui le cultive. Ceci me donne tout naturellement occasion de vous 'donner mes conseils bienveillants dans cette double hypothèse.

Fermage à prix d'argent. — C'est le mode de location qui laisse au cultivateur le plus de latitude et d'indépendance ; c'est celui qu'il doit préférer, s'il possède à la fois une dose suffisante de connaissances pratiques en agriculture, et un capital d'une importance proportionnée à l'étendue des terres qu'il prend en location. Quel que soit ce capital, adoptez pour principe, et vous vous en trouverez bien, de ne jamais vous charger d'une ferme trop lourde pour vous ; calculez impartialement ce que les frais de culture pourront vous coûter par hectare ; ayez soin de comparer ces frais au capital dont vous disposez, et si vous trouvez, par exemple, que vous avez de quoi bien cultiver une ferme de 150 hectares, n'en prenez qu'une de 120 ou 130 au plus. En vous tenant dans ces limites, la proportion entre vos dépenses et vos ressources ne sera jamais rompue; on cultive toute l'année, on ne récolte qu'une fois par an, et il y a bien des années médiocres ou tout à fait mauvaises, pendant lesquelles vous avez à supporter les mêmes frais que pendant les meilleures années.

Le calcul que vous avez à faire pour suivre cette partie de mes conseils n'a rien de trop compliqué. Le loyer des terres, les contributions, les gages des domestiques, le salaire des ouvriers, le prix de tous les objets que vous pouvez avoir à acheter pour les besoins de votre exploitation, sont au nombre des choses dont la moyenne varie peu et peut être évaluée d'avance par approximation très-voisine de la réalité. Ce calcul étant fait avec soin, et vos idées étant bien arrêtées à cet égard, il faut donner toute votre attention à la qualité des terres : votre avenir en dépend.

D'un point de vue général, une ferme n'est bonne ou mauvaise que relativement; il y a dans ma paroisse des fermes réputées mauvaises où j'ai vu des fermiers intelligents faire très-bien leurs affaires; ils n'en payaient qu'un loyer peu élevé, et ils savaient en tirer un bon parti par leur travail. Les fermes dont les terres sont réputées de première qualité sont louées fort cher; ordinairement elles rapportent en proportion de leur prix de location; les terres médiocres, dont on paye quelquefois un fermage peu différent de celui des bonnes, sont pour cette raison les moins avantageuses et celles qu'il faut examiner avec le plus d'attention avant de s'en charger. Toute exploitation agricole en terres bonnes, médiocres ou mauvaises, a ce qu'on nomme avec raison *une fuite,* que le fermier ne voit pas toujours en y entrant, et par laquelle s'écoule le plus clair de son profit. La plus commune de ces causes de pertes incessantes, c'est la difficulté des transports. L'état des chemins, la situation de la ferme par rapport aux champs qui en dépendent, la difficulté plus ou moins grande de faire arriver les produits du sol jusqu'au lieu où ils peuvent être vendus, peuvent doubler, tripler même, la somme que dans vos prévisions vous avez allouée pour le transport des engrais et l'enlèvement des récoltes; cela suffit pour que l'ensemble de vos calculs se trouve complétement faussé. Plus une ferme occupe une position centrale par rapport à ses terres, plus elle est abordable par de bons chemins, à proximité d'une ou plusieurs bonnes routes, moins la fuite pour les transports agricoles est à redouter.

Assurez-vous bien d'avance de la bonne qualité et de l'abondance des eaux dont vous disposerez pour les besoins de votre exploitation. Une ferme vous semble très-bonne, et elle l'est en effet; vous y entrez; les récoltes y sont très-belles, et tout semble devoir y prospérer. Puis, il se trouve que pendant les fortes chaleurs l'eau manque pour abreuver le bétail; il faut faire faire aux animaux une longue traite qui les épuise de fatigue, pour leur procurer une eau de mauvaise qualité. Alors, trop souvent, la maladie décime les bestiaux; le fermier n'a pas le moyen de les remplacer : il se trouve ainsi, par une circonstance qu'il n'a pas su prévoir, sur le penchant de sa ruine.

Le bétail, personne ne l'ignore, constitue le plus clair de la fortune du cultivateur; il est, par la production du fumier, la base la plus solide de la prospérité de toute exploitation agricole. J'appelle toute votre attention sur la partie des bâtiments de la ferme où votre bétail doit être logé. S'il l'est mal, la ferme fût-elle sous d'autres rapports à votre convenance, ne la prenez pas; vos bestiaux y dépériront; vous ne sauriez y faire de bonnes affaires.

Métayage. — Si le capital d'exploitation que vous possédez est trop faible pour entreprendre l'exploitation d'une ferme dans les conditions ordinaires de la grande culture; si d'ailleurs vous avez le précieux capital d'une santé robuste et d'une famille dont les membres les moins jeunes peuvent déjà, dans la mesure de leurs forces, vous seconder utilement, c'est le cas de vous rabattre sur une bonne métairie. Je renouvelle ici le conseil de ne pas la prendre trop grande, par rapport à vos ressources en travail comme en argent. Pour le métayer, les mauvaises années sont moins à redouter que pour le fermier qui paye un loyer en argent. Celui-ci peut n'avoir avec son propriétaire que peu ou point de rapports directs; il arrive assez souvent que le fermier remet ses termes au notaire du canton qui lui en donne quittance, et les choses n'en vont pas plus mal.

Le métayer est, par rapport à son propriétaire, dans une situation entièrement différente. Devant avoir avec lui des relations suivies et inévitables, il doit, autant que possible, avant d'entreprendre l'exploitation d'une métairie, s'assurer qu'elle appartient à un homme équitable, assez éclairé en agriculture pour comprendre la solidarité d'intérêts établie par le métayage entre lui et le travailleur qui exploite sa terre, et préférer, à égalité d'avantages sous d'autres rapports, une métairie où cette condition importante se trouve réalisée.

Dans les métairies de ce canton, comme dans celles de tout le centre de la France, le bétail appartenant en entier au propriétaire du sol et devant être remis au métayer à titre de cheptel, le métayer doit bien s'assurer d'avance des ressources que les prairies naturelles ou artificielles et les pâturages communaux peuvent lui offrir pour la nourriture des bestiaux confiés à ses soins, et dont les produits lui appartiendront par moitié. Moins libre à cet égard que le fermier qui peut toujours, si les prairies naturelles lui manquent, faire des prairies artificielles ou cultiver les racines fourragères en proportion des besoins de ses bestiaux, le métayer peut rarement modifier le système de culture qu'il trouve établi et auquel il est tenu de se conformer. Il s'engage par conséquent dans une mauvaise affaire, s'il entre dans une métairie où la nourriture du bétail n'est pas amplement assurée; la moitié des produits qui doit lui revenir se réduirait à la moitié de rien, ce qui ne ferait pas sa fortune.

Dans les métairies de ce canton, de même que dans celles de presque tous les pays où le métayage est en vigueur pour l'exploitation du sol, une portion de vignes plus ou moins étendue fait partie de chaque métairie. Gardez-vous bien de prendre une métairie où il y a des vignes, si vous n'êtes pas stylé vous-même personnellement au métier de vigneron ; compter sur autrui pour tailler et façonner sa vigne, c'est courir au-devant de sa ruine. La vigne est la partie de la métairie que vous avez en vue, sur laquelle doit porter votre examen le plus attentif. La nature du sol, l'exposition, le nombre, l'âge et l'état des ceps, sont les points principaux que vous avez à vérifier. Pour peu que vous possédiez des connaissances pratiques sur la culture de la vigne, l'inspection du vignoble vous dira sur quel rendement vous pouvez compter dans les années bonnes, médiocres ou mauvaises, qui se succèdent en France avec une sorte de périodicité ; vous avez de plus à voir quelles facilités le pays peut offrir pour l'achat et l'entretien des échalas, l'achat des futailles toujours trop peu nombreuses dans les années de grande abondance, et le placement des vins, soit aussitôt après la vendange, soit plus tard pour les meilleurs crûs, dont le vin gagne de la qualité en vieillissant. Une métairie de laquelle dépend une vigne, grande ou petite, doit avoir une cave, ou tout au moins un cellier assez spacieux pour que le métayer puisse y resserrer sa part de la récolte ; si cette facilité lui manque, il est forcé de vendre son vin sans retard, ce qui fait qu'il ne profite qu'à demi des années de grande abondance.

Tels sont les points principaux sur lesquels j'ai dû éveiller votre sollicitude ; quant aux autres renseignements de détail dont vous pouvez avoir besoin, ne craignez pas de me déranger : tous ceux qu'il est en mon pouvoir de vous fournir sont à votre entière disposition.

CHAPITRE II

Des baux à ferme.

Bail verbal. — Bail écrit. — Conditions qui le rendent valable. — Bail à prix d'argent. — Droit de sous-location. — Époque où finit le bail. — Tacite reconduction. — Prix du fermage déterminé par hectare. — Assurances. — Clauses d'indemnité. — Clauses obligatoires quant aux modes de culture. — Bail de métayage. — Partage des grains d'automne, — des grains de printemps. — Prélèvement des grains de semence. — Graines de prairies artificielles. — Cheptel simple. — Cheptel à moitié. — Cheptel de fer.

—

L'obligeance du pasteur fut de nouveau mise à l'épreuve quelques jours après. Le jeune fermier, après avoir beaucoup calculé, beaucoup réfléchi, hésitait encore entre une ferme et une métairie offrant l'une et l'autre, comme toutes les choses de ce monde, leur somme d'avantages et d'inconvénients; toutes les deux appartenaient au même propriétaire, homme éclairé et bienveillant, dont il était assuré d'obtenir des conditions équitables.

— Monsieur le curé, dit-il au digne pasteur, vous serez, comme tous les gens obligeants, victime de votre complaisance : me voici encore une fois pour vous demander conseil. Avant de prendre, soit la ferme, soit la métairie, car je suis décidé à prendre l'une ou l'autre, je sollicite votre avis sur la meilleure forme à donner à la location que j'ai en vue. Le propriétaire me fait l'effet d'un bien honnête homme; ses deux propriétés sont vacantes; en louerai-je une par bail, ou verbalement?

— Demandez un bail, mon ami, dit le curé. Vous aurez affaire, en effet, au plus brave homme de la paroisse, tout à fait incapable de rien exiger de vous qui ne soit parfaitement juste; mais, il est de mon âge, c'est-à-dire qu'il n'a pas devant lui, probablement, un bien long avenir; vous ne pouvez savoir entre quelles mains après lui tomberont ses propriétés; et puis, les affaires sont les affaires; votre futur propriétaire serait un jeune homme, je vous dirais encore : faites un bail.

— Je comprends cela, Monsieur; mais, une chose m'embarrasse; le propriétaire, me jugeant apparemment plus versé dans les affaires que je ne le suis en effet, m'a dit hier en me quittant : « Vous me convenez; revenez demain avec un projet de bail pour celle de mes deux propriétés sur laquelle vous aurez arrêté votre choix; nous signerons, et ce sera une affaire conclue. » Or, je ne connais de bail que celui de la ferme que mon brave homme de père exploite avec mon frère, et encore, je ne l'ai jamais étudié ; j'en sais en gros les principales dispositions, rien de plus. C'est précisément à ce sujet que j'ai recours à vos lumières. Afin de vous épargner de la peine, car je suis confus de toujours vous déranger, si je m'en rapportais au notaire? Il doit avoir des modèles de bail tout dressés ; c'est son métier.

— Ne faites pas cela, mon ami, avant que nous ayons raisonné à fond sur la nature des baux en général, et du vôtre en particulier. Le notaire est un homme intègre, je n'ai que du bien à en dire, assurément; mais, rappelez-vous le vieux et sage proverbe qui dit : « Dieu nous gare de *qui pro quo* d'apothicaire, et de *et cætera* de notaire. »

Quelque confiance qu'on ait dans les lumières et la probité d'un notaire, un oubli peut lui échapper, et il est utile aux intéressés de bien comprendre les actes au bas desquels ils mettent leur signature. Si vous le voulez, nous allons causer ensemble sur ce sujet intéressant ; vous prendrez note des points dont il importe le plus de vous souvenir ; puis, nous dresserons deux projets de bail, l'un pour la ferme, l'autre pour la métairie, selon le désir du propriétaire.

Le fermier accepta l'offre de M. le curé avec une vive reconnaissance ; nous donnons au lecteur la substance des notions qu'il se fit un plaisir de communiquer au fermier, et qui servirent de bases aux projets de bail, dont la rédaction devait s'écarter plus ou moins des formules banales usitées de tout temps, sans modification, dans les études des notaires.

Bail à prix d'argent. — Tout bail doit satisfaire à un certain nombre de conditions exigées par la loi et énoncées dans l'acte ; il importe de les connaître, puisque si par inattention ou autrement le notaire les oublie, l'acte est nul, de plein droit, sans que la bonne foi des contractants puisse être invoquée pour le rendre valable.

Le bail écrit doit énoncer le consentement des parties, leur capacité pour contracter, l'un comme bailleur, l'autre comme preneur, et à la suite, les conditions de l'engagement énoncées avec clarté et précision sous les deux titres de : *Devoirs du bailleur* et *Devoirs du preneur*. D'après la loi, le fermier a toujours le droit de sous-louer partiellement les terres qu'il tient en location, en restant, bien entendu, seul responsable vis-à-vis du propriétaire, quant à l'exécution des conditions à sa charge. Si le propriétaire désire imposer au fermier l'obligation de ne pas sous-louer, ou apporter quelques restrictions à l'exercice du droit du fermier à cet égard, et que le fermier y consente, ces restrictions doivent être énoncées par une clause spéciale dans le bail.

Il y faut également préciser la durée du bail et l'époque à laquelle il doit finir. C'est celle de la dernière année du bail, où toutes les semailles dont le fermier sortant doit récolter les fruits sont terminées, et où le fermier entrant n'a pas encore commencé les travaux de son exploitation.

On stipule assez souvent que si, à l'expiration d'un bail, il n'est pas fait de convention nouvelle entre le bailleur et le preneur, le bail sera continué de droit, par *tacite reconduction*. Mais, il est de beaucoup préférable pour les deux parties d'adopter l'usage anglais, qui n'est nullement en opposition avec la loi française, et qui consiste à stipuler que si, dans l'année qui précède la fin du bail, le fermier occupant accepte une augmentation de fermage réglée d'avance, il sera préféré à tout autre et restera dans sa ferme pour un nouvel espace de temps égal à la durée du bail expiré. Cette clause laisse aux deux parties leur pleine liberté ; elle assure au fermier la prolongation de son exploitation, de sorte que si, par sa bonne culture et son intelligence, il a su amener ses terres à leur maximum de fécondité, il est certain qu'un autre ne viendra pas en profiter à sa place. Il sait à quelles conditions il ne tient qu'à lui de rester dans sa ferme, tout en conservant la faculté d'en prendre une autre s'il y trouve plus d'avantages.

Dans plusieurs parties de la France, spécialement dans les pays de grande culture des céréales, le prix des fermages n'est pas déterminé dans les baux ; il est plus ou moins élevé, suivant les fluctuations du cours des céréales. Il vaut mieux, pour le fermier, savoir à quoi s'en tenir d'une manière fixe, et payer une somme annuelle, toujours la même, réglée de gré à gré, par hectare ; ce mode de fermage coupe court à toute contestation.

Les baux des grandes fermes stipulaient autrefois pour le fermier une indemnité déterminée pour les cas de sinistres par le feu, la grêle et les inondations. Aujourd'hui, les clauses de ce genre ne comprennent plus les incendies. Le fermier est en droit d'exiger que le propriétaire fasse assurer ses bâtiments, et le propriétaire peut obliger le fermier à faire assurer ses récoltes; cette double obligation consignée dans le bail écarte pour le propriétaire toute chance de perte, et pour le fermier tout droit à une indemnité en cas d'incendie. Jusqu'à présent, les compagnies d'assurances des récoltes contre la grêle, et des bestiaux contre les maladies épizootiques, ne paraissent pas offrir des garanties assez certaines pour que l'obligation de contracter ce genre d'assurance puisse être imposée par bail au fermier; le plus grand nombre s'y refuserait et aurait raison. Les clauses d'indemnités éventuelles restent donc bonnes à introduire dans les baux à ferme, en prévision des sinistres qui peuvent provenir de la grêle, des épizooties et du fléau des inondations.

Il y a encore en France bien des cantons où le propriétaire du sol se croirait ruiné, si le fermier qui cultive sa terre ne subissait l'obligation, imposée par clause spéciale du bail, de cultiver d'une manière déterminée, et non autrement. Les fermiers de ces cantons obéissent à une dure nécessité en acceptant cette clause, qui d'ailleurs est presque toujours illusoire; car, de deux choses l'une : ou bien le propriétaire s'entend aux choses de l'agriculture, et alors il est trop éclairé pour ne pas choisir un fermier intelligent et pour ne pas comprendre la nécessité de lui laisser ses coudées franches ; ou bien le propriétaire n'en tend rien à l'agriculture, et alors toutes les stipulations possibles ne sauraient empêcher le fermier de cultiver à sa fantaisie. Si le propriétaire n'a pas confiance dans le savoir agricole et l'honnêteté d'un fermier, qu'il en prenne un autre, rien de mieux; s'il croit son fermier intelligent et honnête homme, qu'il s'abstienne de lui imposer par son bail des restrictions gênantes quant à sa manière de cultiver. A moins d'absolue nécessité, le fermier résolu à cultiver de son mieux, en ménageant comme ses propres intérêts ceux du propriétaire, ne doit pas consentir à ce que celui-ci, dans le bail, lui trace une ornière de culture dont il ne pourra pas s'écarter.

Bail de métayage. — Le bail pour le métayage doit d'abord satisfaire aux mêmes conditions que le bail à prix d'argent, pour en assurer la validité. Il doit ensuite énoncer un plus grand nombre de stipulations de détail, sans quoi il laisse la porte ouverte à une multitude de difficultés sans cesse renaissantes entre le propriétaire et le cultivateur. La base du métayage c'est, vous le savez, le partage des produits par moitié; mais, si le bail n'exprimait que cette clause, il n'y aurait le plus souvent pas moyen de s'entendre. Les grains peuvent être simplement partagés; chacun des deux contractants court alors la même chance; mais, assez souvent, on trouve plus commode de part et d'autre de convenir que le froment et le seigle seront fournis *à moisson*, c'est le terme reçu. Ce terme signifie que le métayer livrera toujours la même quantité de froment et de seigle, pour une emblavure d'une étendue déterminée. Dans ce cas, le bail stipule que le métayer, prenant pour lui seul les mauvaises chances pour ces deux récoltes, aura, selon la formule adoptée, la moitié des grains d'automne et les deux tiers des grains de printemps. L'espace à consacrer à ces deux sortes de grains est fixé par le bail de métayage ; mais, c'est encore là une clause illusoire, à laquelle les deux parties sont toujours libres de déroger d'un commun accord, si les circonstances leur paraissent l'exiger.

Avant tout partage, le bail doit stipuler que l'on prélèvera les quantités de chaque grain nécessaires pour les semailles. Par une clause séparée, il est stipulé que, lorsqu'il y a lieu de créer une prairie artificielle, du consentement des deux parties, la graine de trèfle, de sainfoin ou de luzerne est fournie par le propriétaire seul.

Les clauses les plus essentielles dans le bail de métayage sont celles qui concernent les bestiaux. Tous sont fournis par le propriétaire à titre de cheptel, à l'exception des chevaux, qui appartiennent ordinairement au métayer. Il est aussi stipulé que le bétail de la métairie consommera la totalité des pailles et fourrages, et que, s'il y a insuffisance reconnue, le supplément sera acheté à frais communs. Il importe que le bail énonce de quel genre de cheptel veulent user les contractants. Il y a le *cheptel simple*, par lequel les profits comme les pertes sont partagés par moitié ; le *cheptel à moitié*, en vertu duquel le propriétaire reçoit la moitié des produits, sans supporter la part des pertes autrement que par la réduction de ce qui lui revient, et le *cheptel de fer*, par lequel le métayer s'oblige, à sa sortie, à remettre au propriétaire le bétail dans le même état et de même valeur qu'à son entrée dans la métairie, sur estimation. Tout cela doit être clairement exprimé dans le bail de métayage.

—o—o—⟫◊⟪—o—o—

CHAPITRE III

Du matériel agricole.

Matériel agricole. — Charrue de Beauce. — Araire de Roville ou charrue Dombasle. — Charrue américaine. — Son origine. — Ses usages particuliers. — Caractères des bonnes charrues. — Charrues Guillaume, — Rozé,— Grangé,— de Brabant, — Ransome, — de Small. — Rohadlo de Bohême.— Herse de Norwége. — Son utilité comme brise-mottes. — Semoir. — Difficultés qui s'opposent à son emploi.— Économie en grain qu'il réalise. — Ses avantages comparés aux inconvénients des semailles à la volée. — Rémunération des conseils de M. le curé. — La part des pauvres.

Le jeune fermier s'était décidé à prendre à bail la ferme, dont l'étendue cadrait parfaitement avec celle de ses ressources ; pendant quelque temps, les soins multipliés que nécessitait son installation, les arrangements à prendre avec son prédécesseur, et les mille détails de l'organisation complète d'un établissement nouveau, avaient absorbé tous ses moments et interrompu ses visites au presbytère. Ce ne fut que lorsque tout commença à marcher régulièrement dans sa nouvelle exploitation, qu'il eut le temps d'aller remercier M. le curé de ses excellents conseils, et de sa bienveillante intervention, qui lui avait fait obtenir un bail bien cimenté, à long terme et dans des

conditions aussi favorables qu'il pouvait raisonnablemen
le désirer.

—Monsieur, lui dit-il, vous ajouteriez à mes obligations
envers vous, si vous vouliez, à un moment de loisir, vous
qui connaissez si bien la terre dont j'entreprends la culture,
venir à la ferme donner un coup d'œil à mes instruments
aratoires, m'en dire votre avis, et m'indiquer ceux que je
pourrais échanger avec avantage contre d'autres plus per
fectionnés. Je suis résolu à ne pas reculer devant les dépenses nécessaires pour avoir le matériel agricole le mieux
adapté à la nature du sol que je vais commencer à cultiver.

— Si vous faites cela, dit le pasteur, et si d'ailleurs vous
appliquez à vos champs les meilleures méthodes de culture, vous ne rendrez pas service à vous seul : vos bons
exemples auront autour de vous de nombreux imitateurs.
Mais, pour vous comme pour les autres, si vous voulez
qu'on fasse comme vous, il faut réussir, et pour réussir, il
ne faut vous aventurer dans la voie des innovations qu'avec
la plus grande prudence.

— Voyons d'abord vos charrues, dit M. le curé en arrivant à la ferme ; c'est le point de départ de toutes vos
opérations.

— Voici, dit le fermier, la charrue beauceronne, avec
son avant-train ; elle est bien un peu lourde, un peu dure
à manœuvrer, et pour mon compte personnel, je n'en
voudrais pas pour rien ; vous voyez que j'ai deux bonnes
araires de Roville, que nous nommons entre nous des *Dom-
basles* ; pour les labours que je fais moi-même, je n'en
emploie pas d'autre ; malheureusement, je ne puis pas
faire tout moi-même, et comme, à tout prendre, la charrue de Beauce fait un assez bon travail, je m'en tiens à
cette charrue, jusqu'à ce que je sois parvenu, comme je
l'espère, avec du temps et de la patience, à faire com-

prendre à mes valets de ferme, habitués à la charrue de Beauce, la supériorité de la charrue Dombasle.

— Je suis charmé, dit le pasteur, de vous voir si bien pénétré des vrais principes en fait de progrès agricole; ne pas changer brusquement un matériel, même défectueux, habituer vos serviteurs à faire fonctionner de meilleurs instruments avant de leur en imposer l'emploi, c'est agir avec la plus louable circonspection; c'est mériter de réussir. Mais, dites-moi, que comptez-vous faire de ces deux massives charrues que je vois là sous le hangar, et qui m'ont l'air de n'avoir jamais servi?

— Ce sont des charrues américaines que j'ai fait venir pour défricher, s'il y a lieu, un certain nombre d'hectares de bruyères qui dépendent de mon exploitation; je crois qu'en attendant je pourrai m'en servir utilement pour défoncer chaque année une partie des terres arables, et retourner les vieilles luzernes, travail qui ne se fait jamais très-bien avec les charrues ordinaires. Pensez-vous que mes charrues américaines conviendront pour ces deux destinations?

— Parfaitement : vous les ferez d'autant plus aisément fonctionner qu'à les bien examiner, il vous est facile de reconnaître que la charrue américaine ne diffère pas essentiellement de celle qui obtient avec raison votre préférence. La charrue américaine, c'est l'excellente charrue de Brabant, importée dans le nouveau monde par les colons hollandais qui en ont les premiers labouré les plages incultes. Décomposez la charrue américaine, vous y trouverez la charrue Dombasle, sauf les proportions plus fortes et un plus haut degré de solidité; or, le principe de l'araire de Roville, ou charrue Dombasle, c'est celui même de la charrue de Brabant, rapportée du nouveau monde sous le nom de *charrue américaine.*

— Maintenant, Monsieur, dit le fermier, vous avez vu tout ce que je possède en fait de charrues ; puis-je vous demander quelle est, à votre avis, la meilleure des charrues, et à quels caractères on peut la reconnaître?

— Il n'est pas possible, mon ami, de répondre péremptoirement à votre question ainsi formulée. On emploie en France plus de mauvaises charrues que de bonnes, et parmi celles qui peuvent passer pour bonnes, il n'en est pas auxquelles l'on puisse assigner une supériorité absolue. D'un point de vue général, une bonne charrue est celle dont le soc et le versoir font partie d'une même spirale, de sorte que la bande de terre ne puisse être ni pétrie ni comprimée par le labour, qui doit avoir pour but et pour effet de la retourner et de l'ameublir; c'est parce que la charrue Dombasle satisfait à cette condition qu'elle passe à juste titre pour l'une des meilleures qui labourent le sol de la France. Il faut aussi qu'une bonne charrue soit légère en même temps que forte, afin qu'elle n'impose pas un surcroît de fatigue inutile aux attelages, et qu'elle soit assez bien équilibrée dans toutes ses parties, pour que le soc, une fois que le laboureur en a bien réglé l'entrure, se maintienne de lui-même à la profondeur désirée. S'il faut que le laboureur, pour exécuter un travail régulier, soit constamment occupé à peser sur les mancherons de sa charrue, pour empêcher le soc de piquer trop profondément, ou à les soulever pour que sa raie conserve toujours la même profondeur, la charrue peut être parfaite sous d'autres rapports, mais au total elle ne vaut rien. Ce qui fait le mérite des charrues Guillaume, Rozé, Dombasle, Grangé et des charrues étrangères les plus renommées, telles que la charrue belge de Brabant, la charrue anglaise de Ransome, la charrue écossaise de Small, le rohadlo de Bohême, c'est qu'un laboureur tant soit peu

attentif à sa besogne, sans posséder un degré supérieur
d'habileté qui ne peut être que le partage du petit nombre, peut s'en servir, et faire avec ces charrues un très-
bon labour après un très-court apprentissage : tel est le
caractère essentiel de toute bonne charrue.

L'inspection des extirpateurs, d'un très-bon scarificateur,
de plusieurs herses à dents de fer et de rouleaux, les uns
simples, les autres articulés, satisfit également M. le curé,
qui donna son approbation à toute cette partie du matériel.

— Et cet instrument, dit le fermier en indiquant un
rouleau formé de cercles concentriques, dentés à leur bord
extérieur?

—C'est, je pense, dit le pasteur, une herse norwégienne;
je fais des vœux pour qu'elle ne vous serve jamais.

— Pourquoi cela, je vous prie ?

—Parce que quand elle vous servira, c'est que vous aurez
fait une sottise qui en rendra l'emploi nécessaire. La herse
de Norwége qui, malgré son nom, est un rouleau et non
pas une herse, ne peut servir qu'à briser les mottes dures
comme des pavés, qui hérissent la surface des terres fortes
après les labours de printemps ou d'automne. Mais, même
dans les terres les plus fortes, il n'y a de pareilles mottes à
briser que quand la terre a été labourée alors qu'elle se
trouvait trop sèche ou trop humide ; prise à son point, elle
ne doit jamais avoir besoin d'être retravaillée avec la herse
de Norwége.

— Mon père m'a prêté cet instrument, dit le fermier,
parce qu'il sait qu'il y a des terres très-fortes dans ma nouvelle ferme ; mais, d'après ce que vous me dites là, j'espère bien n'en avoir pas besoin.

— Ne jurons de rien, dit le curé en souriant ; je vois
que votre père est homme de précaution. Voyons maintenant vos instruments de transport.

— Voici, dit le fermier, mes tombereaux, mon chariot et l'inévitable guimbarde, avec lesquels j'espère que tous les transports dépendant de mon exploitation pourront se faire sans trop de difficulté.

— Je regrette d'avoir à vous dire, dit le curé après avoir donné un coup d'œil attentif à ces divers objets, que tout cela est fort lourd, coûte fort cher, et au total ne vaut pas grand'chose. Je sais ce que vous allez me répondre : l'état des chemins rend nécessaire un pareil matériel; j'en suis d'accord. Mais, dans notre canton, nous avons formé une ligue contre les mauvais chemins; je vous retiens pour en être. Quand nous aurons réussi à rendre nos chemins praticables, j'espère bien que nous mettrons à la réforme ces voitures qui suffisent à éreinter les attelages, même quand elles sont vides. J'appelle aussi votre attention sur les colliers; veillez avec soin à ce qu'ils ne blessent pas vos animaux de trait, soit par pression s'ils sont trop étroits, soit par frottement s'ils sont trop larges.

— Je n'ai pas encore à vous montrer, dit le fermier, une monture bien complète en machines agricole ; voici mon tarare, mon hache-paille, mon coupe-racine, des modèles les mieux assortis aux besoins de mon exploitation. Je n'ai pas de machine à battre ; nous sommes encore loin de la moisson. Je suis dans l'intention d'acquérir, en prenant vos obligeants conseils, ce qu'il est possible d'avoir de mieux dans ce genre; il y faudra consacrer une somme assez considérable, que je n'ai pas de raison pour débourser trop longtemps d'avance.

— Je comprends et j'approuve ce motif, quant à la machine à battre; mais, dans tout ce que vous venez de me montrer, je n'ai point aperçu l'un des instruments les plus indispensables de l'agriculture perfectionnée de nos jours, le semoir : est-ce que vous ne comptez pas vous en servir?

— Ah ! monsieur le curé, dit le fermier en soupirant, j'y ai beaucoup réfléchi, je comprends tous les avantages des semailles au semoir, tous les inconvénients des semailles à la volée, et malgré tout cela, je suis forcé d'y renoncer.

— C'est une résolution qu'il ne faut pas prendre légèrement. Combien, dans vos bonnes terres, comptez-vous semer de froment par hectare ?

— Deux hectolitres environ.

— Et combien d'hectares comprend votre sole de blé?

— Mais, année moyenne, une quarantaine d'hectares.

— Avec le semoir, dit le curé, un hectolitre par hectare suffit largement aux semailles ; une économie de quarante hectolitres de blé de semences par an, n'est pas si peu de chose qu'on doive y renoncer s'il y a moyen de la réaliser. Si, dans toutes les grandes fermes à blé, comme la vôtre, l'usage du semoir pouvait être généralement adopté, ce serait, rien que sur la semence, une économie capable de combler le déficit des années médiocres, et d'affranchir la France de la nécessité de tirer des blés du dehors pour suppléer à l'insuffisance de ses récoltes. Voyons, raisonnons un peu sur cette question intéressante; et d'abord, en quoi consistent les difficultés qui vous arrêtent? Dans les dispositions où je vous vois, ce ne peut pas être le prix d'achat du semoir ; vous me paraissez très-bien comprendre qu'en agriculture il y a une économie ruineuse, c'est celle qui recule devant les frais à faire pour bien cultiver.

— Les bons semoirs français ou anglais sont fort chers, dit le fermier, et pourtant, j'en achèterais un bon, sans balancer ; mais jamais je ne pourrai décider mes gens à s'en servir. Quand nous avons voulu en essayer chez mon père, les semeurs, indignés de voir une machine faire leur besogne mieux qu'eux et à meilleur marché, ont mis dès le premier jour le semoir hors de service ; personne parmi les forgerons de notre voisinage n'était en état de le réparer ; le temps favorable aux semailles allait se trouver passé, s'il fallait renvoyer le semoir à Paris pour le faire raccommoder, et l'en faire revenir, au risque de retomber toujours dans le même inconvénient. Rebuté par tous ces obstacles, mon père, bien qu'il soit parfaitement convaincu de la supériorité des semailles en lignes au semoir sur les semailles à la volée, tant pour la perfection du travail que pour l'économie du grain de semence, s'est vu forcé de mettre le semoir sous le hangar : il y est encore.

— Il ne faut pas l'y laisser, dit le curé, quand même vous devriez, toute autre affaire cessante, conduire vous seul votre semoir, que vous avez le temps de réparer d'ici aux prochaines semailles. Moi, pour ma part, je me charge de vous procurer, à des conditions acceptables, un ouvrier à demi au fait du service du semoir, qui vous secondera sincèrement et ne cherchera pas, je vous en réponds, à détraquer volontairement cet instrument qu'on doit chercher à propager à tout prix. Songez donc que d'abord, quand vous semez à la volée, n'ayant pour bien semer qu'un temps fort court, dont il faut se hâter de profiter, vous ne pouvez semer qu'une heure ou deux le matin et autant le soir, quand l'air est parfaitement calme ; dès que le vent se met à souffler, le semeur à la volée ne peut plus faire que de mauvaise besogne. Avec le semoir, le vent le plus violent n'interrompt pas le travail des semailles. Quand vous avez semé à la volée, tant bien que mal, plutôt mal que bien, en dépensant deux fois plus de grain qu'il n'en faut, vous allez recouvrir la semaille par un hersage ; une partie du grain sera trop enterrée et ne lèvera pas ; une autre, à peine recouverte, sera la proie des oiseaux ; le reste lèvera inégalement, ici par grosses touffes, là deux ou trois fois trop clair. Avec le semoir, tous les grains seront déposés en lignes également espacées entre elles, tous à la même profondeur, tous à des distances égales ; le tallage des touffes, les sarclages, toutes les opérations ultérieures d'une bonne culture en seront rendues plus faciles, et le produit en grain comme en paille en sera sensiblement augmenté. Comptez sur moi pour lever les obstacles qui vous arrêtent : il faut que toutes vos semailles d'automne soient faites au semoir.

— Je ne sais, monsieur le curé, dit le fermier, comment je pourrai jamais reconnaître vos excellents conseils et le point d'appui que je rencontre dans votre bienveillance. Aussi je compte bien que vous me permettrez de vous payer.

— Me payer, moi?

— Non pas vous, monsieur le curé, mais les pauvres de la paroisse, à votre intention ; c'est ainsi que je l'entends.

— Ah ! dit le curé, je n'y avais pas fait allusion, mon ami, parce qu'en causant avec vous, il m'avait paru que vous étiez incapable de l'oublier.

CHAPITRE IV

Des bâtiments d'exploitation.

Bâtiments d'exploitation. — Logement du fermier. — Ses conditions de salubrité. — L'étable. — Inconvénient du grenier qui la surmonte. — Pavage. — Ecoulement du purin. — Danger des toits de chaume. — Ecurie. — Bergerie. — Ses divisions intérieures. — Hangar. — Grenier spacieux. — Ses avantages pour conserver les grains et les laines. — Soins d'entretien des bâtiments. — Blanchissage à la chaux des chambres habitées et des constructions occupées par les bestiaux.

—

— J'ai une bonne nouvelle à vous annoncer, mon ami, dit le curé au fermier un jour qu'il lui rendait sa visite habituelle. J'ai bien examiné les bâtiments d'exploitation de votre ferme ; plusieurs parties laissent beaucoup à désirer ; j'en ai causé avec votre propriétaire ; je l'ai trouvé très-bien disposé, tant dans son propre intérêt que dans le vôtre, à consacrer une somme importante à l'amélioration des constructions dont se compose votre corps de ferme. Nous allons, si vous le voulez, parcourir ensemble tous vos bâtiments ; puis, nous arrêterons ce qu'il y aura de mieux à lui demander sans l'induire en dépenses trop lourdes ou superflues. En premier lieu, vous trouvez-vous suffisamment bien logé ?

— Assurément, oui, Monsieur ; et d'ailleurs, ne le

fussé-je pas parfaitement, ce n'est pas pour être mieux logé que je voudrais profiter du bon vouloir de mon propriétaire.

— Et vous auriez tort, mon ami, mais seulement dans le cas où votre logement ne serait pas suffisamment salubre. Supposez que vous n'ayez, comme beaucoup de fermiers, qu'une ou deux chambres basses, malsaines, dont les murs sont ruisselants d'humidité; il faudrait alors, avant toute autre amélioration, demander à votre propriétaire d'assainir votre logement, car si vous, votre femme et vos enfants, vous venez à tomber tous malades en occupant un logement malsain, il est impossible que, dans votre ferme, tout n'aille pas de travers, et les intérêts du propriétaire en souffriront tout autant que les vôtres.

— Je n'en suis pas là, fort heureusement. Nos chambres, bien situées au rez-de-chaussée, sont élevées de plus d'un mètre au-dessus du niveau de la cour, et celui qui a fait bâtir la ferme, il y a une vingtaine d'années seulement, a eu l'heureuse idée d'adosser la chambre à coucher à la cuisine, où l'on fait du feu toute la journée, de sorte que notre lit, placé contre le mur de la cheminée, est chauffé par-dessus le marché; c'est une excellente disposition, qui n'augmente pas d'un centime les frais de construction des bâtiments d'habitation, et qui devrait être prise partout, car elle assure gratis le parfait assainissement des chambres habitées. Ainsi, si vous voulez, ne nous occupons pas de ce chapitre, et réservons les bonnes intentions du propriétaire pour nos pauvres bestiaux qui, comme vous l'avez très-bien remarqué, ne sont pas logés avec luxe, au contraire.

Commençons par l'étable. Elle n'est pas pavée, les bêtes y manquent d'espace, et le plafond en est si peu élevé que les miasmes provenant du fumier et de la trans-

2.

piration des animaux, montent à travers les planches mal assemblées d'un grossier plafond, pénètrent dans le grenier à foin, disposent la provision de fourrage à la corruption, et rendent le foin à la fois malsain et de mauvais goût. Frappé de ces graves inconvénients qu'on retrouve malheureusement dans un grand nombre de fermes, grandes et petites, j'ai déjà commencé par faire déménager d'urgence le foin que m'a laissé mon prédécesseur; j'ai logé ce foin sous mon hangar; j'aimerais mieux en faire une meule en plein air, en la couvrant convenablement de chaume, que de le remettre dans un pareil grenier.

— Toutes ces observations sont fort justes, dit le curé; pour conclusion, que demanderons-nous au propriétaire, quant aux étables de votre ferme?

— Bien des choses, dit le fermier; d'abord qu'il relève le plafond, ou, s'il le veut, qu'il l'enlève tout à fait : le grenier m'est inutile au-dessus de mes bêtes à cornes, et elles n'auront jamais trop d'air à leur disposition. Ensuite je lui demanderai de remplacer au plus vite le toit actuel, couvert en paille, par un toit en tuile. L'étable touche au bâtiment habité; j'ai beau prendre toutes les précautions humainement possibles contre le feu, il ne faut qu'une étincelle provenant d'un feu un peu trop vif, allumé dans la cheminée de la cuisine, pour faire flamber l'étable et rôtir vivantes mes pauvres vaches; tout cela a beau être assuré : en pareil cas, il y a matière à procès dont l'issue est douteuse; la ruine est certaine. Cela fait, j'aurai à demander au propriétaire qu'il fasse paver l'étable avec une légère pente vers le centre, et une rigole pour conduire les urines du bétail dans la citerne à l'engrais liquide.

— Passons à l'écurie. Je vois, dit M. le curé, qu'elle est suffisamment spacieuse, bien pavée, bien aérée; je ne crois pas qu'il y ait lieu d'y demander aucun changement.

— Ni moi non plus, dit le fermier, si ce n'est pour le toit que je voudrais, comme celui de l'étable, faire changer en un toit de tuile ; j'ai les toits de chaume en horreur, ils m'empêchent de dormir; si j'y pense avant de me coucher, il me semble que je dois me réveiller ruiné.

— Je puis vous répondre dès à présent que l'intention bien arrêtée du propriétaire est de faire disparaître tous les toits de chaume des constructions qui dépendent de votre ferme, à commencer par celui de la bergerie. Avez-vous lieu, du reste, d'en être satisfait?

— C'est le bâtiment de la ferme le mieux approprié à sa destination ; j'aurai seulement à réclamer quelques modifications à sa distribution intérieure, afin de pouvoir isoler, en cas de besoin, les brebis mères, les jeunes agneaux et les antenais, qui ne peuvent loger tous ensemble. Les autres constructions secondaires, la porcherie, le poulailler, le fournil, n'ont besoin d'aucun changement.

— Je pense, dit le curé, que vous allez oublier un point très-important et qui touche à vos plus chers intérêts.

— Et lequel, je vous prie? dit le fermier, non sans un peu de surprise.

— Puisque votre propriétaire est bien disposé et que, dans tout ce que nous venons de considérer comme urgent, il n'y a pas lieu de lui demander de sacrifices d'argent de quelque importance, vous pouvez, sans lui faire débourser au delà de ce qu'il est dans l'intention de consacrer à l'amélioration des bâtiments, lui demander d'agrandir le hangar où vous abritez vos instruments aratoires, de le faire surmonter d'un plancher solide, avec un bon toit en tuiles, et de doter ainsi la ferme d'un vaste et beau grenier, servant de supplément à la grange, que nous avons négligée dans notre revue, parce qu'elle est solide, spa-

cieuse et tout récemment construite. Le grenier qui surmonte le bâtiment où vous logez avec votre famille n'est
pas très-grand; c'est d'ailleurs une bâtisse légère, dont il
ne faut pas mettre les plafonds à une trop rude épreuve.
Dans une année de grande abondance des céréales, qu'il
faut prévoir et espérer, où logerez-vous vos grains? Il vous
faudra les laisser en gerbe, en grange ou en meule; ils y
seront bien plus exposés aux chances de détérioration que
si vous faites battre la plus grande partie de la récolte,
afin de conserver le grain tout prêt pour la vente. Vous y
gagnerez doublement : d'une part, vous n'aurez pas de
mécompte sur le rendement au battage; vous saurez avec
précision de quelle quantité de céréales vous disposez pour
faire face à vos engagements; d'autre part, s'il survient
une hausse inattendue, s'il se présente une circonstance
favorable pour une vente avantageuse, rien ne vous empêchera d'en profiter. Mais, pour cela comme pour la conservation de vos laines, qu'il faut quelquefois vendre à
perte quand le local manque pour les conserver, il vous
faut des greniers spacieux; j'y ai songé. Votre propriétaire
en fera volontiers les frais, qui n'auront rien d'exagéré; et
quant à l'espace disponible sous le grenier, l'étendue de
votre hangar se trouvant doublée, vous y remiserez dans
les meilleures conditions une bonne partie de votre approvisionnement en fourrage sec. Lorsqu'après cela vous aurez
obtenu l'agrandissement et le bétonage de la fosse au fumier, vous pourrez vous vanter de disposer du corps de
ferme le plus complet, le plus commode et le mieux amé-
nagé de tout l'arrondissement; ce sera à vous de l'entretenir avec autant de soin que si c'était votre propriété, et
d'en tirer le meilleur parti possible, pour la prospérité de
votre exploitation.

— C'est bien ce que je compte faire, Monsieur, en mettant à profit vos conseils; car, je vous l'ai dit dès notre première conversation, vous voilà avec une rude charge de plus, celle de me continuer vos avis; à tout moment vous me faites apercevoir mille détails utiles auxquels je ne pensais pas; habitué à vos précieuses indications, je ne pourrais plus m'en passer.

— Ne vous en gênez pas, dit le curé : il m'arrive trop souvent de donner des leçons à des gens qui m'en demandent avec l'intention de ne pas les suivre ; vous, mon ami, vous écoutez mes avis et vous les suivez : c'est pour moi une bonne fortune. A nous deux, nous ferons de belle et bonne culture; on ne nous consultera pas, ni vous ni moi, mais on nous imitera, et votre ferme sera, sans en avoir le titre, une ferme-modèle pour tout le canton. En m'aidant à faire ainsi un peu de bien, vous voyez bien que c'est moi qui serai votre obligé, et qu'il n'y a pas lieu de me ménager, chaque fois que la ferme pensera qu'elle peut avoir besoin du presbytère.

Quand votre propriétaire aura complété les améliorations promises, vous aurez à veiller avec un soin de tous les instants à ce que ces bâtiments ne se détériorent pas par votre faute ou celle de vos gens. Par exemple, votre voisin dont la grange est aussi grande que la vôtre a besoin chaque fois qu'il la remplit de gerbes, après la moisson, de faire enlever une portion des tuiles du toit, afin de donner issue à la *buée*, ou vapeur humide, qui s'exhale des gerbes mêmes lorsqu'elles ont été rentrées en grange aussi sèches qu'elles peuvent l'être. Un violent orage est survenu; une partie du toit a été emportée par un coup de vent, et le propriétaire en a été pour une réparation fort lourde.

— Mon voisin, dit le fermier, ne fait pas plus que moi la pluie et le beau temps, et il avait parfaitement le droit d'ôter quelques tuiles pour la ventilation de ses gerbes.

— Assurément! mais, pour activer cette ventilation, il avait ouvert à deux battants la porte de la grange, ce qui a été la vraie cause du désastre; il n'aurait tenu qu'à lui de la fermer pendant l'orage, sauf à la rouvrir après; c'est ce qu'il n'a pas fait, c'est ce que vous penserez à faire en pareil cas. Un peu d'attention et de soin, dont vous profitez le premier, ne vous coûte rien; un peu de négligence de votre part peut coûter à votre propriétaire de grosses réparations.

Je ne puis trop vous engager à avoir toujours sous la main quelques sacs de plâtre, du sable et un peu de chaux éteinte, afin de réparer vous-même un léger dommage qui en devient un grand si l'on attend le maçon, peu disposé à se déranger pour une bagatelle; soyez en mesure, en cas de besoin, de rétablir un gond de porte ou de volet descellé, de recrépir un pan de mur découvert, de remettre une faîtière d'un toit endommagé par les tempêtes d'équinoxes; c'est peu de chose et c'est bientôt fait; ce n'est pas, à la grande rigueur, dans vos obligations; le propriétaire saura bien le remarquer, il vous en tiendra compte dans l'occasion, et vous n'y perdrez rien.

Je ne puis trop vous engager à faire blanchir au lait de chaux en dedans et en dehors, au moins une fois par an, tous les bâtiments occupés soit par vous, soit par votre bétail. On n'y manque jamais en Belgique, où chaque ferme contient le double du bétail entretenu en France dans les fermes de même étendue; cela seul prévient plus de maladies et assure la conservation des bestiaux, bien mieux que toutes les mesures prescrites par l'autorité ou indiquées par le vétérinaire. Croyez-moi, ne regardez jamais le temps que vous pourrez employer à soigner les bâtiments de votre ferme comme du temps perdu. Je le répète, et j'insiste sur ce point trop mal compris dans les campagnes : quand même, en agissant ainsi, vous dépasseriez quelque peu la limite de vos strictes obligations, celui qui y gagnerait le plus, ce n'est pas le propriétaire, c'est vous : soyez-en bien persuadé.

CHAPITRE V

Des assolements.

Le vénérable pasteur, charmé d'avoir rencontré dans le jeune fermier un homme intelligent, docile à ses conseils, disposé à introduire dans l'agriculture locale toutes les améliorations qu'il n'avait pu faire adopter par d'autres, prenait souvent plaisir à parcourir avec lui les champs dépendant de sa ferme, et à lui indiquer d'avance l'emploi le plus avantageux qu'il en pourrait faire quand son prédécesseur aurait enlevé sa dernière récolte.

— Quel assolement comptez-vous adopter, lui dit-il, aux approches de la moisson? Il est temps de nous en occuper.

— Je ne puis, je crois, dit le fermier, prendre à ce sujet qu'une résolution provisoire; je ne connais pas encore assez à fond les qualités et les défauts de ma terre. Je pense, sauf votre avis, Monsieur, que ce qu'il y aurait de pire, ce serait de continuer l'assolement triennal de mon prédécesseur. Deux céréales et une jachère complète, cela a pu être bon autrefois, quand on ne croyait pas possible de faire mieux ; le fermier que je remplace ayant peu de bestiaux, produisant peu de fumier, n'ayant pas d'ailleurs des attelages capables de bien labourer un sol plutôt fort que léger, aurait eu de la peine à tenter autre chose que l'assolement triennal en usage, à ce qu'il paraît, dans ce canton, de temps immémorial. Moi, si des obstacles imprévus ne se jettent pas à la traverse, je m'en tiendrai, je crois, à l'assolement alterne quadriennal. Je compte produire assez de fumier pour avoir une très-belle récolte de céréales tous les deux ans ; je supprime la jachère de mon autorité privée, et j'intercale entre les céréales toutes les plantes que la terre voudra porter, toutes celles dont je puis espérer de vendre les produits avec avantage ; c'est, quant à présent, tout ce que j'ai d'idées bien arrêtées sur la question des assolements.

— Vous est-il arrivé de lire des traités d'agriculture ? Avez-vous, d'après ces livres, une connaissance suffisante de la théorie des assolements ?

— J'ai beaucoup lu, Monsieur, et tout ce qui m'est resté de mes lectures sur les assolements, c'est qu'il ne faut pas demander le même produit au même sol coup sur coup, ou à des intervalles trop rapprochés, et qu'il y a certains produits propres à délasser la terre fatiguée par d'autres récoltes, ce que la pratique enseigne aussi bien que la théorie. Du reste, en fait d'assolements, j'ai reconnu qu'en réalité, presque tout dépend de la quantité de fumier qu'on peut donner au sol ; fumez-le à discrétion, si vous le pouvez, et demandez-lui ensuite tout ce que vous voudrez.

J'attache donc bien moins d'importance à l'ordre dans lequel doivent se suivre mes récoltes, qu'à la production la plus large possible du bétail et du fumier, persuadé que quand je disposerai d'assez d'engrais, je n'aurai qu'à consulter l'état du marché, et à produire selon les circonstances variables d'une année à l'autre, ce que je pourrai vendre avec le plus de bénéfice : suis-je dans le vrai ?

— Assurément, dit le curé ; mais, éclaircissez-moi un point important : comment entendez-vous supprimer tout à fait la jachère, considérée dans ce pays comme indispensable ?

— Mon Dieu, monsieur le curé, d'une façon toute naturelle. L'utilité prétendue de la jachère reposait sur une erreur de nos pères, qui se figuraient bien à tort, à ce qu'il me semble, que quand la terre ne produit rien, elle se repose, comme un homme qui interrompt son travail. En fait, il n'en est rien : la terre livrée à elle-même produit de la mauvaise herbe ; il vaut mieux, sans aucun doute, lui en faire produire de la bonne ; cela ne la fatigue pas davantage. Le gazon de mauvaise herbe enterré, avec toutes les mauvaises graines dont il salit la terre, lui donne, j'en conviens, une fumure végétale qui peut avoir sa valeur ; mais, jamais cette valeur ne peut égaler celle du fumier qui résultera de la consommation par le bétail des fourrages et des racines fourragères, obtenus sur la jachère à la place de la mauvaise herbe.

— Ce sont bien, dit le curé, les vrais principes en fait de jachère ; mais, n'en admettez-vous pas une, de loin en loin, pour pouvoir donner des labours d'été, et détruire à fond la mauvaise herbe vivace ?

— Je l'admets, répondit le fermier, seulement pour ceux qui laissent salir la terre, faute de lui faire porter assez souvent des récoltes sarclées et des fourrages artificiels ;

quand je sèmerai une céréale après avoir donné la fumure complète à une récolte de betteraves ou de féveroles, imposez-moi l'amende qui vous plaira si ma terre n'est pas mieux nettoyée qu'après une jachère nue. Je connais, comme doit les connaître un homme familiarisé avec la culture depuis son enfance, celles des plantes cultivées dont la terre se lasse le plus vite, et qui ne doivent revenir à la même place qu'à de longs intervalles. Il y a, par exemple, dans ma ferme, des champs qui me paraissent convenir très-bien à la culture du lin que je compte cultiver assez en grand, moins pour la filasse que pour la graine dont je connais toute la valeur, pour l'engraissement du bétail. Quand un de mes champs aura produit du lin, je ne lui en demanderai plus pendant huit ans ; cela cadre parfaitement avec mon projet d'assolement alterne quadriennal, et avec la durée de mon bail de seize ans. Pour le moment, ce qui me préoccupe le plus, c'est la nourriture de mon bétail l'hiver prochain. Acheter du foin, c'est une ressource extrême, une ressource ruineuse ; et puis, qui est-ce qui m'en vendra? Tous mes voisins en ont trop peu, et ce que m'en laisse le fermier sortant ne vaut pas la peine d'en parler.

— Vous avez, dit le curé, un moyen facile et peu coûteux de surmonter cette difficulté : faites des carottes et des navets en récolte dérobée ; tenez du plant de chou branchu de Poitou, prêt à être transplanté après l'enlèvement de la récolte, et vos bestiaux seront très-bien nourris cet hiver.

— Combien pensez-vous que cette ressource peut me fournir?

— Calculons, dit le curé. Votre prédécesseur a dix hectares de seigle ; cette céréale étant celle qui s'enlève la première, vous pouvez semer sur ces dix hectares de la graine de carotte jaune d'Achicourt ; sans être très-grosse, elle vous rendra bien 15,000 kil. de racines par hectare, parce qu'elle végète très-rapidement. Je connais, dans un canton voisin, un fermier qui cultive cette carotte; il vous en cédera de la graine très-volontiers. Il y a quarante hectares de froment, par-dessus lequel vous pouvez semer des navets ronds sur un labour superficiel. Si vous faites la dépense très-judicieuse de l'achat d'un peu de guano en faveur de vos navets, ils ne vous rendront pas moins de 20,000 kil. de racines par hectare. Il y a encore trente hectares d'avoine tardive après laquelle vous ne pouvez semer que de la spergule, excellente petite plante fourragère, courte mais très-nourrissante, qu'il faut faire pâturer sur place, et qui permet de ménager d'autant les autres ressources pour l'hivernage du bétail. Vous voilà donc, avec très-peu de frais au total, à la tête de 150,000 kil. de carottes, et 800,000 kil. de navets, sans compter la spergule; si avec cela, à défaut du foin que personne ici ne peut vous vendre, vous achetez, comme supplément de ration pour vos bestiaux, un peu de son et d'orge, vous vous en tirerez le mieux possible, et quant à l'année prochaine, vous aviserez.

— J'ai consulté, dit le fermier, bien des tables d'équivalents qui rapportent à la valeur du foin celle des divers aliments qu'on peut donner au bétail; ces tables ne sont pas d'accord, et je n'ai pas une idée nette de ce que les récoltes dérobées des racines fourragères, que je vais m'empresser de semer selon votre conseil, pourront représenter en bon foin.

— L'expérience, dit le curé, a très-bien enseigné aux cultivateurs cette valeur approximative; c'est elle qui détermine les prix, et si vous adoptez cette base, vous ne risquez pas de vous tromper. L'an passé les carottes fourragères valaient 15 fr. les 1,000 kil., et les navets, 11 fr.;

donc vos 150,000 kil. de carottes vaudront en argent 2,250 fr., et si vous commettiez la faute de vouloir les vendre, vous en obtiendriez facilement cette somme; les navets vaudront, d'après la même évaluation, 8,800 fr. Réunissez les deux sommes, vous avez un total de 11,050 fr. Maintenant, au prix moyen actuel de 80 fr. les 1,000 kil., combien auriez-vous de foin pour 11,050 fr.? Environ 130,000 kil. : vos racines fourragères valent pour la nourriture de votre bétail ce que vaudraient, si vous les aviez à lui offrir, ces 130,000 kil. de foin sec de bonne qualité. Il vous est bien facile, d'ailleurs, de voir que ces racines ne vous coûteront pas 11,050 fr., de sorte qu'il est de votre intérêt le plus évident de chercher à les obtenir en récolte dérobée.

Vous avez dû remarquer que, dans cette estimation, je n'ai point fait entrer la valeur alimentaire des choux de Poitou, dont je vous engage à planter deux ou trois hectares. Ne les comptez pas dans le calcul des rations de vos bestiaux; donnez-leur de temps en temps, à titre de régal, une brassée des feuilles de ces choux qui ne gèlent pas, et dont l'hiver n'interrompt pas la végétation. Cela servira à les maintenir en santé pendant tout le temps où ils sont privés de tout autre fourrage frais; il en est du vétérinaire comme du médecin : on doit y recourir quand il y a nécessité; mais, moins on peut avoir besoin de lui, mieux cela vaut.

Quand le jeune fermier se trouva tout à fait en possession de sa terre et que ce fut à lui, comme on dit, de lever les guérets, M. le curé se faisait un plaisir de l'aller rejoindre dans la campagne, et de donner à ses labours son coup d'œil de connaisseur.

— Comment trouvez-vous mon travail, dit un jour le fermier en lui montrant avec une sorte de satisfaction des sillons parfaitements droits, sur une longueur de plus de 200 mètres ?

— Assez bien, dit le curé; beaucoup mieux, à coup sûr, que ne savent faire la plupart des laboureurs; mais, il y a encore bien des petites choses à reprendre.

— Et moi qui m'attendais à un compliment ! dit le fermier.

— Laissez-moi vous montrer en quoi vous auriez pu faire mieux : c'est pour votre bien. Voici des raies irréprochables; en voici une un peu plus large que les autres; vous avez pris trop de largeur et moins d'épaisseur; c'est une inégalité dans le labour : une inégalité, même faible, est toujours un défaut; le blé semé sur cette raie n'aura pas, pour enfoncer ses racines, une profondeur égale à celle des autres sillons; il en souffrira plus ou moins; avant qu'il ne monte en épi, son infériorité à cette place sera visible à l'œil; j'en fais le pari.

— Ah ! dit le fermier, si vous épluchez nos labours de cette façon, vous n'en trouverez pas un qui soit bon : mes voisins en font bien d'autres, ma foi !

— Mon ami, dit le curé, c'est comme si vous disiez que quelques-uns d'entre eux se permettent de légères infractions à la plus scrupuleuse délicatesse : pensez-vous que cela vous autorise à en commettre? Je ne dis pas que ceci n'est point un bon labour ; mais vous pouvez faire encore mieux, et vous le devez, ne fût-ce que pour donner l'exemple à vos laboureurs. Je vous ferai observer en outre que la moitié la plus basse de ce champ aurait dû être labourée en planches bombées et non point à plat; cette terre n'est pas drainée; un labour en planches séparées par de profondes rigoles d'égouttement lui serait nécessaire.

— Quant à cela, c'est ce que je ferai au second labour, je vous remercie de m'y avoir fait penser; elle contient, en effet, dans le sous-sol, beaucop trop d'eau à laquelle il est nécessaire de procurer une issue.

Les labours suivis de hersages énergiques étant terminés, M. le curé donna un dernier coup d'œil d'inspection.

— Voici, dit-il, une pièce de terre qui ne doit être ensemencée qu'en mars de l'année prochaine ; la terre en est très-argileuse ; à votre place, je la façonnerais en billons, afin de donner plus de prise à l'effet utile des gelées et des dégels de l'hiver.

— J'y avais pensé, dit le fermier ; mais je n'ai pas de buttoir.

— Qu'est-ce que cela fait, dit le curé ? Mettez trois bons chevaux sur une de vos fortes charrues américaines ; donnez un trait de charrue en allant, un second en revenant, en rejetant tout naturellement la seconde bande sur la première, et le tour sera fait : ce n'est pas plus difficile que cela.

Quand vint l'époque des semailles d'hiver, le fermier se décida à suivre le conseil de M. le curé ; il alla chercher le semoir de son père et s'en servit pour semer seulement la moitié de ses céréales d'hiver, laissant semer le surplus par le plus habile semeur du pays.

— Laissez arriver la moisson, dit le curé : le contraste sera frappant ; les plus incrédules seront convaincus, et vos voisins viendront emprunter votre semoir, je vous le promets.

CHAPITRE VI

Des engrais et des amendements.

Des engrais. — Fumier des bestiaux. — Moyéns de lui conserver ses propriétés utiles. — Système des boxes. — Conditions dans lesquelles il
peut être pratiqué. — Engrais pulvérulents. — Guano. — Noir de raffine-
ries. — Poudrette. — Os broyés. — Moyen de les diviser. — Amendements. — Marne. — Chaux. — Compost. — Manière de le préparer, —
de l'employer. — Argile. — Sable siliceux. — Falun. — Circonstances
dans lesquelles ces amendements peuvent être avantageux.

Les semailles d'automne étant terminées, le fermier se
trouva dans cette période de repos relatif qui accompagne
la fin de l'automne, alors que les pluies abondantes de l'arrière-saison interrompent forcément les travaux du laboureur, et que le mauvais état des chemins s'oppose également
au transport de la marne et des autres amendements
sur les terres cultivées. Le mot *repos* ne doit pas ici se
prendre au sens direct; le cultivateur ne doit pas plus
se reposer d'une manière absolue, que la terre qu'il
fait valoir; mais la fin des semailles des céréales d'hiver
est pour lui le moment de l'année où ses travaux sont le
moins urgents. Il en profita pour rendre plus fréquentes ses
visites au presbytère, car il appréciait de mieux en mieux
l'utilité pratique des conseils éclairés du digne pasteur.

—Monsieur, lui dit-il un soir qu'une pluie battante durant depuis plusieurs jours retenait claquemurés chez eux tous les habitants du village, si vous avez une heure à m'accorder je serai heureux de l'employer à recevoir vos bons avis sur ce qui m'intéresse le plus pour le moment; il s'agit de la question des engrais. Il s'en produit beaucoup chaque jour à la ferme; le troupeau ne peut pas sortir ; le gros bétail, sauf un peu d'exercice de temps en temps dans le clos attenant à la ferme, ne sortira pas d'ici au printemps, et tous les attelages sont retenus à l'écurie par le mauvais temps. En premier lieu, je vous demanderai s'il faut, à votre avis, laisser ou non fermenter le fumier, et en second lieu, quels sont les meilleurs moyens de le conserver avec la totalité de ses propriétés fertilisantes.

— Les deux questions n'en font qu'une, dit le curé, et la réponse est des plus simples. Quand la litière est abondante, il faut nettoyer souvent l'étable, l'écurie, la bergerie, la porcherie, donner de la litière fraîche aux animaux, et laisser le moins longtemps possible le fumier dans la fosse, en ayant soin de le bien mélanger chaque fois qu'on élève le tas. Quant à sa conservation, la meilleure manière de le conserver, c'est de l'enterrer. Vous me demandez si le fumier doit fermenter? Oui, assurément, mais en terre, afin que ses principes fertilisants pénètrent la couche arable, au lieu de se dissiper en pure perte. Ainsi, dès que le temps pourra le permettre, enlevez-moi lestement tout ce que vous aurez de fumier disponible, portez-le sur les terres qui doivent recevoir vos semailles de mars, et hâtez-vous de l'enfouir par un bon labour. En utilisant, pour la continuation du même travail, tous les intervalles de temps supportable qui surviendront dans le courant de l'hiver, ce que vos bestiaux produiront de fumier d'ici au printemps sera conservé en terre beaucoup mieux qu'il ne pourrait l'être dans la fosse, et vos terres en éprouveront intégralement l'effet utile. Quant à la conservation du fumier en été, alors que tous les champs sont occupés par une récolte quelconque, elle n'est pas bien difficile, surtout chez vous qui avez à votre disposition des étables et des écuries bien pavées, où l'urine du bétail ne séjourne pas, et une bonne citerne pour la conservation de l'engrais liquide. Dès que vous verrez le tas de fumier disposé à une fermentation trop active, mouillez-le bien à l'aide d'une écope, ou d'une pompe en bois portative, puis couvrez-le immédiatement d'une bonne couche de terre grasse détrempée, de façon à intercepter tout accès à l'air ; il attendra l'automne, sans trop diminuer de volume et sans fermenter avec excès.

— Rien de plus facile à suivre que la méthode que vous me tracez ; j'ai tout ce qu'il faut pour m'y conformer de point en point, et je n'y manquerai pas. J'ai entendu parler de l'usage suivi en Angleterre et qui consiste à n'enlever le fumier de dessous le bétail que tous les trois ou même tous les six mois ; je n'ai jamais bien compris comment ce système était praticable, et quels pouvaient en être les avantages.

— Il faut, pour cela, dit le curé, des étables divisées à l'intérieur en loges, nommées en anglais *boxes*, où les animaux peuvent à volonté se lever et se coucher, mais sans pouvoir se retourner, et dont ils ne sortent jamais. Le fumier fortement comprimé sous les bestiaux, qui sont presque continuellement couchés dessus, fermente peu, parce que l'air ne pénètre pas dans sa masse ; il est d'ailleurs très-peu humide, parce que les urines sont reçues dans une rigole qui les emporte dans la citerne à l'engrais liquide. Avec ce système, la couche superficielle du fumier doit être continuellement rechargée de litière fraîche, sans quoi les animaux croupiraient dans une affreuse malpropreté. Il résulte de la compression du fumier dans les boxes que, deux fois ou quatre fois par an, le fumier est enlevé par masses considérables qui, dès qu'elles ont pris l'air, fermentent avec une extrême violence, et qu'il faut pouvoir, comme cela se pratique dans les grandes fermes anglaises, l'enterrer en un tour de main, en mettant à l'œuvre toutes à la fois une douzaine de charrues. Nous n'avons généralement, en France, même dans les plus grandes fermes, ni un personnel, ni un matériel, ni une monture en attelages capables de mettre à exécution un pareil système.

— Et les engrais pulvérulents, dont on dit que les Anglais font un si grand usage, me conseillez-vous d'en acheter?

— Oui, assurément; mais je dois vous expliquer dans quelles circonstances. C'est un point parfaitement entendu entre nous, que rien ne remplace comme nourriture de la terre, comme moyen certain de la maintenir à son maximum de force productive, le fumier des bestiaux. Admettons que vos ressources fourragères vous permettent de fumer vos terres par quart, à raison de 70 à 80 mètres cubes par hectare : vous adoptez pour principe de ne jamais semer immédiatement sur le fumier un blé qui serait exposé à verser, ou qui se trouverait infesté par la mauvaise herbe. La fumure est donc donnée à une culture de pommes de terre ou de betteraves; par exemple, le blé, qui leur succède, trouve la terre dans les meilleures conditions. Mais avec l'assolement alterne quadriennal que vous préférez à tout autre avec raison, car c'est bien celui qui convient le mieux aux terres que vous cultivez, la seconde céréale arrivant la troisième année de l'assolement, ne trouvera plus guère de fumier en terre ; elle aura grand

besoin d'un supplément de fumure que vous lui donnerez
en engrais pulvérulent. Cet engrais sera, selon la nature
du sol et le genre dé semence que vous aurez à lui con-
fier, du guano, du noir de raffinerie, de la poudrette ou
engrais humain désinfecté, ou des os de boucherie broyés
et pulvérisés. Tous ces engrais ont l'avantage, lorsque les
semailles sont faites au semoir, de pouvoir être répandus
en lignes et enterrés dans le sol en même temps que le grain
des semailles ; il en résulte qu'au moment où la jeune
plante lève, ses racines naissantes se trouvent en contact
avec l'engrais en poudre qui doit favoriser sa croissance.
Avec cela et ce qui peut rester en terre de la précédente
fumure, la seconde céréale de l'assolement alterne est
aussi belle et aussi productive que la première.

— Je tiendrai bonne note de ces excellentes indications.
Une seule chose m'embarrasse au sujet des os. Il ne m'est
pas difficile d'en acheter en assez grande quantité, à un
prix modéré, au chef-lieu du département. Seulement, je
ne sais pas trop comment m'y prendre pour les diviser.
J'ai lu dans les livres d'agriculture qu'il faut les traiter
par l'acide sulfurique ; je suis très-peu chimiste, je l'avoue ;
mes gens le sont encore moins que moi ; je sais que l'acide
sulfurique est un liquide fort dangereux : j'ai peur de commettre quelque grosse bévue, ou de donner lieu à quelque regrettable accident.

—Vous avez grandement raison, dit le curé, de vous méfier de vous-même et de ne pas mettre légèrement de l'a-
cide sulfurique entre les mains de vos gens, qui pourraient
se brûler cruellement s'ils s'en servaient sans précaution.
Bien que le procédé pour traiter les os par l'acide sulfurique ne soit pas réellement dangereux quand on sait le pratiquer avec la prudence nécessaire, vous avez un moyen des
plus simples de diviser les os. Ouvrez un tas de fumier en

pleine fermentation; étendez un lit d'os rangés près les uns des autres, vers le milieu de l'épaisseur du tas que vous refermerez aussitôt. Au bout de huit jours, démontez le tas de nouveau : vous y trouverez les os complétement ra-mollis. Alors, en frappant dessus avec une masse de bois, vous les réduirez aisément en poudre grossière que vous répandrez à la main sur le sol bien hersé, avant de procé-der aux semailles. Vous obtiendrez ainsi l'effet utile des os broyés sur la végétation de la céréale, aussi complétement que si les os avaient été traités par l'acide sulfurique.

—Ce n'est pas tout, dit le fermier; j'ai bien des choses à vous demander au sujet du meilleur emploi des amende-ments. Je n'en ai jamais employé que deux, la marne et la chaux; je sais qu'on peut en utiliser d'autres, et même sur ceux que j'ai vu donner au sol dans la ferme exploi-tée par mon père, il me manque encore bien des notions. Pour préciser mes opérations, je commencerai par vous prier de me dire quelle est, à votre avis, la meilleure marne?

—C'est assurément, dit le curé, celle qui est la plus fria-ble, et qui contient le plus de chaux. Si vous avez des dou-tes sur ce dernier point, portez un échantillon de marne au pharmacien de la ville voisine; il en fera l'analyse et vous dira dans quelles proportions la chaux s'y trouve associée à l'argile; cela ne vous coûtera qu'une bagatelle.

La chaux est un amendement encore plus précieux que la marne; mais savez-vous la meilleure manière de la bien employer?

—Comme il importe beaucoup qu'elle soit également dis-tribuée dans le sol, et que c'est un résultat que je n'ai ja-mais pu obtenir à mon entière satisfaction, je vous serai fort reconnaissant, Monsieur, si vous avez un bon procédé de chaulage des terres à m'enseigner.

—Il n'y en a qu'un bon, et malheureusement il n'est ni assez connu, ni assez généralement pratiqué. Lorsqu'on se propose d'amender une terre avec de la chaux, il faut faire provision de gazons levés sur des terres en friche et de boue désséchée, mise à part dans cette intention lorsqu'on cure les fossés le long des chemins. La chaux est étendue par lits alternatifs avec ces matériaux, ce qui forme ce qu'on nomme un *compost*, terme anglais adopté dans la langue agricole de tous les pays de l'Europe. Dans le courant de l'hiver, le tas de compost qui peut être établi au milieu du champ sur lequel il doit être utilisé, est démonté, remanié à la bêche, et reformé aussitôt, opération qu'on répète au moins deux fois, afin que le mélange de la chaux avec le gazon soit aussi intime qu'il peut l'être. Au printemps de l'année suivante, dès que l'état de la terre permet d'y mettre la charrue, le compost est répandu très-également à la surface des pièces de terre qui ont besoin d'être amendées avec la chaux, puis enterré par un labour soigné suivi d'un hersage. L'effet utile de la chaux ainsi employée est aussi durable que celui de la meilleure marne.

Les autres amendements les plus usités sont : l'argile pour les terres trop légères; et le sable siliceux pour les terres trop argileuses. Pour que ces amendements ne reviennent pas à un prix qui dépasserait leur valeur réelle, il faut que le fermier puisse se les procurer à peu de distance des champs où ils doivent être répandus, sans quoi les frais de transport seraient supérieurs aux avantages qu'on en peut espérer. Quand ces ressources manquent et qu'il se trouve, comme cela a presque toujours lieu dans les exploitations un peu importantes, des terres très-fortes et d'autres très-légères, dépendant de la même ferme, on peut les faire servir d'amendement les unes pour les autres. Par exemple, dans la saison où le service des attelages est le plus souvent disponible, on enlève 100 ou 120

mètres cubes de terre de la surface d'un champ d'un hectare au sol sableux, pour les reporter sur un champ très-
argileux de même étendue, auquel on enlève un volume
de terre équivalent, à reporter sur la terre légère. Dans
l'Ouest où ces transports se font avec des tombereaux, cette
opération, consistant en un échange des terres d'un champ
sur un autre, se nomme *tombereller* : les avantages en sont
si bien reconnus, que la plupart des baux imposent aux
fermiers et métayers l'obligation de tombereller tous les
ans une portion déterminée des terres dont la culture leur
est confiée : l'effet de ce genre d'amendement sur toutes les
récoltes se fait immédiatement sentir.

Dans certaines localités, il se rencontre des dépôts naturels de substances fertilisantes que le fermier ne doit pas
négliger d'utiliser pour l'amendement de ses terres ; c'est
ainsi que, dans plusieurs de nos départements maritimes,
la *tangue* ou vase de mer, qui agit à la fois comme engrais
et comme amendement, fait la fortune des cultivateurs
assez rapprochés des côtes pour aller le chercher. A quelques kilomètres de cette paroisse, il existe un immense dé-
pôt de coquilles brisées connues sous le nom de *falun* ;
c'est un excellent amendement pour diminuer la ténacité
de celles de vos terres qui sont trop argileuses. C'est en
profitant de tout ce qui peut se rencontrer à sa portée en
fait d'amendements, que le fermier peut espérer d'amener
sa terre à son plus haut degré de fertilité, afin de n'avoir
plus qu'à l'y maintenir par les engrais et l'application d'un
bon système de culture.

CHAPITRE VII

Fenaison. — Moisson.

Fenaison. — Prairies permanentes. — Ce qu'elles sont par rapport à l'agriculture progressive. — Nécessité de n'employer que de bons faucheurs. — Meules de foin. — Forme la meilleure à leur donner. — Faneuse mécanique. — Râteau à cheval. — Posage du foin sec. — Récolte du colza. — Moisson des céréales, — à la faucille, — à la faux, — à la sape. — Méthode des piqueteurs belges. — Moyettes flamandes. — Leur avantage en cas de pluie pendant la moisson.

Voici vos foins bons à couper, dit le curé au jeune fermier, en se promenant avec lui sur la lisière de ses prairies, il est temps de songer à y mettre la faux.

— Vous avez raison, Monsieur, et je vais me hâter ; car l'été s'annonce comme devant être humide, et je tiens à ne rien perdre de mes fourrages ; le proverbe dit avec raison : « Qui a foin a pain. » C'est dommage seulement que ma ferme ait trop peu de prairies naturelles.

— Nous sommes en cela d'un avis bien différent l'un de l'autre ; moi, je trouve qu'elle en a trop.

— Comment pouvez-vous parler ainsi, Monsieur, vous qui savez si bien quel urgent besoin toute ferme doit avoir d'une ample provision de fourrage ? D'ailleurs, mon bail m'oblige, vous ne l'ignorez pas, à conserver mes prairies naturelles.

— Oh ! pour cela, dit le curé, vous vous trompez. Votre bail ne vous oblige à rien du tout, si ce n'est à rendre autant de prairies en sortant que vous en recevez en entrant. C'est à dire que, dès l'an prochain, si vous voulez m'en croire, vous retournerez toutes vos prairies naturelles ; vous planterez la moitié en colza, l'autre en pommes de terre, et puis vous les ferez rentrer, comme vos autres terres arables, dans l'assolement alterne quadriennal. La quatorzième année de votre bail (nous avons le temps d'y penser), vous rétablirez les prairies en semant de la graine de foin dans une céréale. A votre sortie, la seizième année, vos prairies seront juste dans l'état où elles sont actuellement : votre bail ne vous oblige à rien de plus.

— Mais, s'il vous plaît, monsieur le curé, que mangeront mes bestiaux d'ici là ?

— Du trèfle, de la luzerne, du sainfoin, des racines fourragères, à discrétion ; je n'entends pas du tout qu'ils doivent mourir de faim. Les prairies naturelles, soyez-en bien persuadé, c'est l'enfance de l'agriculture ; un sol de bonne nature et bien cultivé doit rapporter alternativement toute espèce de plantes alimentaires et industrielles, et, par-dessus le marché, autant et plus de fourrages que ne peuvent en donner les prairies naturelles les mieux entretenues. Mais, nous reviendrons plus tard sur ce sujet important ; ne nous occupons pour le moment que de la fenaison. Avez-vous pu vous procurer de bons faucheurs en nombre suffisant ?

— Très-difficilement ; ceux qui passent pour bons dans le pays me demandent par hectare un prix qui me semble exagéré.

— Vous avez tort, je ne crains pas de vous le dire, mon ami ; payez convenablement un habile faucheur, vous y gagnerez. Vos foins sont à leur point ; ils ne peuvent attendre ; fauchés plus tôt, ils vous auraient constitué en perte sur la quantité ; plus tard, vous perdriez sur la qualité ; le foin des prairies naturelles, lorsqu'il est fauché trop mûr, ressemble moins à du vrai foin qu'à de la paille ; il est donc essentiel d'éviter toute perte de temps. Un bon faucheur sait travailler vite et bien ; il prend l'herbe au niveau du sol, et vous récoltez sans perte tout le foin que peuvent donner vos prairies ; un faucheur inexpérimenté ou maladroit laisse des *éteulles* en relevant à chaque tour le bout de sa faux ; cette espèce de chaume laissé sur pied, en diminution de votre approvisionnement de fourrage sec, s'oppose en outre à la pousse du regain ; il compromet en même temps la production du foin de l'année prochaine. Vous avez donc tout à gagner à ne faire faire vos foins que par les meilleurs faucheurs, sauf à les payer en proportion de leur talent : ce n'est que justice.

Quelques jours après, le temps ayant été passable, sauf quelques alternatives de pluie et de soleil, toutes les femmes du village furent mises en réquisition comme faneuses, et le foin se trouva sec et prêt à être mis à l'abri, en partie sous le hangar, en partie en meules à l'air libre.

— Si vous m'en croyez, dit le curé, au lieu de monter vos meules de foin comme des meules de blé, vous leur donnerez la forme d'un bâtiment, et vous les couvrirez comme un toit de maison ; c'est un excellent usage suivi en Bretagne, et qu'on devrait introduire partout. Comme dans ce pays ce sont les vents d'ouest qui nous amènent le plus souvent la pluie, la direction à donner à ce genre de meules est de l'est à l'ouest.

— N'ayant jamais conservé, ni vu conserver de foin de cette manière, me permettrez-vous, Monsieur, de vous demander quelques explications sur le genre d'avantages que ce mode de conservation peut offrir ? Je ne m'en forme pas une idée précise.

— Très-volontiers, dit le curé. D'abord, vous avez très-bien compris de vous même combien il est contraire au bon sens d'entasser le foin dans un grenier au-dessus des étables et des écuries : ce point n'est plus à discuter. En donnant au foin en meules une forme conique, telle qu'on la donne habituellement aux meules de gerbes de céréales, il est difficile, quand le moment est venu d'en faire consommer le fourrage par le bétail, de ne pas exposer le foin d'une meule entamée à être plus ou moins altéré par les intempéries atmosphériques. Au contraire, si la meule a la forme d'un bâtiment, dont un des pignons est opposé au vent le plus ordinairement accompagné de pluie, ne voyez-vous pas qu'il devient très-facile d'entamer la meule par le bout qui représente l'autre pignon, de réduire peu à peu la longueur du toit de chaume à mesure que la provision de foin diminue, et de la conserver ainsi jusqu'à la fin dans les meilleures conditions ? Aucune autre forme donnée aux meules de foin ne conduit aussi aisément au même résultat.

— J'espère, dit le fermier quand l'opération de la fenaison fut complétement achevée, que vous ne nous accuserez pas du péché de paresse ; on y a mis, je crois, cette fois toute l'activité possible.

— J'en conviens, dit le curé ; si cependant vous croyez qu'il n'y a rien à redire à votre fenaison, vous vous trompez. Je vous avais engagé, et vos ressources vous le permettent, je le sais, à faire l'acquisition d'une faneuse mécanique, composée d'un cylindre armé de longs crochets, monté sur deux roues et traîné par un cheval. Avec cet instrument et deux ouvriers, vous auriez fait plus vite et mieux la besogne de vos trente faneuses un peu flâneuses, permettez-moi ce jeu de mots; avec cela et un bon râteau à cheval qui ne vous aurait pas coûté bien cher, vos foins auraient été enlevés en un rien de temps. La température vous a été à demi favorable cette année, c'est fort bien; elle pouvait ne pas l'être, et vos foins étaient gâtés par votre faute.

— Vous êtes bien sévère aujourd'hui, monsieur le curé, dit le fermier en riant. Quant à la faneuse mécanique, je vous dirai qu'il m'a semblé qu'elle supprimait trop de main-d'œuvre, et que les femmes du village m'auraient vu de mauvais œil si je leur avais fait manquer cette occasion de gagner quelques bonnes journées.

— C'est, dit le curé, un motif louable, mais un raisonnement faux. Avec son assolement triennal et sa culture arriérée, le fermier à qui vous succédez ne faisait vivre personne, hors les domestiques attachés à sa ferme, et il était à la discrétion des gens du village dont les bras lui manquaient souvent pour la fenaison et la moisson. Vous, en suivant un bon système de culture, en admettant des récoltes de racines sarclées, du lin, du chanvre, une foule de cultures qui occupent utilement les femmes et les enfants, vous leur faites gagner des journées pendant toute la belle saison; vous avez parfaitement le droit d'employer de bons instruments pour faire vos foins; proposez à vos faneuses de revenir à l'ancien système qui les laissait sans travail utile dix mois sur douze, vous verrez ce qu'elles en penseront.

J'ai encore un reproche à vous adresser au sujet de la fenaison: vous n'avez pas pesé vos foins avant de les rentrer, ainsi que je vous l'avais recommandé.

— J'ai cru, dit le fermier, que c'était une plaisanterie; sérieusement, comment voulez-vous, Monsieur, que je m'amuse à peser le foin sec de 34 hectares de prairies?

— Je n'entends pas, dit le curé, vous engager à emprunter pour cette opération les balances dans lesquelles le buraliste du village pèse le tabac à fumer : ce serait trop long. Mais quand votre foin était en meulons, tous à peu près du même volume parce qu'ils étaient montés avec des andains de la même longueur, vous pouviez facilement prendre un bon ouvrier habitué à botteler le foin, peser avec une romaine les bottes provenant de ce meulon, et en conclure par approximation le poids de tout le foin de vos prairies ; c'était l'affaire d'une demi-journée de travail, cela ne vous eût pas coûté cher. Si vous aviez en cela suivi mon conseil, vous sauriez à très-peu de chose près ce que vous avez de rations de foin sec pour vos bestiaux. Je vous défie de me le dire avec la certitude de ne pas vous tromper de plusieurs milliers de kilogrammes sur le total.

Le fermier reconnut ses torts et promit de peser ses foins désormais, en commençant par les regains, dont l'état de la température lui promettait une bonne coupe.

L'été s'étant bien comporté, les colzas cultivés par le jeune fermier sur une assez grande échelle furent bons à récolter dès le milieu de juillet ; c'était une culture nouvelle dans le canton. M. le curé fit acheter par le fermier une vingtaine de fortes serpettes à manche court moyennant lesquelles le colza, bien qu'il fût très-mûr, ce qui obligea à le battre sur des toiles sans l'emporter à la ferme, ne perdit presque rien par l'égrenage.

Les céréales d'hiver étaient presque mûres ; le fermier tint conseil avec M. le curé sur le meilleur mode à adopter pour faire la moisson.

— Vous serez, dit le curé, l'auteur d'un grand progrès dans l'agriculture locale si vous avez le courage d'entrer hardiment dans une voie nouvelle, et de mettre de côté

pour toujours l'antique faucille en usage dans ce canton ;
la faucille a pu être excellente du temps de Triptolème,
regardé par les Grecs comme l'inventeur de la charrue ;
elle ne vaut plus rien de notre temps. Je ne connais pas
de pratique plus vicieuse et moins en rapport avec les besoins d'une agriculture progressive. Avec la faucille la
moisson se fait très-lentement ; les hommes et les femmes,
travaillant courbés vers la terre, éprouvent de rudes fa-
tigues, et cela au moment des plus violentes chaleurs de
l'année. Mais le plus grave inconvénient de cette manière
de moissonner, c'est de laisser sur pied des éteulles égales
en longueur à la moitié de la hauteur totale des épis ;
perdre la moitié de la paille, car la paille qui reste sur
pied peut être regardée comme perdue, c'est une faute impardonnable dans l'état actuel de notre agriculture. La
faucille étant écartée, il reste pour les seigles, les orges et
les avoines la faux garnie de treillage, et pour les froments
la sape du piqueteur belge.

— J'ai beaucoup entendu parler de la moisson à la
sape et des piqueteurs belges ; mais comme ces moisson-
neurs des passage ne sont jamais venus dans le canton où
est située la ferme de mon père, je ne les ai jamais vus à
l'ouvrage, et je n'ai aucune idée de leur manière d'opérer.

— J'écrirai bien volontiers, dit le curé, à l'un de mes
confrères dont la paroisse reçoit tous les ans des troupes
nomades de piqueteurs ; il vous en adressera un détachement, et si vous tenez bon, si surtout vous offrez un bon
salaire à ceux des gens du village qui voudront adopter
cette façon de faire la moisson, ce qui peut s'apprendre en
une heure sans difficulté, vous aurez rendu à ce canton le
plus signalé service. Le piqueteur est armé de la main
gauche d'un *piquet* ; c'est le nom donné à un crochet de
fer d'une forme allongée, fixé solidement au bout d'un

long manche plat terminé à sa partie supérieure par une courroie passée dans le bras gauche de l'ouvrier. De la main droite, il frappe avec une petite faux très-tranchante, à manche court, sur une poignée d'épis contenue par le piquet ; que le blé soit versé ou non, l'opération marche avec la même promptitude ; la poignée d'épis abattue, tranchée au niveau du sol, sans que le piqueteur soit forcé de se baisser, est rangée par lui de côté par un mouvement qui n'interrompt pas son travail ; l'ouvrière qui le suit pour mettre le blé en javelles trouve sa besogne toute préparée.

— Il me semble bien que cette méthode est préférable à la faux, qui fatigue cruellement l'ouvrier et égrène les blés trop mûrs ; quant à la faucille, il n'y a pas de comparaison. La seule difficulté c'est de me procurer des faux et des piquets.

— Vous pouvez en faire venir de Paris une paire seulement pour cette année ; ces instruments sont peu compliqués et c'est un de leurs mérites, assurément. D'ici à l'an prochain, vous en ferez faire d'après ces modèles tout autant qu'il vous en faudra, par un taillandier du chef-lieu, à un prix modéré. Ou je me trompe fort, ou le moment est proche où toutes les céréales de France seront moissonnées à la sape selon la méthode des piqueteurs ; la sape doit détrôner la faucille, et même la faux, pour faire la moisson.

La moisson fut contrariée par le mauvais temps ; de violents orages, séparés par de courts intervalles de chaleur tropicale, ne permettaient pas aux gerbes de sécher, et dans les tas formés sur place, selon l'usage du pays, les épis des gerbes de dessous, en contact avec le sol humide, étaient exposés à germer.

M. le curé pria les piqueteurs belges, auxquels le fer-

mier accorda à ce sujet une légère gratification, de former
le blé en *moyettes flamandes*, selon la coutume de leur
pays. Ils s'y prêtèrent très-volontiers, et se mirent à dé-
monter les tas de gerbes qu'ils divisèrent par quatre, dont
trois furent placées debout l'une contre l'autre comme des
armes en faisceau. Desserrant alors adroitement le lien de
la quatrième gerbe, sans la délier tout à fait, ils lui donnèrent la forme d'une sorte de parapluie, et c'en était un
en effet, et la posèrent, les épis dirigés en bas, sur les trois
autres gerbes. Par cette disposition très-simple, l'eau en
cas de pluie ne pouvait faire grand tort au grain, et l'air,
circulant librement dans les intervalles des gerbes, en as-
surait la prompte dessiccation en prévenant la germination
du grain dans les épis.

— Comment n'avons-nous pas trouvé de nous-mêmes,
dit le fermier, une disposition si avantageuse du blé en
moyettes? Désormais, chez moi, on ne fera plus autrement,
et j'ai vu avec une véritable satisfaction tous nos voisins,
sans égard pour l'empire de la coutume, venir nous voir
faire nos moyettes et en faire aussitôt de toutes pareilles.
Cette manière d'opérer est-elle ancienne en Belgique?

— Si ancienne, dit le curé, qu'il serait impossible de lui
assigner une origine certaine. Il n'est d'ailleurs pas étonnant que les Belges se soient ingéniés dès la plus haute
antiquité à trouver un moyen de garantir leurs grains
contre les effets des pluies d'orage pendant la moisson :
c'était une nécessité commandée par le climat de leur
pays : chez nous, il pleut quelquefois ; chez eux, il pleut
toujours.

CHAPITRE VIII

Des plantes alimentaires.

Plantes alimentaires. — La part au bon Dieu. — Botanique agricole. —
Blé roux sans barbes. — Blé blanc de Bergues. — Le meilleur des blés
d'hiver. — Blé Lammas. — Degré de froid auquel il ne résiste pas. —
Blés poulards. — Pétanielle noire. — Blé dur de Pologne. — Blé de mi-
racle. — Froment de printemps. — Blé de cent jours. — Seigle de St-
Jean ou multicaule, — de printemps, — de Rome. — Méteil. — Avoine
écossaise. — Orges des meilleures espèces. — Sarrasin. — Maïs. —
Procédés pour hâter sa maturité.

L'hiver de l'année suivante fut long et rigoureux; la
neige couvrit longtemps les campagnes, et les travaux des
champs en éprouvèrent une longue interruption. Le jeune
fermier n'avait qu'à se louer de sa nouvelle position; tout,
pendant sa première année d'exploitation, avait marché selon ses désirs; le succès avait dépassé ses prévisions, et il
savait parfaitement qu'il le devait en grande partie aux
excellents conseils de M. le curé. Aussi les pauvres de la
paroisse, heureusement peu nombreux, eurent-ils une
large part dans les produits de la ferme. En leur distribuant durant les grands froids des denrées de première
nécessité, il disait à M. le curé : Vous le voyez, je fais, et
j'aurai toujours grand soin de faire chaque année, sur mes
récoltes, la part au bon Dieu.

Chaque soir, le digne pasteur venait passer une heure ou deux à la ferme, ou bien le fermier allait passer le même temps au presbytère; l'entretien, souvent porté sur le terrain des questions morales et religieuses, avait pour ujet habituel l'agriculture : il ne pouvait en être différemment.

— Vous avez dû souvent être étonné, Monsieur, de me trouver si parfaitement ignorant sur des choses que je de vrais bien savoir, lui disait-il dans un de ces entretiens qui étaient pour lui l'équivalent d'un cours d'agriculture.

— Mon ami, dit le curé, si j'ai éprouvé de la surprise à cet égard, c'est en sens contraire. Au sortir du pensionnat, vous avez lu, tout en secondant votre père dans son exploitation, beaucoup de livres d'agriculture, et je puis vous assurer que, pour quelqu'un qui n'avait près de lui personne pour lui expliquer les passages hors de sa portée, vous n'avez pas mal profité de vos lectures. Quant à la pratique, vous savez très-bien ce que vous avez fait et vu faire en fait de culture depuis votre enfance; vous n'avez pas voyagé; vous n'avez fréquenté aucune école d'agriculture; on ne peut avec justice vous en demander davantage.

— Parmi les connaissances qui me manquent, il en est une que j'ai toujours vivement désiré posséder; c'est celle des espèces et variétés de toutes les plantes dont la nature du sol et le climat local de ce canton rendent la culture possible et avantageuse.

— Cette connaissance, dit le curé, en y joignant celle des plantes sauvages qui infestent sous le nom de *mauvaise herbe* les champs cultivés, constitue à proprement parler la botanique agricole : je me ferai un vrai plaisir de vous en dire ce que j'en sais; nous avons le loisir de passer en revue dans nos entretiens, non pas toutes les plantes dont il s'agit, avec toutes leurs espèces, variétés et sous-variétés, mais les plus intéressantes de celles qui peuvent croître sur les terres de votre exploitation.

— Vous devinez aisément que, de toutes ces plantes, celles qui m'intéressent le plus, ce sont les céréales, et, parmi les céréales, les blés. Je sais qu'il en existe des variétés innombrables, et je suis honteux d'avouer que j'en connais à peine quelques-unes, les seules avec lesquelles je me sois trouvé en contact, parce qu'on les cultive dans le canton où je suis né; je les ai toutes retrouvées ici, et je n'en sais pas plus à ce sujet que je n'en savais avant de m'être déplacé.

— Le froment roux, sans barbe, d'origine anglaise, et le blé blanc de Bergues également sans barbe, espèces adoptées dans tous nos environs, sont choisies très-judicieusement; j'en connais beaucoup, et je ne pourrais vous en indiquer de meilleures, comme froments d'hiver.

— On avait envoyé à mon père, il y a quelques années, des échantillons de deux blés anglais qui me paraissaient fort beaux, l'un sous le nom de blé *Lammas*, l'autre sous celui de *blé de la Haie*. Je les avais semés dans un carré du jardin et j'en avais obtenu quelques fort belles plantes; mais, un jour, au moment de la maturité de ces blés, la porte du jardin étant restée ouverte, la volaille y a fait invasion, et elle ne m'en a pas laissé un seul grain.

— Vous n'y avez pas perdu grand'chose; ces blés sont bons, mais non pas supérieurs au blé blanc de Bergues, le premier de tous les froments, à mon avis. Il faut que je vous raconte, au sujet du blé Lammas, un fait qui a eu dans tout le nord de la France un triste retentissement. Un cultivateur du département du Pas-de-Calais avait reçu d'Angleterre un hectolitre de froment Lammas fort estimé dans tout le sud de la Grande-Bretagne. Il sema ce blé dans les mêmes conditions que les blés du pays et obtint une récolte admirable. Tous ses voisins voulurent avoir de ce froment; en peu d'années, le blé Lammas se propagea dans huit ou dix départements, à la grande satisfaction des fermiers qui le préféraient à tous les autres. Le hasard voulut qu'à cette époque il y eût une série d'hivers ou nuls ou très-doux, ce qui n'est pas très-rare sous le climat du nord de la France; puis, survint un hiver un peu sévère, et le blé Lammas gela, jusqu'à la racine, sans qu'il en restât une seule plante. Beaucoup de fermiers furent ruinés; il s'ensuivit une grande cherté des grains dans le nord, et l'on renonça au blé Lammas. On sut alors ce dont personne n'avait songé à s'informer, qu'un froid de dix degrés fait périr ce froment, et que, partout où en hiver le thermomètre peut descendre au-dessous de dix degrés, le blé Lammas ne doit pas être cultivé. Que serait-il arrivé, si la faveur passagère accordée au blé Lammas eût été plus générale? Il en serait résulté une famine. Cet exemple montre avec quelle circonspection il faut agir, quand il est question d'introduire dans un canton une variété nouvelle de céréale dont on ne connaît pas bien le tempérament et la manière de végéter.

Dans nos départements du midi, on cultive avec succès sous le nom de *poulards* des blés tendres à gros grains; leur culture ne réussit bien qu'au sud de la vallée de la Loire. L'une des variétés les plus remarquables de cette série est spécialement cultivée en Piémont et dans une partie de nos départements les plus méridionaux; elle est connue sous le nom de *pétanielle noire*, parce que les balles qui enveloppent le grain sont d'une nuance violette presque noire. Les poulards et la pétanielle sont des blés à paille longue, très-courbée au sommet, dont l'épi court et renflé porte de très-longues barbes.

Les blés durs de Pologne et de Russie, et le blé de miracle ou de Sainte-Hélène, dont les épis sont ramifiés, sont aussi des blés barbus, mal adaptés au climat moyen de la France; on ne les rencontre gnère que chez les amateurs qui se plaisent à cultiver des collections de céréales, à titre de curiosité.

Il n'en est pas de même des blés de printemps ou blés de mars : ceux-là, dans certaines circonstances, ont une utilité réelle, et peuvent rendre à l'agriculture d'importants services.

— Je n'ai jamais eu occasion de semer du blé de printemps; est-il vrai, comme je l'ai entendu dire, que la farine de ce froment est toujours de qualité inférieure?

— C'est un pur préjugé; on fait d'aussi bon pain avec le froment de printemps qu'avec les blés d'hiver; la paille des blés de printemps est courte, et leur rendement en grain n'est jamais très-élevé; ces deux considérations doivent faire préférer les blés d'hiver. Mais, quand ces blés ont gelé, ce qui leur arrive de temps en temps, le fermier, qui a fait tous les frais de culture qu'exige une récolte de froment, est encore heureux d'avoir recours au blé de printemps, qu'on peut semer pendant tout le courant du mois de mars, sous le climat du centre de la France. La meilleure variété de ce froment est connue sous le nom de *froment de cent jours*, à cause de la rapidité de sa végétation.

— Je ne vous demande pas de détails sur le seigle; mon père a voulu une seule fois essayer d'une espèce qu'il ne connaissait pas, et qu'on lui avait vantée sous le nom de *seigle de Saint-Jean*; il en a trouvé le grain si maigre et le rendement si médiocre, qu'il n'a pas été tenté de recommencer.

— Et il a eu tort, mon ami : le seigle de Saint-Jean,

4.

où plutôt de la Saint-Jean, ne supporte pas, en effet, la comparaison avec le bon seigle d'hiver ; mais il a son genre d'utilité et son mérite particulier. Il doit son surnom à la propriété qu'il possède au suprême degré de *remonter*, c'est-à-dire de repousser et de former ses épis, après qu'il a été fauché. Si l'on sème le seigle de Saint-Jean, dont le vrai nom est *seigle multicaule*, à la même époque que l'espèce commune, il lui est de beaucoup inférieur ; aussi n'est-ce pas là sa destination. C'est vers la fin de juin, ou peu après la fête de saint Jean-Baptiste, qu'il faut semer ce seigle, très-clair, à la volée, à raison de cinquante litres tout au plus par hectare, parce que chaque plante forme une grosse touffe et produit un très-grand nombre d'épis. En octobre, le seigle multicaule forme un très-beau tapis de gazon, prêt à monter en épis, excellent à faucher pour être distribué aux bestiaux comme fourrage frais. Au printemps de l'année suivante, il remonte de très-bonne heure et donne autant de grain que s'il n'avait pas été fauché. Ce grain, comme vous l'avez très-bien remarqué, est peu abondant, et n'est que de seconde qualité. Mais, si vous ajoutez à sa valeur celle de 10 à 12 mille kil. de fourrage frais, qui équivalent à 2,500 kil. de foin sec, le total diffère peu de celui des produits en paille et grain des bonnes espèces de seigle.

— Est-ce qu'il y en a plusieurs ? je pensais qu'il n'en existait pas d'autre que l'espèce commune et le seigle de Saint-Jean que vous venez, je crois, de nommer seigle multicaule.

— Il y a de plus, dit le curé, un seigle de printemps, peu cultivé et peu digne de l'être, et le *seigle de Rome*, variété à chaume très-fort, à grains très-volumineux, cultivé en grand dans la campagne de Rome. Ce dernier seigle ne mûrit bien que dans nos départements du midi, où peu de terrains lui conviennent, de sorte qu'en France on le rencontre rarement hors des collections d'amateurs.

— Que pensez-vous, Monsieur, de la coutume fort en vigueur dans ce canton, de semer ensemble du froment et du seigle, afin de récolter le mélange de ces deux grains que nous nommons du météil?

— Je pense, dit le curé, que c'est une coutume contraire, sous tous les rapports, aux plus simples données du sens commun. Que le pain de farine de seigle et de froment mélangés soit excellent et économique, j'en suis d'accord; mais comme d'une part le seigle et le froment ne mûrissent pas exactement à la même époque, et que d'autre part la terre qui convient à l'un des deux ne convient pas à l'autre, il est beaucoup plus rationnel de les cultiver séparément dans les terres où ils peuvent donner les meilleurs produits.

— Peut-on ranger, Monsieur, comme le font la plupart des agronomes dont j'ai lu les ouvrages, l'orge et l'avoine parmi les plantes alimentaires?

— Dans les riches plaines au sol fertile comme celui que vous cultivez, on produit à assez bon marché le froment et le seigle pour n'avoir pas besoin de panifier la farine d'orge non plus que celle d'avoine; l'orge n'est cultivée ici que pour la fabrication de la bière, et l'avoine exclusivement pour la nourriture des chevaux. Malheureusement il n'en est pas de même partout; quoique la farine d'orge se panifie mal, ce qui a donné lieu au proverbe : « Grossier comme pain d'orge, » et que la farine d'avoine donne un pain brun, gluant, de très-difficile digestion, il y a dans les pays de montagnes bien des cantons où le pain de farine d'orge et d'avoine est la principale nourriture des habitants des campagnes. En Écosse, dans la partie montagneuse de ce pays, où l'avoine est la seule céréale dont le grain puisse parvenir à maturité, ce grain est converti en gruau et préparé sous forme de potages qui sont la principale nourriture des montagnards écossais; c'est la meilleure manière de faire servir l'avoine à l'alimentation de l'homme. Les cultivateurs écossais ont obtenu par une culture perfectionnée de très-belles sous-variétés d'avoine propre à être convertie en gruau; les plus estimées sont les avoines *de Hopetown, du Shériff* et de *Kildrummie*. Quant aux avoines pour la nourriture des chevaux, les meilleures sont l'avoine *noire commune*, l'avoine *de Géorgie* et l'avoine blanche des Flandres, à gros grain, à paille presque aussi haute que celle du seigle. Les meilleures espèces d'orges, soit pour l'usage de l'homme, soit pour le bétail, sont les orges *céleste, nue à six rangs, chevalier* et de *Namto*. Je n'ai pas besoin de vous rappeler que l'orge, quand sa culture est bien conduite, dans un sol plutôt léger que fort, mais riche et bien fumé, est la plus productive des céréales : de là le proverbe populaire : « Faire ses orges. » J'ajoute, à titre de renseignement, que c'est aussi, de toutes les céréales, celle qui résiste le mieux au froid; cette céréale mûrit passablement aux îles Shetland, aux îles Féroë, et même dans quelques cantons du nord de la Norwége. C'est celle qui s'approche le plus près du cercle polaire.

— Peut-on aussi considérer comme des céréales le sarrasin et le maïs, bien que ces deux plantes n'offrent avec les céréales proprement dites que des rapports qui me semblent très-éloignés?

— On ne le peut pas, dit le curé, si l'on conserve au mot céréales son sens étymologique; le sarrasin et le maïs, que les anciens ne connaissaient pas, car leurs naturalistes et leurs agronomes n'en ont rien dit, n'ont jamais été compris au nombre des plantes consacrées à la prétendue déesse Cérès, qui présidait aux moissons, origine du mot céréales. On les a cependant adjoints aux céréales, par le seul motif que leur grain sert à la nourriture de l'homme, comme le froment, le seigle, l'orge et l'avoine.

— Mon père, tenté par la riche végétation et le rendement élevé en grain des meilleures espèces de maïs, en a plusieurs fois essayé la culture; mais toujours les épis n'ont mûri qu'imparfaitement, et il a fini par y renoncer.

— C'est, dit le curé, qu'il ignorait probablement les deux procédés simples et d'une exécution facile, par lesquels on peut hâter la maturité du maïs, dans les pays où le soleil n'a pas assez d'ardeur pour qu'il mûrisse naturellement. Quand le maïs a pris environ la moitié de sa hauteur, avant la formation de l'épi, on le butte, comme on butterait un champ de pommes de terre. Puis, quand les épis sont bien formés, mais encore verts, on *débutte* les plantes, de manière à mettre seulement la naissance des racines à découvert. Un peu plus tard, si les épis, à demi mûrs, ne semblent pas arriver assez vite à maturité complète, on tord leur pédoncule et on le détache à moitié, en le laissant toutefois adhérent et pendant le long de la tige. En peu de jours le grain devient aussi mûr qu'il doit l'être pour être récolté. Remarquez, je vous prie, que l'efficacité de ces deux procédés est telle que, grâce à eux, le maïs atteint sa maturité parfaite jusque dans le nord de la Belgique, à près de deux degrés au nord de notre frontière septentrionale.

CHAPITRE IX

Des plantes alimentaires.

Haricots traités en grande culture. — Conditions dans lesquelles ils peuvent réussir. — Pois normands. — Fèves de marais. — Fèves de Windsor. — Lentilles. — Propriétés de leurs tiges comme fourrage. — Culture des pommes de terre. — Choix des espèces les meilleures pour les bestiaux, — pour la consommation des villes. — Pommes de terre de semis. — Durée de leur plus grande fécondité. — Plantation des tubercules entiers, — des tubercules coupés. — Plantation automnale. — Ses avantages. — Maladie des pommes de terre. — Ce qu'il faut faire pour la prévenir. — Procédé belge de M. Tombelle-Lomba, de Namur.

Je me suis souvent étonné, dit un jour le jeune fermier à M. le curé, après avoir pris note des notions que celui-ci lui avait communiquées du sujet des céréales, de ne pas rencontrer, dans les grandes fermes de ce canton, certains légumes aussi productifs que les céréales, admis dans les assolements, bien que, d'après les essais que j'en avais faits chez mon père, cette culture, quoique fort imparfaitement conduite par moi, qui n'y entendais rien, eût été fort avantageuse, spécialement celle des haricots.

— Si cette culture était réellement profitable, dit le curé, pourquoi votre père ne l'a-t-il pas continuée ? car, je n'ai pas remarqué de champs de haricots sur les terres de sa ferme quand je suis allé lui rendre visite avec vous.

— Ah ! dit le fermier, pour toute sorte de raisons qui ne tiennent pas à la valeur intrinsèque des produits de cette récolte. D'abord, ayant adopté le *haricot de Soissons*, il a fallu lui donner des rames qui ont coûté fort cher. Si la culture des haricots avait été continuée, comme je le désirais, la dépense en rames se trouvant répartie sur six récoltes, c'est la durée moyenne des bonnes rames de chêne ou de châtaignier, n'aurait pas paru trop lourde ; mais, mon père y ayant renoncé, il a fallu vendre à perte les rames qui n'étaient plus bonnes qu'à chauffer le four. Ensuite, et c'était là la difficulté capitale, il n'a pas été possible de vendre les haricots dans le pays ; la vente a été difficile, même en les envoyant à Paris, parce qu'il se trouvait dans les sacs quelques haricots tachés qui dépréciaient le reste ; il aurait fallu les faire trier avant de les vendre. Préoccupé des soins d'une très-grande exploitation, mon père a pensé que c'était trop d'embarras, trop de détails dans lesquels il ne lui convenait pas de s'embarquer ; il avait trop besoin de mes frères et de moi pour d'autres travaux. Néanmoins, en dernière analyse, une récolte de 30 hectolitres de haricots par hectare, vendus 32 francs l'hectolitre, et qu'en s'y prenant mieux on aurait facilement vendus de 35 à 40 fr., m'a paru bonne en elle-même, et je me suis promis d'y revenir quand je cultiverais pour mon compte, d'autant plus que les haricots, alternant avec les céréales, ne m'ont pas paru fatiguer du tout la terre.

— Les haricots, dit le curé, sont en effet une très-bonne culture, aujourd'hui surtout que, grâce aux chemins de fer, les produits peuvent arriver promptement et à peu de frais sur les points où la vente en est assurée. Dans ce que vous venez de me dire, vous avez mis le doigt sur toutes les difficultés qui peuvent entraver la culture du haricot, et qui en ont dégoûté votre père. Il faut, pour cultiver cette plante avec bénéfice, une bonne terre à blé, ni trop légère ni trop argileuse ; vous en avez de semblables. Il faut aussi se trouver à proximité des bois où les perches peuvent être achetées à un prix raisonnable. Si avec cela on peut, dans une ville voisine, faire provision de cendres de bois, particulièrement favorables à la végétation des haricots ; si, de plus, il est facile en hiver de se procurer à prix modéré la main-d'œuvre des femmes et des enfants pour écosser les haricots qui doivent être conservés dans leurs siliques jusqu'au moment de la vente, et épluchés avec beaucoup de soin, les conditions de succès se trouvent toutes réunies, et la culture des haricots peut occuper avec grand avantage sa place dans un bon assolement alterne.

J'en dis autant des *pois normands*, qui gardent leur belle nuance verte quand ils sont secs, et des *fèves de marais*, dont les meilleures espèces sont la grosse fève commune, et la fève anglaise de Windsor. Dans les départements maritimes, où ces deux produits sont très-recherchés comme approvisionnement obligé des équipages des navires de commerce, la vente de ces légumes secs est assurée ; on ne peut jamais en produire trop. Mais si, comme vous, on cultive très-loin de la mer, il y a lieu d'examiner si les frais de transport d'une part, et la remise aux intermédiaires pour la vente de l'autre, n'absorbent pas le plus clair du bénéfice. C'est donc le cas de se rappeler le précepte si sage que donnait aux élèves de l'Institut agricole de Roville le prince des agronomes français, Mathieu de Dombasle, lorsqu'il leur disait : « Travaillez toujours les yeux tournés vers le marché. »

— C'est la, Monsieur, une recommandation que je vais écrire pour ne pas l'oublier, et que j'aurai toujours présente à la mémoire, je vous le promets. Puis-je vous demander, tandis que nous en sommes sur le chapitre des légumes secs, ce que vous pensez des lentilles ? C'est un produit qui, d'après ce que j'ai entendu dire, se vend toujours fort cher.

— Oui, mais la lentille, dont chaque cosse ne contient au plus que deux graines, produit si peu qu'elle ne couvre jamais ses frais de culture.

— Alors, pourquoi se trouve-t-il des fermiers qui n'y renoncent pas ?

— Parce que, quand on en sème seulement quelques hectares entre deux semailles de céréales, la perte est peu sensible. La lentille compense d'ailleurs la faiblesse de ses produits par les propriétés précieuses de ses tiges très-courtes, très-garnies de feuilles, et si nourrissantes, si salutaires pour les bestiaux que, quand les attelages sont très-fatigués des rudes travaux de l'enlèvement des moissons ou du transport des fumiers par d'affreux chemins défoncés en hiver, il suffit de les tenir pendant quelques jours au régime du fourrage de lentilles battues, en y mêlant un peu de tiges de féveroles, pour les remettre en bon état ; il faut seulement avoir soin de leur en donner peu à la fois, sans quoi ce fourrage les échaufferait beaucoup et pourrait leur donner des indigestions. Vous voyez que la culture des lentilles, sans être réellement avantageuse, a cependant sa raison d'être ; je pense que vous ferez bien de consacrer chaque année, par les raisons que je viens de vous exposer, un peu de vos meilleures terres à cette culture, sans rien déranger à votre assolement.

— Y a-t-il plusieurs espèces de lentilles bonnes à cultiver ?

— Il y en a deux : *la lentille commune* et la *lentille à la Reine ;* l'espèce commune est la plus facile à vendre et la plus profitable : c'est celle que je vous engage à adopter. De même que les haricots, les pois et les fèves, les lentilles profitent beaucoup des cendres de bois quand on peut en répandre seulement 4 à 5 hectolitres par hectare dans les raies où on les sème en lignes, entre deux semailles de céréales. Si l'on veut les conserver aussi belles que possible, il ne faut les battre qu'au moment où elles doivent être livrées au commerce ; on ne peut pas les écosser à la main comme les haricots ; ce serait un travail trop minutieux ; mais il faut les battre avec pré caution et les cribler ensuite avec soin pour en séparer les grains cassés qui déprécieraient les lentilles pour la vente.

— Une autre culture de première importance pour ma ferme, et pour laquelle j'ai grand besoin de vos bons avis, c'est celle des pommes de terre. Malgré la maladie dont les funestes effets se font encore sentir en partie dans ce canton, ni les gens ni les bêtes ne peuvent se passer des pommes de terre ; c'est une culture qui prépare parfaitement le sol pour les récoltes de céréales, et quand nous aurons trop de pommes de terre, je vois qu'il y a dans les environs des féculeries et des distilleries où les tubercules pourront toujours être vendus à de bons prix. En premier lieu, quelles sont, à votre avis, les meilleures espèces à cultiver dans la situation où je suis placé ?

— La réponse à cette question, dit le curé, demande quelques développements. Si vous étiez à la porte d'une ville où les pommes de terre pourraient être vendues pour être consommées en nature, je vous dirais : allez causer une heure avec un des principaux revendeurs ; voyez par vous-même les espèces préférées des consommateurs ; ce sont celles qu'il faut cultiver. Ici, ne produisant que pour les usages de votre ferme et pour les fabriques de fécule ou d'alcool, je vous dirai d'adopter les pommes de terre dont les yeux ou germes sont le moins enfoncés, le moins protégés par des éminences saillantes : ce sont les meilleures pour le bétail.

— Je n'en saisis pas parfaitement la raison.

— Elle est pourtant bien évidente. Quand vous donnez aux bestiaux les pommes de terre cuites ou crues, entières ou coupées, vous ne prenez pas assurement la peine de les peler ; vous les faites laver seulement. Pour peu qu'il y reste de terre ou de sable, elles usent les dents des bestiaux, ce qui leur fait un tort très-sensible ; plus leur surface est lisse, mieux les lavages font disparaître la terre et le sable logés dans les creux qui contiennent les yeux. Remarquez bien que, dans le nord de la France où la pomme de terre tient une place très-importante dans l'alimentation des classes laborieuses, comme on les pèle toujours avant de les faire cuire, plus leurs yeux sont saillants, plus il y a de perte par les pelures ; aussi quand elles sont trop garnies, c'est-à dire lorsqu'on a pris avec le couteau une trop forte portion de la substance du tubercule, on fait cuire les pelures et on les donne aux bestiaux, non sans avoir pris la précaution de les bien laver avant de les faire cuire. Sous tous ces rapports, vous voyez que les meilleures pommes de terre sont celles dont les yeux sont les moins saillants ; il n'y a d'exception qu'en faveur de *la vitelotte* et de la *corne de chèvre*, chez lesquelles ce défaut est très-prononcé ; mais, ce sont des espèces cultivées exclusivement pour la cuisine ; elles appartiennent plutôt au jardin potager qu'à la grande culture. Quant à vous indiquer une espèce plutôt qu'une autre, la *patraque*, la *Rohan*, les *yeux bleus de Belgique*, sont excellentes pour le bétail, l'extraction de la fécule et la distillation ; il y en a des centaines de sous-variétés, chaque canton a les siennes.

— Il faut, dit le fermier, que je vous demande à ce sujet

l'explication d'un fait qui nous a beaucoup intrigués, mon père, mes frères et moi, et dont nous n'avons jamais réussi à nous rendre compte. Plusieurs fois, nous avons acheté en les payant assez cher, pour les employer à la plantation, des tubercules qui avaient obtenu des prix aux concours du comice de l'arrondissement ; la première et même la seconde année, le rendement en tubercules était toujours très-supérieur à celui des espèces ordinaires ; puis, malgré les soins de culture les mieux dirigés, cette fécondité extraordinaire cessait par degrés, et les pommes de terre rentraient dans les conditions de rendement de celles qui leur avaient paru précédemment si fort inférieures. D'où cela pouvait-il provenir ?

— D'une cause fort naturelle que vous pourrez aisément vérifier vous-même, par voie d'expérience directe. La maladie des pomme de terre a suggéré à beaucoup de cultivateurs l'idée de chercher à les régénérer par la voie des semis ; on s'est donc appliqué à obtenir le plus possible d'espèces et variétés nouvelles, en semant les graines des fruits mûrs de la pomme de terre. Or, voici comment se comportent invariablement les pommes de terre de semis, et je vous engage à en faire l'expérience. La première année, elles ne donnent que des tubercules très-petits, d'une valeur insignifiante ; la seconde année, ces tubercules employés pour la plantation donnent une telle abondance de pommes de terre qu'il semble que la terre des trous où ils ont végété ait disparu pour se changer en pommes de terre. Mais, cet excès de force productive qui d'ailleurs, s'il se prolongeait, fatiguerait beaucoup le sol, ne se soutient pas au dela de deux ou trois ans, après quoi le rendement revient à celui de la variété dont on a semé la graine.

Ainsi, mon ami, quand votre père a éprouvé les déceptions dont vous venez de me parler, c'est qu'on lui avait vendu des pommes de terre de semis de la seconde génération ; semez vous-même tous les ans des graines des meilleures espèces, vous arriverez au même résultat et, sans accroissement de frais de culture, sauf un peu plus de fumier qu'il sera nécessaire de leur donner, vous aurez la certitude de toujours planter des tubercules à leur maximum de fécondité. C'est parce qu'ils suivent avec persévérance cette méthode, que les fermiers belges obtiennent des rendements en tubercules généralement supérieurs à ceux qu'on obtient dans nos cultures.

— J'ai aussi été assez souvent embarrassé au moment de la plantation, pour savoir ce qui valait le mieux, soit de laisser les tubercules entiers, soit de les couper par morceaux ?

— Cela, dit le curé, dépend des espèces. En principe, on a tort de réserver pour la plantation, parce qu'ils ont peu de valeur, les plus petits tubercules, qu'il est difficile de bien vendre, il vaut beaucoup mieux faire cuire ces petites pommes de terre et en nourrir le bétail. Pourquoi sont-elles restées petites ? Parce qu'elles se sont formées après les autres sur les tiges souterraines auxquelles elles adhèrent, et que, surprises par les premiers froids, elles n'ont pas eu le temps de compléter leur maturité ; elles sont par conséquent dépourvues d'énergie vitale, et défectueuses pour la plantation, cela est évident. Quant aux tubercules de moyenne grosseur, il vaut mieux les employer entiers, ou les couper seulement en deux morceaux ; les pommes de terre des plus grosses espèces peuvent être coupées en plusieurs morceaux munis chacun d'un ou de deux yeux bien développés.

— Cependant, Monsieur, il m'est arrivé plusieurs fois de planter comme vous le dites des tubercules très-sains, coupés par morceaux ; toujours une partie a manqué de lever, et j'ai retrouvé les morceaux pourris en terre : à quoi cela tient-il ?

— A ce que, problablement, les pommes de terre avaient été coupées au moment de la plantation ; retenez bien, comme une règle dont on ne doit jamais s'écarter, que chaque fois qu'on se propose de planter des tubercules coupés en plusieurs morceaux, il faut les faire couper douze heures au moins avant de les planter, et les laisser en attendant se ressuyer à l'air libre, sans quoi une partie des morceaux pourrit en terre et ne lève pas. Ceci, pour le dire en passant, n'est point une particularité propre aux pommes de terre ; chaque fois qu'en jardinage on veut multiplier de bouture une plante charnue, il faut laisser la coupure éprouver au contact de l'air un commencement de cicatrisation ; sinon, la plaie pourrit en terre, et la bouture n'émet pas de racines.

— Que pensez-vous, Monsieur, de la plantation automnale des pommes de terre, procédé dont je n'ai pas fait l'essai ?

— Je pense que c'est un excellent procédé, très-rationnel, et qui doit réussir partout en Europe, à l'exception seulement des pays du Nord, où la rigueur des hivers fait pénétrer la gelée en terre, à une grande profondeur. Ici, par exemple, comme dans tous les départements du centre, où les hivers ne sont rudes que de loin en loin, et par exception, vous avez tout à gagner à planter vos pommes de terre en automne, quand vous êtes débarrassé de la besogne des semailles, et que vous avez le moins de travaux urgents sur les bras. Les pommes de terre destinées pour la plantation de printemps, quelque soin que vous preniez de leur conservation, s'épuisent en hiver à émettre des pousses étiolées ; si vous les plantez en automne, elles se gardent en terre mieux que partout ailleurs et ne commencent à entrer en végétation que quand la terre est suffisamment échauffée. Au printemps, les labours et les semailles de mars vous donnent assez d'occupation sans la plantation des pommes de terre, et vous avez alors à vous féliciter de n'avoir plus à y songer.

— Et la maladie, Monsieur, après tant de travaux publiés sur ce sujet, que faut-il faire, je vous prie, pour la guérir?

— Rien du tout, mon ami, car elle n'est pas guérissable. Lorsqu'on a fumé le sol l'année précédente, ou employé du fumier très-consommé, pour éviter aux pommes de terre le contact du fumier en fermentation; lorsqu'ensuite on a planté en automne en choisissant les tubercules les plus sains de chaque espèce, et qu'on a eu soin de régénérer les meilleures variétés par le semis de leur graine, on a fait pour prévenir la maladie, ou du moins pour en atténuer les effets, tout ce qui est humainement possible ; quant à la guérir, il ne faut même pas y penser.

— J'ai cependant entendu parler, dit le fermier, d'un procédé imaginé par un cultivateur belge, et qui pouvait dans de certaines limites guérir la maladie; je ne me souviens plus en quoi il consiste.

— Vous voulez sans doute parler du procédé de M. Tombelle-Lomba, de Namur, le seul qui ait eu un certain degré d'efficacité, parmi la foule de ceux qu'on a proposés dans le même but. Il consiste à couper les tiges rez-terre dès les premiers symptômes de la maladie, et à comprimer la terre par le piétinement. Les pommes de terre ne sont arrachées qu'à l'époque ordinaire selon leur espèce ; elles restent au-dessous de la moyenne de leur volume habituel et ne sont jamais complétement exemptes de maladie; ce n'est pas une guérison, à proprement parler ;

c'est seulement un moyen de diminuer le mal ; mais dans une très-grande culture comme la vôtre ce procédé devient très-coûteux, parce qu'il nécessite une dépense considérable en main-d'œuvre ; il n'est vraiment bien approprié qu'à la petite et à la moyenne culture.

CHAPITRE X

Des plantes fourragères.

Méthode pour rétablir les prairies naturelles. — Mauvaises plantes vivaces qui gâtent le foin. — Nécessité de les extirper. — Graine le foin. — Balayures de greniers à foin.— Graines de graminées de choix.—Invasion de la mauvaise herbe dans les prairies. — Procédé hollandais pour les nettoyer.— Prairies artificielles. — Trèfle et sainfoin plâtrés. — Luzerne épuisée. — Comment on doit la labourer. — Carotte blanche du Palatinat. — Betteraves. — Rutabagas. — Panais. — Topinambour. — Inconvénients de sa culture.—Circonstances où ses défauts deviennent des qualités.

—

— Ne pensez pas, dit un jour au fermier M. le curé qui s'était pris pour lui d'une amitié cordiale et qui suivait avec intérêt toutes ses opérations, ne pensez pas que je vous laisse tranquille, avec vos prairies naturelles?

— Que vous ont-elles fait, monsieur le curé, mes pauvres prairies, pour tant leur en vouloir? Ne les ai-je pas bien hersées au printemps pour en extirper les mousses? N'ai-je pas détruit les taupes, curé les fossés, donné de l'écoulement à l'eau des neiges fondues, et répandu à la surface des prairies de bon fumier, presque passé à l'état de terreau? Que pouvez-vous demander de plus?

— Que vous les labouriez, et qu'elles restent en terres arables un an ou deux; après quoi, si vous y tenez tant libre à vous de les remettre en prairies. Ne voyez-vous pas que leur foin est médiocre, qu'il renferme autant de mauvaise herbe que de bonne, que les plantes acides, amères et coriaces, les *berces, les pigamons, les jacées,* y surabondent ? Jamais vous ne les remplacerez par de bonnes graminées, tant que vous n'en aurez pas détruit le gazon actuel par un an ou deux de bonne culture, comprenant une récolte sarclée pour le moins ; je ne vous laisserai pas en repos que vous ne m'ayez donné cette satisfaction. Peu à peu, comme je l'espérais, quand nous avons fait connaissance, votre ferme, par la beauté de ses récoltes et la régularité de sa tenue, attire l'attention ; on a les yeux sur elle ; avec le temps elle deviendra une ferme-modèle, qui contribuera à changer toute l'agriculture du canton, ce qui vous rapportera honneur et profit. Vous ne pouvez donc conserver des prairies naturelles, dont l'état déplorable contraste avec le reste de vos cultures.

Le fermier finit par se rendre à ces excellentes raisons ; après la fenaison, il livra ses prairies à la charrue, et trouva un bénéfice important dans les belles récoltes qu'elles lui donnèrent plusieurs années de suite. Cependant, les bestiaux étant à un prix élevé, l'engraissement des bœufs et des moutons étant une de ses principales opérations, il lui parut utile de ne pas attendre la fin de son bail pour rétablir en partie ses prairies naturelles. Plein de déférence pour les conseils de M. le curé, qui était resté son guide en devenant de plus son meilleur ami, il lui fit part de son projet.

— Soit, répondit le curé, mais au moins, j'espère qu'en cela, comme en tout le reste, vous donnerez à vos voisins l'exemple d'une opération conduite dans toutes les règles et avec tout le soin dont vous êtes capable. Comment allez-vous refaire vos prairies ?

— Mais, dit le fermier, en semant une avoine, et dans cette avoine moitié graine de tr. fle, moitié graine de prairies, comme cela se pratique ordinairement.

— Pouvez-vous me faire le plaisir de me dire ce que vous entendez par des graines de prairies ?

— Je dirai des graines de foin, si vous l'aimez mieux ; enfin ce sont les balayures des greniers à foin, passées au crible pour en séparer les parties grossières, et vendues pour ensemencer les terres qui doivent être des prairies.

— C'est cela, dit le curé, un ramas de débris dans lesquels il y a moitié plus de graine de mauvaise herbe que d'autre chose ! Et c'est avec cela que vous prétendez faire des prairies-modèles? Je vous en fais mon compliment.

— Sérieusement, comment faut-il faire? Vous connaissez ma docilité pour me conformer à vos conseils.

— Voici, dit le curé, si vous voulez m'en croire, comment nous procéderons. Les Anglais, nos maîtres en fait de toute espèce de culture fourragère, parce qu'ils produisent et consomment trois fois plus de viande que nous, ne sèment, pour constituer des prairies naturelles, que trois ou quatre graminées, telles que des graines de ray-grass, de vulpin, de fléole, de grande fétuque et de houque laineuse. Ces mélanges coûtent assez cher chez les marchands de graines des grandes villes, où l'on peut toujours s'en procurer, en France comme en Angleterre. Vous en ferez venir une petite quantité, de quoi ensemencer 40 à 50 ares, pas davantage. Quand ces herbes seront tout à fait mûres, beaucoup plus qu'elles ne doivent l'être pour la fenaison, vous les faucherez, vous les battrez sur des toiles, comme vous faites pour vos colzas, et vous aurez alors tout autant de bonne graine de foin, sans mélange de mauvaise herbe, qu'il vous en faudra pour rétablir vos prairies naturelles; vous pourrez même

en céder à vos voisins, qui ne manqueront pas de vous en
demander, quand ils verront la différence de leurs prairies avec les vôtres.

Le fermier eut en effet de très-belles prairies ; mais,
au bout d'un certain temps, la mauvaise herbe recom-
mença à les envahir.

— Voyez, disait-il à M. le curé, on dirait que quelqu'un a pris plaisir à me gâter ce beau tapis de velours
vert que venait admirer tout le voisinage, et qu'on y a
semé de la mauvaise herbe.

— On dirait vrai, dit en riant le curé ; ce quelqu'un,
c'est celui que les Hollandais, dont j'ai parcouru avec
un vif intérêt le singulier pays, nomment, *monsieur le
Vent (mynheer de Windt)*. On ne saurait empêcher le
vent d'apporter dans les prairies, les mieux tenues, des
graines qui, comme celles du pissenlit et des chardons,
sont munies d'aigrettes soyeuses qui les tiennent suspen-
dues en l'air, et les font voyager souvent à de très-grandes
distances. Il y a aussi les oiseaux qui avalent des graines
de mauvaise herbe, ne les digèrent pas toutes, et déposent, sans mauvaise intention, sur les prairies, les graines encore douées de la faculté de germer, avec l'engrais
qui doit en favoriser la germination. Mais il y a remède ;
si vous voulez me laisser faire, je me charge, à moi tout
seul, de nettoyer vos prairies à fond, par le procédé que
m'ont enseigné, en les voyant faire, les cultivateurs de
la Nord-Hollande.

Le fermier accepta l'offre, bien entendu, fort curieux
de voir comment M. le curé allait s'y prendre pour tenir
sa promesse. Celui-ci fit d'abord jeûner les vaches de la
ferme toute une matinée ; puis il les fit conduire dans les
prairies ; ayant grand' faim, elles en tondirent l'herbe
d'assez près. Quand elles en eurent pris tout ce qu'elles

en pouvaient prendre, le curé y fit conduire le troupeau, également à jeun ; les moutons affamés tondirent la prairie de si près qu'il n'y restait plus apparence d'herbe verte. Alors le curé y fit amener tous les porcs maigres du village, à jeun et armés d'un formidable appétit.

— Que voulez-vous qu'ils y trouvent à manger, dit le fermier ?

— C'est ce que vous allez voir, dit le curé.

En effet, le fermier vit, non sans surprise, que, dans cette prairie où il aurait juré qu'il ne restait rien à manger, les porcs surent trouver de quoi très-bien dîner. Fouillant le sol de la prairie partout où existaient des racines vivaces de berce, de jacée, de patience et d'autres mauvaises plantes vivaces, ils n'en laissèrent pas une et rentrèrent au logis avec des ventres pleins à ne pas pouvoir se traîner.

—Par exemple, dit le fermier, je n'aurais pas imaginé un pareil moyen de nettoyer une prairie infestée par la mauvaise herbe.

— Ni moi non plus, dit M. le curé; jamais je ne m'en serais avisé, si je ne l'avais vu pratiquer par les paysans du nord de la Hollande. Du reste, comme il n'y a chez eux rien que des prairies à perte de vue, n'ayant à se préoccuper que d'un seul genre de culture, il n'est pas étonnant qu'ils l'aient porté à une perfection qu'on ne rencontre pas ailleurs. Désormais, quand vos prairies seront salies de mauvaise herbe, vous saurez comment les nettoyer à la hollandaise. Il ne vous reste qu'à passer sur les prairies une herse à dents serrées, à répandre un peu de graine de bonnes graminées sur les places dégarnies, et à comprimer le tout par deux tours de rouleau pesant, donnés, l'un en long, l'autre en large. Au printemps de l'année prochaine, le tapis de velours vert aura reparu aussi frais, aussi égal qu'il l'a jamais été.

A présent, que voilà la plus grande partie de vos prairies refaite et bien nettoyée, j'espère que vous n'allez pas vous fier sur leur produit pour nourrir vos bestiaux, et que vous ne négligerez, ni les prairies artificielles, ni les racines fourragères.

— De ce côté, ne craignez rien, Monsieur, vous m'avez trop bien appris à en connaître la valeur. Mes trèfles viennent à souhait ; mes sainfoins à deux coupes sont très-beaux, grâce au plâtre que j'ai r pandu par-dessus, comme sur les trèfles par votre conseil. De toutes mes prairies artificielles, il n'y a en décadence que mes luzernes ; je pense qu'elles ont fait leur temps, et je vais me mettre en mesure de les défricher pour livrer le sol qu'elles occupent à d'autres cultures, en ayant soin de refaire, sur une autre partie de mes bons terrains, d'autres luzernes d'une étendue égale à celle des luzernes que je sacrifie.

— Rien de mieux, dit le curé, seulement si vous m'en croyez, ne mettez pas d'abord dans vos luzernes la charrue américaine ; attaquez-les en premier lieu à 12 ou 15 centimètres de profondeur avec la charrue Dombasle ; ensuite vous ferez agir la charrue américaine, en piquant aussi profondément que la nature du sol peut le permettre.

— Ce sont, dit le fermier, deux opérations pour une ; ne trouvez pas mauvais que je vous demande à quoi bon ?

— Vous savez, dit le curé, que les racines longues et touffues de la luzerne sont, lorsqu'on détruit une luzernière épuisée, un excellent engrais végétal pour la terre au sein de laquelle elles pourrissent. Cet effet se produit plus vite et plus complétement quand, par deux labours, l'un superficiel, l'autre profond, les racines de la luzerne ont été coupées en plusieurs tronçons, que quand elles sont seulement retournées par un seul labour.

Dans le sol où vous allez détruire vos vieilles luzernes,

vous ferez bien avant de les livrer de nouveau à la culture
des céréales, de semer des carottes longues, blanches à
collet vert, du Palatinat; j'en ai fait venir de la graine par
l'entremise du secrétaire du comice agricole; c'est, je crois,
la meilleure de toutes les racines fourragères que vous
puissiez adopter. Non-seulement cette carotte qu'on peut
donner aux chevaux, comme à tous les bestiaux, donne
dans les bonnes terres de 25 à 30 mille kilogrammes de
racines par hectare; mais de plus, ayant moins de dispositions à végéter dans les caves ou les silos que les autres
carottes, elle se conserve parfaitement et est aussi bonne,
aussi nourrissante pour le bétail à la fin de l'hiver qu'au
commencement.

Afin d'augmenter autant que possible les ressources en
racines de son exploitation, le fermier, outre une ample
provision de betteraves, de rutabagas et de panais, planta
plusieurs hectares de topinambours, tubercule dont jusqu'à ce moment il avait négligé la culture, parce qu'il avait
vu chez un de ses voisins, dans un terrain planté de topinambours, cette plante repousser avec une invincible ténacité, sans qu'il fût possible de l'extirper.

— Croyez-moi, lui dit M. le curé, vous avez plusieurs
hectares de terre au-dessous du médiocre, placés si loin
de votre ferme et dans une position si difficilement abordable qu'il est à peu près impossible d'y porter la ration
de fumier sans laquelle ce sol ne peut rien produire :
plantez-y des topinambours. Dans une bonne terre, cette
plante, comme toutes les autres, prospère mieux et produit
plus, cela va sans dire; mais elle se contente d'une mauvaise, et une fois qu'elle s'en est emparée elle est comme
le chiendent, elle y reste à perpétuité. Je comprends que
dans les terres auxquelles vous pouvez donner une meilleure destination vous n'en voulez pas, et je suis de votre

avis; mais sur ce sol ingrat et abandonné qui ne vous donne rien, les topinambours vous donneront une récolte quelconque, à si peu de frais que ce sera autant de trouvé.

Le conseil du curé fut suivi, et pendant tout le reste de la durée de son bail, le fermier, sans aucun déboursé, récolta sur 6 hectares qui jusque-là ne payaient pas leurs frais de culture, 72,000 kil. de tubercules, sans compter les tiges excellentes pour chauffer le four, et dont les cendres avaient une grande valeur pour faire prospérer les cultures de toutes les plantes légumineuses.

— Vous voyez bien, lui disait le curé, que ce qui partout ailleurs serait un inconvénient de la part du topinambour, peut, comme je vous l'avais dit, devenir un avantage la où vous l'avez planté. Il est un peu des plantes comme des gens : à moins que les uns et les autres ne soient absolument bons à rien, on finit toujours par pouvoir en tirer un certain parti; mais il faut savoir les mettre à leur place. Les topinambours, dans cette mauvaise terre, sont indestructibles : tant mieux; car tous les ans vous enlevez par hectare 10 à 12 mille kil. de tubercules, et le peu que vous laissez en terre en produit autant l'année suivante. Remarquez de plus que ce tubercule, mêlé en hiver au fourrage sec de vos bestiaux nourris à l'étable, les rafraîchit, améliore le lait des vaches, et les maintient en santé; et puis la conservation des tubercules du topinambour ne vous donne aucune espèce d'embarras; comme il ne gèle point, vous pouvez le laisser en place, et ne l'arracher qu'au moment où vous en avez besoin. Ainsi, bien qu'il soit loin de valoir la pomme de terre, le topinambour a son prix, il est de vos amis, il vous rend service et je vous défends d'en dire du mal.

CHAPITRE XI

Des plantes industrielles.

Culture du colza. — Ses conditions de succès. — Colza froid. — Colza chaud. — Terres où ils peuvent prospérer. — Culture en planches. — Arrosage à l'engrais liquide. — Etêtement du colza en fleurs. — Culture sans transplantation. — Navette. — Moutarde. — Caméline. — Pavot œillette. — Chances défavorables qui menacent cette récolte. — Soins à prendre pour n'en pas perdre la graine. — Culture du lin. — Rouissage sur le pré, — à l'eau courante, — à l'eau dormante, — à l'eau bouillante. — Culture du chanvre. — Chénevière. — Récolte du chanvre mâle, — du chanvre femelle.

—

— Monsieur le curé, dit un jour le fermier après avoir rentré une récolte médiocre de graine de colza, venez à mon aide, je vous en prie. Je ne suis pas content de mes colzas; leur rendement n'approche pas de ce qu'il devait être; les frais pour la transplantation sont énormes, et, bien que le climat de ce canton soit plutôt doux que rigoureux, voilà deux fois de suite que le colza gèle à moitié dans les champs de mon exploitation ; je m'y prends mal, probablement, et je réclame encore une fois vos excellents conseils.

Cet aveu avait coûté beaucoup au fermier, car il se sentait dans son tort. La première fois que le curé avait voulu lui faire quelques remontrances sur sa manière défectueuse de cultiver le colza, il ne les avait pas accueillies avec sa docilité accoutumée. Le colza, avait-il répondu, est cultivé de tout temps dans la ferme de mon père; je connais cette culture parfaitement; je réserve votre bon vouloir pour celles qui me sont moins familières. Ce fut donc avec une certaine appréhension qu'il vint avouer le besoin qu'il éprouvait d'une direction éclairée pour cette culture comme pour les autres, le succès n'ayant pas répondu à son attente.

— Vous savez, mon ami, dit le curé, que mes connaissances et moi nous sommes à votre entière disposition; je me suis abstenu quant au colza, parce que je n'ai pas pour habitude, hors des fonctions du saint ministère, d'offrir des conseils à ceux qui semblent n'en pas vouloir, et que, comme dit le proverbe : on n'est pas de la confrérie malgré les saints. Aujourd'hui vous me consultez, je suis prêt à vous répondre.

D'abord, vous avez semé la graine de colza trop tard, et pour ménager l'espace, par une très-mauvaise économie, vous avez semé trop serré, de sorte qu'au moment de la transplantation le plant s'est trouvé trop peu avancé en végétation et trop effilé parce qu'il avait manqué d'espace; c'est en partie pour cela qu'il a gelé. Ensuite, vous avez adopté la variété qu'on nomme en Flandre *colza froid*, plus lente à monter que celle qu'on désigne sous le nom de *colza chaud*. Vous aviez vu sur les terres de votre père le colza froid très-bien réussir, parce qu'elles sont riches en principes calcaires et que leur pente générale est inclinée au midi. Ici, bien que dans le même département, vous avez affaire à un sol bien différent et à un tout autre climat, l'exposition générale de vos terres étant au nord. Dans ces conditions, c'est le colza chaud que vous deviez adopter. Quant à la terre, vous ne lui avez pas donné celle qui lui convenait le mieux, et s'il a gelé en partie, c'est qu'au lieu de diviser le sol en planches, avec des raies d'égouttement suffisamment profondes, vous avez planté à plat. En Flandre, le colza est planté en quinconce, sur des planches de trois mètres de large. Dès que le plant s'est bien enraciné dans sa nouvelle position, l'on amène sur le terrain des tonneaux remplis d'engrais liquide, et l'on en arrose largement les planches, ce qui fait prendre au colza beaucoup de force et le met en état de résister à des hivers bien autrement sévères que ceux de ce canton.

— Arroser d'engrais liquide, dit le fermier, des colzas plantés en planches, cela doit aboutir à faire couler une partie de cet engrais dans les rigoles.

— C'est en effet ce qui a lieu, dit le curé ; les rigoles en reçoivent assez pour en être profondément imbibées, pas assez pour qu'il puisse s'en perdre par écoulement.

— Est-ce que celui qui tombe dans les rigoles ne vous paraît pas parfaitement perdu?

— En aucune façon. A l'entrée de l'hiver, deux ouvriers armés chacun d'une bonne bêche flamande, à lame longue et de largeur médiocre, attaquent en même temps le nettoyage des deux rigoles qui séparent une planche. A mesure qu'ils en enlèvent la terre imbibée d'engrais liquide, ils la déposent en grosses mottes qu'ils se gardent bien de briser, sur la planche, entre les plants de colza. Durant l'hiver, par l'effet des pluies et des alternatives de gelées et de dégels, ces mottes se délitent et rechaussent le pied du colza en lui donnant un supplément d'engrais qui le fait rentrer en végétation de très-bonne heure au printemps, et c'est ce qu'il faut, sans quoi la graine mûrirait trop tard. Avez-vous fait rien de tout cela? Vous ne m'avez pas même permis de vous apprendre que tout cela fût nécessaire. En agriculture, le succès dépend d'une foule de détails qui peuvent varier d'une localité à une autre. Vous avez aussi omis un soin très-nécessaire, celui d'étêter le colza, c'est-à-dire, quand il commence à fleurir, d'enlever les pousses centrales, dont les fleurs ne donneraient presque pas de graine, afin de faire profiter les pousses latérales, les seules qui soient réellement productives.

— Je vois, en vous entendant parler, dit le fermier, que dans ma culture de colza, j'ai entassé faute sur faute; je me promets bien de n'y pas retomber à l'avenir. Reste la grande difficulté, celle de la main-d'œuvre pour la transplantation. Y a-t-il moyen de l'éviter?

— Oui, sans doute, dit M. le curé; mais cela n'est pas toujours avantageux. Dans les terres un peu fortes, comme le sont la plupart des vôtres, le colza transplanté est toujours celui qui donne les plus belles récoltes. La dépense de la transplantation ne vous a paru lourde que parce que le rendement en grains n'a pas répondu à votre attente. Si vous aviez obtenu 28 à 30 hectolitres de belle graine de colza par hectare, comme vous êtes assuré de les avoir en precédant d'après la bonne méthode que je viens de vous esquisser, vous n'auriez pas lieu de regretter les frais nécessités par la transplantation.

Pour éviter ces frais, on peut, dans une terre bien fumée, répandre en lignes la graine de colza; puis, quand le plant est bien levé, l'éclaircir afin qu'il se trouve espacé à environ 30 centimètres dans les lignes espacées entre elles de 40 centimètres. Cet espacement n'est d'ailleurs qu'une moyenne, il varie de même que celui qu'on doit observer pour la transplantation du plant, selon la nature plus ou moins fertile du terrain et le développement qu'on présume que doivent prendre les plantes.

J'ai ensuite à vous faire observer que vous avez eu tort, regardant avec raison la culture du colza comme très-avantageuse, d'étendre cette culture à des terres où elle ne pouvait donner de bons résultats ; si sur ces terres médiocres vous teniez à récolter des graines oléifères, vous ne deviez y semer que de la navette ou de la moutarde, qui produisent un peu moins et dont la graine se vend un peu moins cher, mais qui se contentent de peu d'engrais, se sèment en place à la volée, et n'ont jamais besoin de transplantation. Dans vos terres les moins fertiles, la caméline, excellente plante d'une grande rusticité, peut réussir et donner 15 à 18 hectolitres de graine par hectare, là où nulle autre plante à graine oléifère ne pourrait croître.

— J'y avais pensé, Monsieur ; mais j'ai craint d'éprouver des difficultés pour la vente des produits de cette culture. Le propriétaire du moulin à huile à qui je vends mon colza ne veut pas d'autre graine ; il ne m'en demande jamais d'autre.

— Vous oubliez toujours, dit le curé, le chemin de fer et les facilités qu'il offre pour le transport de vos produits. S'il fallait faire voyager au loin de faibles quantités d'une denrée quelconque par le chemin de fer, le transport serait beaucoup trop coûteux ; mais il revient au contraire à un prix modéré, lorsqu'on peut expédier à la fois toute la charge d'un wagon.

— On m'a plusieurs fois demandé de fournir de la graine de pavot-œillette, la seule de nos graines oléifères dont l'huile soit comestible ; n'ayant pas expérimenté cette culture, qui, d'après ce que j'en ai lu, réclame pour réussir des soins très-minutieux, j'ai toujours réfusé de l'entreprendre et j'ai peut-être eu tort ; car le propriétaire de l'usine à huile m'offrait un très-bon prix de la graine de pavot-œillette, si j'avais voulu m'engager à lui en fournir.

— Dans tous les cas, dit M. le curé, vous n'auriez pas

pu vous engager à lui en livrer beaucoup. Je ne vois parmi
vos champs que bien peu de terres propres à la culture
du pavot-œillette. Cette plante veut un sol très-doux, parfaitement exempt de pierres, pas trop tenace, et en même
temps assez profond ; car le pavot ne forme jamais qu'une
racine qui pique droit en terre ; si elle ne peut s'enfoncer
assez profondément la plante languit et les produits sont
presque nuls. Il sera toujours bon, néanmoins, d'en semer
sur un ou deux hectares, l'année prochaine, à titre d'essai,
sur une très-large fumure, sans laquelle il n'y a pas de
succès à espérer.

Le fermier sema en effet au printemps suivant deux hectares de pavot, en lignes espacées entre elles de 40 centimètres ; le plant, soigneusement sarclé à deux reprises, fut
éclairci de façon à se trouver définitivement à 12 ou 15
centimètres dans les lignes. A l'époque de la floraison le
champ de pavots offrait un splendide aspect ; tout le monde
le regardait avec curiosité ; les voisins du fermier attendaient, pour suivre son exemple, que cette culture toute
nouvelle dans le canton eût réussi.

— Veillez avec soin sur vos pavots, dit le curé, quand les
têtes commencèrent à mûrir. Dans le Nord et le Pas-de-
Calais, où les orages sont moins fréquents qu'ici, la culture du pavot est souvent suivie de cruelles déceptions,
parce qu'au moment d'en récolter les produits, un orage,
accompagné d'une bourrasque, renverse les plantes et dis-
perse sur le sol la meilleure partie de la graine.

— Que faire, pour éviter ces désastres? dit le fermier.

— Rien du tout ; car il n'y a pas de moyen humain de
prévenir au mois d'août le tourbillon de vent qui précède
un orage ; toutefois, avec beaucoup de vigilance, en ne
perdant pas une minute pour enlever la récolte dès qu'elle
est assez mûre, on la sauve le plus souvent. Ayez soin de

vous munir de baquets au-dessus desquels les bottes de pavots, avec leurs têtes, seront secouées pour faire tomber la graine la plus mûre. Il faudra surveiller de près les ouvriers et ouvrières qui feront cette récolte, afin que les tiges des pavots soient arrachées le plus droites possible ; pour peu qu'on les penche, la graine ne peut manquer de s'échapper par les ouvertures latérales du couvercle des têtes, et c'est autant de perdu.

La culture et la récolte ayant été conduites de point en point comme l'avait indiqué M. le curé, le résultat en fut tellement avantageux que, l'année suivante, les principaux fermiers des environs voulurent en essayer sur une grande échelle, connaissant les bénéfices de cette culture bien dirigée.

— Laissez-les faire, dit M. le curé, mais ne les imitez pas ; quelques hectares d'une culture aussi chanceuse sous le climat de ce canton, c'est tout ce que vous pouvez vous permettre ; les années où elle ne réussira pas, vous n'en serez pas ruiné.

Les prévisions du curé ne manquèrent pas de se réaliser. Les orages d'une part, les difficultés de la récolte de l'autre, diminuaient tellement les profits de la culture du pavot-œillette, qu'elle fut peu à peu abandonnée, excepté par le fermier qui, en ne lui accordant pas un trop grand espace, les bonnes années compensant les mauvaises, y trouvait très-bien son compte.

Plusieurs années s'étaient écoulées depuis que le fermier cultivait en quelque sorte sous la direction bénévole de M. le curé, lorsqu'il se décida à faire entrer dans son assolement la culture du lin. Jusqu'à ce moment, M. le curé l'en avait détourné, ne trouvant pas ses terres suffisamment propres.

— Attendez, lui disait-il, vous n'y perdrez rien, croyez-moi. Si vous commencez la culture du lin dans un sol imparfaitement nettoyé, cette plante qui ne souffre pas le voisinage de la mauvaise herbe et qui, n'ayant pas assez de feuillage pour ombrager le sol, ne peut comme d'autres plantes étouffer les végétaux qui lui nuisent, ne réussira qu'à moitié. Je vous l'ai dit, mon ami, tant dans votre intérêt privé que dans celui des cultivateurs de vos environs qui, comme je m'y attendais, se sont habitués à faire comme vous, par cela seul que vos cultures sont plus soignées que les leurs, il ne faut pas dans votre ferme de demi-succès.

Quand le moment fut jugé favorable, la terre préparée par plusieurs labours très-soignés, ayant été saturée d'engrais liquide, resta en cet état jusqu'au printemps de l'année suivante. Alors, sur un léger labour, le lin fut semé moins épais qu'il ne l'aurait été si la récolte de la fibre textile avait été le but principal de cette culture. Il leva parfaitement, et n'eut besoin d'être sarclé qu'une fois, tant la mauvaise herbe avait été extirpée a fond par les cultures antérieures.

A l'époque de la récolte, qui fut magnifique, le fermier battit le lin pour se réserver la graine et vendit les tiges en branches, selon l'expression reçue.

— C'est, lui dit M. le curé, la marche qu'il faut toujours suivre dans les cantons où, comme ici, le lin n'est pas habituellement cultivé, de sorte qu'on est exposé à une foule de difficultés et de désagréments pour le rouissage, en raison de l'odeur repoussante du lin roui.

— Ne peut-on pas dans ce cas, dit le fermier, avoir recours au rouissage sur la prairie?

— Oui, sans doute, mais on perd beaucoup de temps, et le résultat n'est jamais aussi bon que quand le lin est roui dans l'eau.

— Tandis que nous en sommes sur ce sujet, je dois vous demander, Monsieur, afin de ne pas l'oublier, si vous pensez que pour le rouissage l'eau courante est préférable à l'eau dormante?

— La meilleure, dit le curé, est celle qui sans être dormante se renouvelle sans cesse par un courant à peine sensible; c'est sur ce fait, bien plus que sur ses propriétés particulières, que repose la réputation de l'eau de la Lys, affluent de l'Escaut, qui passe pour la meilleure des eaux de l'Europe pour le rouissage du lin. Coulant à travers des plaines d'un niveau parfait, la Lys n'a presque pas de courant; il faut y regarder de très-près et faire flotter des corps légers à sa surface, pour reconnaître qu'elle n'est pas stagnante; toute eau courante dans les mêmes conditions est excellente et préférable à l'eau dormante pour rouir le lin.

— J'ai beaucoup entendu parler, dit le fermier, d'un procédé qui consiste à faire rouir le lin et le chanvre dans de l'eau bouillante, en lui faisant subir diverses préparations; il me semble que ce procédé doit tourner la difficulté du rouissage au dehors dans l'eau courante ou dormante, et qu'il ne peut en aucune manière incommoder les voisins.

— Il est vrai, dit le curé; mais l'emploi de pareils moyens de rouissage est bien plus du ressort de l'industrie manufacturière que de l'industrie agricole. Le filateur qui vient d'acheter vos lins en branche les rouira probablement ainsi; le cultivateur qui s'embarque dans une pareille voie fait fausse route, et si, préoccupé des travaux de sa profession, il lui arrive de négliger un détail, de manquer une opération, le lin, qui lui a coûté des frais de culture très-élevés et toute une année de travail, peut se trouver gâté sans remède.

BIBLIOTHÈQUE IMPÉRIALE IMPR.

6

— Me conseillez-vous, Monsieur, de cultiver aussi le chanvre ?

— Non, mon ami ; pour l'usage personnel de votre famille aussi bien que pour la vente en qualité de plante industrielle, le lin vous suffit ; le chanvre convient spécialement à la petite et à la moyenne culture. Contrairement au lin que le même sol ne saurait produire qu'à de longs intervalles, le chanvre peut être cultivé tous les ans sans interruption, à perpétuité, dans un sol léger, riche et abondamment fumé. Les chénevières, c'est le nom qu'on donne aux terrains consacrés à la culture du chanvre, sont divisées en planches, séparées par des sentiers ; ces planches doivent être assez étroites pour que, sans marcher sur le chanvre, on puisse, en suivant les sentiers, atteindre avec la main le milieu de chaque planche, quand le *chanvre mâle*, qui mûrit toujours le premier, perd ses feuilles qui jaunissent et tombent, celles du *chanvre femelle* chargé de graines à demi formées étant encore d'un très-beau vert ; il est facile par cette disposition d'arracher les tiges de chanvre mâle qu'on fait rouir séparément, et de laisser le chanvre femelle compléter sa maturité. Quant à vous personnellement, dans une grande exploitation comme la vôtre, une chénevière de peu d'étendue ne me semblerait à sa place que si votre terre était impropre à la culture du lin ; l'une de ces deux plantes suffit ; le choix à faire entre elles est déterminé par la nature du sol et par les circonstances locales.

CHAPITRE XII

Des plantes industrielles (Suite).

Culture des plantes industrielles. — La garance. — Durée de sa culture.
— Ses conditions de succès. — Gaude ou jaunêtre. — Sa valeur comme
plante tinctoriale. — Terrains qui lui conviennent. — Safran. — Motifs
qui en recommandent la culture. — Préparation du terrain. — Oignons
ronds. — Oignons aplatis. — Epoque de la plantation. — Récolte et
préparation des produits.

—

Le temps marchait rapidement, comme il marche toujours pour les gens utilement et constamment occupés; le fermier, à qui les conseils du curé n'avaient jamais fait défaut, leur devait plus que de l'aisance; il leur devait une grande considération parmi les cultivateurs de plusieurs myriamètres à la ronde, car il avait pour lui le succès le plus éclatant, le plus incontesté; il était arrivé à la moitié de la durée de son bail, et le bon curé, heureux du bien-être et du bonheur qu'il avait fait acquérir à un honnête homme, devenu son meilleur ami, prenait grand soin de s'effacer, pour laisser au fermier l'honneur entier du succès.

Un jour, le fermier, revenant de la ville voisine où il avait pris part à une réunion du comice agricole dont il était un des membres les plus actifs, alla droit au presbytère avant de rentrer à la ferme.

— Monsieur, dit-il, vous me voyez dans un bien grand embarras, et vous êtes le seul qui puissiez m'en tirer, ce qui est assez juste, après tout, puisque c'est vous qui m'y avez mis.

— Comment puis-je, dit le curé, vous avoir mis dans l'embarras, moi, qui ferais pour vous éviter une simple contrariété tout ce que peut faire l'ami le plus dévoué ?

— Voici comment, Monsieur. La réputation d'habileté que je dois à vos conseils, circonstance ignorée du public, me fait attribuer des talents que je ne possède pas ; voici le comice qui me confie des graines et du plant de garance, une plante que je vois pour la première fois, que je n'ai jamais cultivée ni vu cultiver, et il me charge d'en expérimenter la culture pour lui en faire mon rapport, d'après lequel il décidera s'il y a lieu ou non d'encourager dans cet arrondissement la culture de la garance. Dans quel affreux embarras serais-je, si je ne comptais sur vous pour m'en tirer ! Encore, je tremble de vous demander si vous savez comment on doit cultiver la garance ? Si cette culture, par hasard, ne vous est pas connue, me voilà bien !

— Rassurez-vous, mon ami, dit en souriant le curé, votre confiance en moi n'aboutira pas à une déception. J'ai déjà eu occasion de vous dire que j'avais visité la Hollande ; il y a dans ce pays une province, la Zélande, toute composée d'îles au sol d'alluvion, d'une rare fertilité. La Zélande est rénommée pour la beauté de la garance qu'elle produit en grande quantité, et dont elle approvisionne les teintureries d'une partie de l'Europe ; j'en connais donc la culture.

— Cette déclaration, monsieur le curé, m'enlève un grand poids de dessus la poitrine. Certain de m'en tirer à mon honneur, je vous adresse d'avance tous mes remerciments ; c'est que c'est un fardeau bien lourd à porter qu'une réputation qu'on n'est pas par soi-même en état de soutenir.

— Vous poussez la modestie un peu trop loin, mon ami ; vous possédez de solides connaissances et beaucoup d'expérience pratique en agriculture ; et quant à la garance, quand même vous auriez été forcé d'avouer que vous en ignorez la culture, cette plante n'ayant jamais été cultivée dans ce département, votre réputation méritée d'excellent cultivateur ne pouvait avoir beaucoup à en souffrir.

Au reste, le rapport qu'on vous demande sur la culture de la garance ne peut, dans tous les cas, vous mettre dans un embarras immédiat ; c'est une culture qui ne donne son résultat qu'au bout de trois longues années ; il vous faut tout ce temps pour savoir à quoi vous en tenir sur sa valeur dans notre canton, où je doute fort qu'elle puisse avoir un grand succès. Avant tout exposé des procédés de culture de la garance, vous pouvez comprendre aisément que pour couvrir trois années de frais de culture et trois années de loyer, il faut qu'une récolte de garance soit très-productive ; elle ne peut l'être que dans des terres d'une fertilité exceptionnelle. Nous en avons peu de ce genre ; peu d'exploitations disposent, en dehors de leurs autres cultures, de la quantité considérable de fumier que demande la garance. Il est vrai qu'elle n'absorbe pas tout, et qu'elle laisse la terre dans un état de grande fertilité, très-bien préparée pour la production de toute espèce d'autres végétaux utiles. On plante ou l'on sème la garance au printemps dans une terre défoncée à la bêche, et très-largement fumée. Les plantations ou les semis en place se font en lignes espacées entre elles de 80 centimètres ou même d'un mètre ; le plant doit se trouver espacé à 25 centimètres dans les lignes. A mesure que les plantes pousseront, il nous faudra les butter, et comme d'ici à trois ans il leur aura fallu plusieurs buttages, l'intervalle laissé entre les lignes, loin d'être exagéré, finira par n'être que tout juste suffisant. Nous consacrerons, si vous le voulez, à la garance 10 ares seulement de vos meilleures terres : c'est assez pour une expérience très-concluante, dont nous pouvons prévoir le résultat par approximation, ce qui ne doit pas vous empêcher de lui donner tous les soins nécessaires, ne fût-ce que pour répondre à la confiance que vous témoigne le comice. A la fin de la troisième année, il vous faudra faire ouvrir des fosses latérales pour ne rien perdre des longues racines de la garance, seule partie utile de la plante, en raison du principe colorant rouge que cette racine contient en forte proportion. L'arrachage devra être surveillé avec une grande attention ; car, d'une récolte qui s'est fait espérer trois ans, il n'y a pas lieu de rien laisser perdre.

En inspectant avec le fermier une pièce de terre peu fertile occupée par un maigre pâturage parcouru par les moutons, M. le curé lui fit observer qu'il y aurait un meilleur parti à tirer de cette terre médiocre, et qu'il pourrait y semer de la gaude.

— Je le veux bien, dit le fermier : de la gaude, soit ; va pour de la gaude : qu'est-ce que de la gaude ?

— Quoi ? Cette plante ne vous êtes pas du tout connue ?

— Ma foi, M. le curé, oui, je crois bien avoir là son nom dans quelque livre d'agriculture ; mais, ne m'en étant jamais autrement occupé, j'ai totalement oublié ce qu'elle peut être.

— La gaude, aussi nommée jaunêtre, parce que toutes ses parties, tiges, feuilles et racines, contiennent un principe colorant jaune, ressemble trait pour trait, sous de plus grandes dimensions, au réséda, dont elle est une espèce. Si je vous engage à la cultiver, c'est qu'avec un seul labour, une demi-fumure, et le soin d'éclaircir le plant de semis, pour qu'il se trouve suffisamment espacé, la gaude vous donnera, au lieu de ce pâturage où vos moutons ne trouvent pas grand'chose à brouter, une bonne récolte de tiges que vous ferez arracher et non couper, quand la graine sera mûre ; la racine est aussi riche en matière colorante que la tige.

— Et qui m'achètera cette récolte ?

— Le teinturier de la ville voisine : il ne peut s'en passer, il en fait venir de fort loin ; celle que vous lui vendrez, à prix égal, lui coûtera toujours de moins les frais de transport.

Le résultat de la culture de la gaude fut tellement avantageux, eu égard à la médiocrité du sol et au chiffre peu élevé des frais de culture, que le fermier lui donna plus d'extension ; il crut de son devoir d'avertir ses voisins, empressés à lui demander de la graine de gaude, et accoutumés à faire ce qu'ils lui voyaient faire dons son exploitation avec succès, que, dans leur situation, le placement de la gaude était limité, et que s'il leur fallait l'envoyer au loin pour la vendre, ce produit ayant beaucoup de volume et une faible valeur, les frais de transport et la remise à faire aux intermédiaires pour la vente, absorberaient tout le profit.

— Monsieur, dit un jour le fermier à M. le curé, ma fille aînée, qui touche à ses douze ans, revient des environs de Pithiviers en Gâtinais, où elle était allée passer quelque temps chez une de nos proches parentes ; elle y a vu cultiver le safran ; elle a aidé à en cueillir et à en éplucher les fleurs ; elle raffole de cette culture. Si tu avais vu, papa,

me dit-elle, comme c'est joli, un champ de safran en fleurs !
Et puis, cela rapporte beaucoup. Il est venu un monsieur
de Paris acheter le safran de ma tante ; il lui en a donné
une grosse poignée de pièces de cent sous en or ; il n'y
avait pas du safran plein mon tablier ! Voilà, monsieur le
curé, ce que me dit ma fille ; sa mère pense que, sans me
détourner de mes travaux habituels, elle pourra très-bien
diriger une belle culture de safran ; du reste, il est bien
convenu que, ni elle, ni moi, nous ne ferons rien sans savoir ce que vous en pensez.

— Mon ami, dit le curé, au début de votre exploitation,
quand vos enfants marchaient à peine seuls, je vous aurais dit : N'entreprenez pas une culture dont le succès dépend d'une foule de détails minutieux et de soins de tous
les instants. Mais, aujourd'hui, votre ferme bien dirigée
est en pleine voie de prospérité ; vos gens vous sont attachés parce que vous les traitez bien ; ils sont au fait de leur
besogne et s'en acquittent régulièrement, ce qui réduit singulièrement votre part de travail ; vos enfants tout élevés
laissent plus de loisir à leur mère, et les aînés la secondent
efficacement en mainte circonstance. Je pense donc que
votre fille aînée a une très-bonne idée de vous engager à
cultiver le safran. Vous ferez d'abord un essai en petit ;
vous réussirez, je le crois, et vous agrandirez cette culture. Il appartient à ceux qui, comme vous, arrivent étant
jeunes encore, à une bonne position de fortune par un
travail intelligent, de rechercher et d'introduire, là où elles
sont encore inconnues, les cultures qui peuvent fournir,
sans perte pour le fermier, l'occasion d'une large distribution de salaires aux femmes et aux enfants, si souvent inoccupés. Ainsi, je vous dirai, mon ami, quand même le safran ne devrait vous rapporter rien de plus que vos autres
cultures, du moment où il vous rapporte autant, ce qui ne

vous constitue pas en perte, introduisez ici la culture du safran, il n'y a point à hésiter.

Maintenant, ce n'est plus le conseiller d'agriculture, c'est le curé qui parle. Comme pasteur de cette paroisse, vous me rendrez un signalé service en occupant utilement des enfants qui, hors des heures de l'école et du catéchisme, ont grand besoin d'être retenus; en leur offrant à gagner un salaire, même faible, vous les aurez tous, si vous voulez; la morale y gagnera; ils contracteront sous la surveillance de votre excellente femme et par l'exemple de vos enfants, l'habitude du travail, en perdant celle de l'oisiveté et du vagabondage.

— Toutes ces excellentes raisons, dit le fermier, me décident en faveur du safran; toutefois, il faut que je vous soumette une objection; vous venez de me parler comme curé; c'est à M. le curé que je réponds. Mes affaires vont bien, grâce à Dieu, et à vous, dont les conseils me sont si précieux. Toutes mes dépenses annuelles sont réglées d'avance, et il y a sur mon budget, en raison même de l'aisance dont je jouis, un article intitulé : Part des pauvres. Or, pour organiser la culture du safran qui, même sur une échelle peu étendue, exige des frais assez considérables, je n'ai en ce moment de disponible que ce que j'avais mis de côté comme part des pauvres : conseillez-moi.

— Mon ami, dit le curé, dans une année de grande détresse, d'excessive cherté de tout, de froid intense et prolongé, je suis venu vous dire : Donnez, donnez tout ce que vous pourrez. Votre digne femme et vous, vous avez généreusement répondu à mon appel; nos pauvres ont été soulagés. Cette année, les vivres ne sont pas chers, la misère n'est pas excessive, et il s'agit d'ouvrir une nouvelle source de salaire; entamez la part des pauvres, s'il le faut, ils y gagneront. Comme curé, je vous y autorise de tout mon cœur. Quand les gens meurent de faim, il faut leur faire la charité sans délai, il y a urgence. Pourtant, quand l'argent donné est mangé, il n'en reste rien, ni à celui qui l'a donné, ni à celui qui l'a reçu. En temps ordinaire, si l'argent que vous allez employer à donner du travail aux pauvres vous rentre avec bénéfice, tant mieux; c'est l'équivalent d'une charité, plus utile qu'une aumône passagère, que vous pourrez étendre en la continuant à perpétuité; la part des pauvres ne saurait être mieux employée.

Le fermier fit choix, pour établir sa première culture de safran, de cinquante ares de bonne terre légère, mais fertile, parfaitement exempte de pierres et d'humidité souterraine, fumée l'année précédente pour une autre culture, et il fit venir du Gâtinais la quantité d'oignons de safran nécessaire pour planter cette étendue de terrain labourée à la bêche à vingt-cinq centimètres de profondeur, et divisée en planches comme un jardin potager.

— Je remarque, dit-il à M. le curé, de grandes différences entre ces oignons; est-ce qu'il y en a de plusieurs espèces?

— Non pas, dit le curé; mais, les uns sont ronds et épais, ce sont ceux qui doivent donner beaucoup de fleurs; les autres sont plus plats et plus minces, ils doivent donner moins de fleurs; mais, ils fourniront en abondance des caïeux nécessaires à la multiplication. Avant de les mettre en place, faites donner aux planches une seconde façon superficielle, et ayez soin que la terre soit émiettée et douce comme de la cendre tamisée : le succès de cette culture en dépend. Vous pourrez ensuite planter à loisir, pendant les mois de juin et de juillet; je ne vous conseille pas de planter tout à la fois.

— Je n'en saisis pas bien la raison.

— Ni vous ni moi, mon ami, nous ne faisons la pluie et

le beau temps. Selon la manière dont l'été se comportera, ce que nous ne pouvons pas prévoir, la plantation hâtive ou tardive sera la plus avantageuse; c'est pourquoi il convient de planter la moitié de bonne heure et l'autre moitié un peu plus tard.

Au moment de la récolte qui fut peu considérable, celle de la première année n'étant jamais très-abondante, M. le curé se plut à surveiller lui-même les enfants chargés de cueillir chaque matin, pendant trois semaines environ, les fleurs sur le point de s'épanouir, celles qui sont trop ouvertes ne donnant jamais d'aussi bon safran. Il augmenta l'affection que lui portaient déjà les enfants du fermier, en dirigeant l'extraction et la dessiccation des pistils, de sorte que le safran fut de première qualité et obtint un très-bon prix. Les années suivantes, le rendement fut aussi élevé qu'il l'est dans les bonnes terres à safran du Gâtinais, et la commune fut dotée d'une bonne culture de plus. Quelques-uns des voisins suivirent l'exemple du fermier, ce qui lui procura la vente avantageuse des oignons de safran pour le premier établissement des plantations. Les enfants oisifs du village y gagnèrent de bonnes journées, et M. le curé eut la satisfaction de remarquer l'amélioration de leur conduite, depuis qu'ils avaient cessé d'être inoccupés, vagabonds, et plus ou moins maraudeurs.

CHAPITRE XIII

De la vigne et des vergers

—

Quelques hectares de vignes dépendaient de la ferme
dont la prospérité intéressait si vivement M. le curé, et
dont ses conseils, selon ses prévisions et ses espérances,
avaient fait pour tout le canton une ferme-modèle. Bien
des fois, il lui avait fallu user de toute son influence morale sur le fermier pour l'empêcher d'augmenter l'étendue
de son vignoble. Le vin est mauvais, détestable même si
vous voulez, disait le fermier, j'en conviens; aussi, je me
garde bien d'en boire; mais je le vends très-avantageuse-
ment, et cela me suffit; c'est un chapitre sur lequel nous
ne pouvons jamais nous trouver d'accord.

Le fermier changea de langage quand vint la maladie
de la vigne; le vignoble réclamait toujours la même somme
de travail, les mêmes avances en main-d'œuvre; le loyer
et les impôts pesaient sur cette partie des terres de l'ex-

ploitation comme sur le reste, et les produits étaient complètement nuls, si bien que si son bail ne l'eût formellement obligé à les conserver, le fermier aurait arraché
toutes les vignes. Il en demanda plus d'une fois l'autorisation au propriétaire, qui la refusa formellement. M. le curé
fut de l'avis du propriétaire.

— Si vos vignes n'existaient pas, disait-il, je ne vous
conseillerais pas d'en planter. Le proverbe italien dit à ce
sujet : Maison bâtie, vignoble planté, ne valent jamais ce
qu'ils ont coûté. Mais, elles existent, le fléau qui pour le
moment en suspend la production est passager ; c'est pour
la vigne plus que pour toute autre culture qu'il faut que
les bonnes années compensent les mauvaises. Ainsi, je
vous engage à ne jamais augmenter d'un seul mètre carré
l'espace occupé par vos vignes ; mais, traitez-les absolument comme si elles devaient, dès l'an prochain, vous dé-
dommager amplement de leur stérilité actuelle.

D'après ces vues, dont le fermier ne pouvait méconnaî-
tre la sagesse, la vigne reçut les quatre façons soignées, à
la houe, qu'elle reçoit par an, dans les vignobles où sa
culture est le mieux entendue. M. le curé donna au taillandier du bourg voisin un dessin du *béchard,* espèce de
houe à deux dents plates usitée dans tout le midi pour façonner la vigne ; il en fit faire un modèle sous ses yeux,
et bientôt, les avantages de l'emploi de cet instrument furent si bien reconnus, que tous ceux qui avaient des vignes
dans les environs l'adoptèrent successivement. Il engagea
le fermier, pendant toute la durée de la maladie dans sa
plus grande intensité, à tailler court, afin de donner beaucoup de force au sarment. La taille ayant pour but, sur une
vigne en plein rapport, de s'opposer à la dissémination de
la sève et de prévenir la formation d'une profusion de
sarments, toujours nuisibles par cela seul qu'ils sont inu-

tiles, le bon sens indiquait en effet la nécessité de laisser moins de bourgeons, moins de sarments à nourrir à une vigne malade qu'à une vigne en bonne santé.

Pensez-vous, Monsieur, dit le fermier, impatienté de la prolongation du fléau, qu'en donnant à la vigne une bonne fumure, je ne l'aiderais pas à se remettre?

— Je n'en crois rien, dit le curé ; mais vous avez raison, dans ce sens qu'il faut venir en aide à votre pauvre vigne et lui rendre de la force par un autre procédé. La vigne profite surtout d'un engrais de nature purement végétale, sans mélange de matières animales; quand on peut lui en donner assez de celui-là, elle n'en a pas besoin d'autre, et s'il devient absolument nécessaire de lui donner de temps en temps une fumure, il faut que ce soit avec du fumier très-consommé, presque passé à l'état de terreau.

— Quel est, à votre avis, le meilleur engrais pour la vigne?

—D'abord, et avant tout, ses propres feuilles et ses propres sarments. A l'époque de l'ébourgeonnement ou taille d'été, faites hacher grossièrement les sarments verts chargés de feuilles qui proviennent de cette taille, et faites-les enterrer entre les rangées de ceps ; vous en agirez de même à l'égard des sarments ligneux provenant de la taille d'hiver. Cet engrais végétal tout seul, qui ne vous coûtera rien, suffira pour maintenir votre vigne en bon état. De temps en temps, à titre de ration supplémentaire d'engrais végétal, vous sèmerez dans votre vignoble de la graine de lupin, plante légumineuse au feuillage abondant; vous ferez arracher les lupins en fleurs ; ils seront enterrés au pied des ceps; on en réservera seulement quelques-uns çà et là comme porte-graine, pour continuer le même système sans être forcé de recommencer à acheter de la graine de lupin.

Quand les expériences faites par les hommes les plus
compétents eurent démontré l'efficacité de la fleur de soufre
répandue sur la vigne le matin, avant l'évaporation de la
rosée, comme moyen curatif contre la maladie, M. le curé
fut un des premiers à en faire l'essai, et quand il en eut
vérifié l'efficacité, ses conseils reçus désormais comme des
bienfaits par tous les cultivateurs du canton, firent adopter sans hésitation le soufrage des vignes malades. Le fléau
disparut comme par magie.

— A présent que nous avons du raisin, dit le fermier,
la première fois que sa vigne eut repris sa fertilité première, veuillez bien m'éclairer, je vous prie, sur la meilleure manière de vendanger.

— Si votre vin en valait la peine, dit M. le curé, je vous
dirais de ne vendanger que le soir et le matin, pour que le
raisin ne s'échauffe pas en allant de la vigne au pressoir ;
je vous conseillerais comme dans les meilleurs crûs de
Champagne l'adoption de hottes couvertes, garnies inté-
rieurement de toiles goudronnées ; mais ici, pour du vin ordinaire destiné à être bu dans le pays même, vos vendan-
ges n'ont pas assez d'importance pour exiger de telles
précautions.

— Alors, dit le fermier, nous suivrons tout simplement
comme par le passé les usages du pays et nous ferons le
vin comme précédemment.

— Pour cela, non, si vous m'en croyez. Il n'y a pas
grande difficulté à faire de très-mauvais vin avec de très-
bon raisin ; c'est, permettez-moi de vous le dire, ce qui
vous est arrivé plus souvent qu'à votre tour. Puisque Dieu
qui nous a donné le fruit de la vigne nous a aussi donné
l'intelligence pour en tirer parti, il est absurde de ne pas
en profiter. Vous en êtes encore, parce que c'est l'usage
du pays, à faire fermenter le raisin pressé dans la cuve en-

tièrement à découvert ; je ne vous conseille pas de faire comme pour les vins fins de Bourgogne, poser sur les cuves, au moment où la fermentation est le plus active, un couvercle dont les bords sont lutés avec de l'argile et du plâtre, afin que rien ne puisse s'en échapper au dehors ; mais je vous engage à faire faire, ce qui n'est pas très-coûteux, un couvercle en bois léger, auquel le menuisier donnera quelques centimètres de diamètre de moins que n'en a l'orifice de la cuve. Ce couvercle flottant laissera librement se dégager la vapeur mêlée d'eau, d'acide carbonique et d'un peu d'eau-de-vie qui se dégage d'une cuvée en pleine fermentation. Il empêchera suffisamment le contact de l'air avec le raisin pour que votre vin ne tourne pas à l'aigre, comme cela lui arrive si souvent, et il possédera tout ce que peut avoir de qualité un vin fait avec du raisin récolté en plaine, sur une terre forte, à l'exposition du nord. Ce ne sera jamais de bon vin ; mais entre un vin passable et un vin décidément mauvais il y a, vous en conviendrez, une différence très-appréciable ; celui qui peut faire du vin passable, et qui fait par sa faute de mauvais vin, n'a pas d'excuse.

L'année suivante, la vendange qui s'annonçait sous l'aspect le plus favorable fut fortement endommagée, non plus par la maladie qui avait heureusement disparu, grâce au soufrage, mais par un insecte destructeur, la pyrale, dont la multiplication rapide semblait défier tous les moyens de destruction.

Il n'y avait en effet rien à faire pendant que la vigne était en végétation, et il fallait encore une fois se résoudre à regarder, les bras croisés, se perdre une récolte chèrement achetée par des travaux de culture non interrompus. Mais dès que l'hiver fut arrivé, que la vigne fut pleinement entrée dans le sommeil annuel de sa végétation,

M. le curé enseigna au fermier le moyen inventé par un vigneron du Beaujolais pour détruire la pyrale de la vigne en échaudant les ceps. On porte, à cet effet, dans le vignoble une marmite pleine d'eau et munie d'un trépied de fer sous lequel on allume du feu. Lorsque l'eau est en pleine ébullition, on y plonge un gros pinceau de badigeonneur et l'on échaude ainsi toutes les parties extérieures des ceps. La chaleur de l'eau bouillante suffit pour faire périr les œufs invisibles et les très-petites chrysalides de la pyrale, logés dans les gerçures de l'écorce fibreuse de la vigne; l'année suivante la pyrale ne reparut pas, et la vigne reprit ses alternatives de production faible ou nulle, puis excessivement abondante.

— Vous voyez bien, mon ami, dit alors au fermier M. le curé, que vous auriez eu tort de sacrifier vos vignes, vous qui, en raison du bon état de vos affaires, vous trouvez plus que tout autre en mesure d'attendre sans que vos intérêts en souffrent, une année de pleine vendange qui vous dédommage amplement de plusieurs récoltes médiocres ou mauvaises.

Il y avait sur les terres de la ferme quelques très-anciennes plantations d'abres fruitiers remontant à une époque où la culture de la vigne n'étant pas encore introduite dans ce canton, où elle n'était, disait M. le curé, guère mieux à sa place que ne le seraient des ananas en Sibérie, le cidre formait la boisson ordinaire des habitants. Depuis ils avaient renoncé au cidre pour adopter l'usage du vin, bien que de mauvais vin soit, sous le rapport de la salubrité comme sous celui du goût, de beaucoup inférieur à de bon cidre. Le fermier était tenu par son bail d'entretenir les plantations d'arbres fruitiers et de remplacer les arbres épuisés, par de jeunes arbres. Il voulait, dès la première année de son bail, réformer ceux des vieux arbres qui lui paraissaient avoir fait leur temps, et en planter de jeunes à leur place. Ce ne fut point l'avis de M. le curé. Il est toujours temps, disait-il, de sacrifier un vieil arbre; on peut toujours commencer par le recéper. Si, après avoir été rabattu sur ses principales branches, il ne se refait pas de lui-même, on peut encore essayer de la greffe en couronne, ce qui rappelle la sève et fait naître de nouvelles branches. Quand le terrain est bon et que les racines ont de quoi s'étendre dans un sol fertile, l'arbre rajeuni par le recépage et la greffe en couronne peut avoir une seconde existence aussi durable et aussi productive que la première, et ses branches renouvelées ne font jamais attendre leur mise à fruit aussi longtemps que celles d'un jeune arbre. Les anciens poiriers et pommiers qui entouraient les principales pièces de terre reprirent bientôt, de cette manière, une vigueur et une fertilité inespérées. Alors M. le curé donna au fermier le conseil de créer de vastes vergers sur des pièces de terre dont le sol lui paraissait parfaitement approprié à cette destination. Après avoir semé de la graine de luzerne dans une céréale, rien n'était plus facile en effet que d'y planter des poiriers et des pommiers des meilleures espèces, propres à la fabrication du cidre, et d'avoir ainsi d'amples récoltes de fourrages tant que les arbres ne couvriraient pas le terrain, et dans un avenir plus ou moins éloigné, d'abondantes récoltes de fruits à cidre, récoltes d'autant plus précieuses qu'elles pouvaient être obtenues presque sans frais de culture.

Mais quand M. le curé essaya d'engager le fermier dans cette voie, il fut repoussé avec perte, et dut y renoncer. Planter des arbres dont, avant la fin de son bail, il aurait à peine le temps de voir les premiers fruits, c'est, disait-il, une chose uniquement à l'avantage de mon propriétaire;

il est plus riche que moi; mon bail ne m'y oblige pas, et quelle que soit ma déférence pour vos conseils, je ne puis m'y résoudre.

M. le curé comprit qu'il y avait là un parti pris, contre lequel viendraient échouer les meilleurs arguments; il cessa de lui en parler. Cependant, huit ans plus tard, tout ayant prospéré dans son exploitation, il lui dit un jour : Voyez, mon ami, comme le temps passe! Si j'étais à votre place, voici ce que je ferais. N'est-ce pas un souci qui vous préoccupe, dès à présent, que de songer que dans huit ans d'ici (huit ans sont si vite écoulés!), il vous faudra quitter cette ferme si bien cultivée, devenue si fertile et si belle entre vos mains? C'est en prévision de ce souci que j'ai fait insérer dans votre bail la clause anglaise en vertu de laquelle vous pouvez rester ici en subissant une augmentation prévue. Je suis certain que dès aujourd'hui le propriétaire, satisfait de l'état florissant de ses terres sous votre direction, ne demandera pas mieux que de vous signer un nouveau bail de la même durée que le premier.

Le fermier accueillit avec plaisir cette ouverture, et par l'obligeante entremise de M. le curé, le renouvellement du bail eut lieu, à la satisfaction réciproque des deux parties intéressées.

— A présent, dit M. le curé, que vous avez devant vous 24 ans d'exploitation, en ajoutant la durée du nouveau bail à ce qui reste à courir de l'ancien, suivez donc mon premier conseil : plantez des arbres fruitiers.

— Ah! dit le fermier, si je vous avais écouté, Monsieur, j'aurais déjà de beaux vergers avec des arbres de 8 ans qui, devant avoir 32 ans à la fin de mon second bail, m'auraient été très-profitables; mais à présent, n'est-ce pas s'y prendre un peu tard?

— Nullement, mon ami; en 24 ans, les fruits de vos

arbres payeront bien vos avances, soyez-en sûr. Mais exa-
minons d'abord la question des intérêts du propriétaire ;
car c'est, je le vois bien, celle qui vous tient le plus au
cœur.

Vous avez eu, d'après mon conseil, la très-sage précaution de faire dresser un état des lieux très-exact et suffisamment détaillé. Admettons pour un moment que vous
avez suivi mon conseil et que votre bail n'est pas renouvelé ; vous laissez à votre sortie, pensez-vous, des vergers
d'arbres de 16 ans, en plein rapport, qui ne vous ont, à
vous, presque rien produit. Est-ce que l'état des lieux
mentionne ces arbres qui n'existaient pas quand il a été
dressé ? Donc, de deux choses l'une : ou le propriétaire,
voulant conserver vos arbres, qui sont à vous, non à lui,
vous les payera, ou bien vous les arracherez.

— Et si je les arrache, dit le fermier, qu'en ferais-je ?
Du feu ? Ce n'est pas la peine de me déranger pour cela.

— Je vois, dit M. le curé, que vous êtes à ce sujet dans
une grande erreur. Des arbres fruitiers de 16 ans, même
des arbres d'un âge plus avancé, se transplantent et n'en
souffrent pas, et s'il vous était possible d'en acheter de cet
âge, je vous dirais : achetez-en, bien vite ; c'est avec des
arbres de 12 à 16 ans que je vous conseillerais de faire en
ce moment vos vergers.

— J'avoue, dit le fermier, que j'ignore complétement
comment on peut assurer la reprise d'arbres aussi avancés
en âge, et n'en pas perdre la plus grande partie.

— Je vous garantis, dit M. le curé, que vous n'en perdriez pas un seul, en prenant seulement la précaution d'en-
duire, au moment de l'arrachage, les racines d'un brouet
clair formé de bouse de vache délayée dans de l'eau, et
aussitôt la mise en place, de couvrir le tronc ainsi que les
principales branches avec de l'onguent de Saint-Fiacre,

composé de bouse de vache et de terre glaise pétries ensemble par parties égales.

Mais, actuellement, vous n'en êtes pas là ; votre seule objection sérieuse repose sur la lenteur des poiriers et pommiers à se mettre à fruit ; voici une réponse. La terre que je vous propose de convertir en verger étant très-fertile, les arbres y prendront avec le temps de grandes dimensions ; un espacement à 10 mètres en tout sens n'a rien d'exagéré. Dans les intervalles, plantez des cerisiers des meilleures espèces, et quelques pruniers de Mirabelle de Metz et de Reine-Claude. Dans deux ou trois ans, ces arbres seront en plein rapport. Dès qu'ils seront assez gros pour gêner, dans une vingtaine d'années d'ici, leurs voisins les poiriers et pommiers qui commenceront à prendre des dimensions respectables, vous sacrifierez sans regret les arbres à fruits à noyau ; à cet âge, leur bois, comme bois d'ébénisterie pour la fabrication des chaises, aura déjà une certaine valeur, et la récolte des poires et des pommes vous produira un revenu très-important.

— C'est fort bien, dit en souriant le fermier ; mais, dans 20 ans d'ici, où serons-nous, vous et moi ?

— Et vos enfants, répondit M. le curé ?

CHAPITRE XIV

Les animaux d'attelage.

—

Dans toute ferme de quelque importance, l'une des fuites par lesquelles s'écoulent les bénéfices de la culture, c'est l'entretien des attelages qui, sans figure de réthorique, mangent tout le profit. Excepté dans les exploitations où l'on tient une comptabilité régulière, et c'est malheureusement le plus petit nombre, on ne sait pas au juste ce que coûtent les transports, les labours et les autres opérations agricoles qui s'exécutent à l'aide des attelages. Ceux-ci ne servant et ne pouvant servir à autre chose, il est évident que toute cette série de services coûte au fermier la nourriture des animaux, la ferrrure, les soins du vétérinaire en cas de maladie, et, de plus, l'intérêt du prix d'achat avec le dépérissement annuel ; car au bout d'un

certain nombre d'années, le meilleur attelage a nécessairement perdu toute valeur vénale.

M. le curé avait souvent avec le fermier, son disciple
en agriculture, de vives discussions à ce sujet. Comptez,
disait-il, tout ce que vous ont coûté vos attelages dans le
cours de l'année, les mauvais jours pendant lesquels ils
sont restés forcément à l'écurie, les pertes par maladie ou
par accident; comparez ces frais au prix ordinairement
payé pour un jour de service d'un attelage, soit à la charrette, soit à la charrue, et vous verrez que s'il vous était
possible d'en louer chaque fois que vous en avez besoin, et
de n'en pas avoir à vous, vous y gagneriez même en tenant
compte de la valeur du fumier, dont vous ne pouvez empêcher qu'une bonne partie se perde sur les chemins. Vous me
direz que c'est un mal sans remède, et qu'il n'y a pas
moyen de vous passer de vos attelages, cela est incontestable. Mais, tant que vous n'aurez pas consenti à apporter
dans cette partie de votre exploitation une réforme nécessaire, je vous ferai à ce sujet une guerre opiniâtre ; c'est
pour votre bien.

— Que leur reprochez-vous, monsieur le curé, à mes
attelages, dit le fermier? J'y mets un peu de luxe et
d'amour-propre, c'est vrai; mais, j'y perds moins que
vous ne le croyez. Si j'avais de mauvais chevaux, sans
formes, sans vigueur et sans valeur, mes gens me quitte-
raient, rien que pour ne pas avoir à en rougir vis-à-vis de
leurs camarades; j'ai au contraire le choix parmi les meilleurs charretiers et les plus habiles laboureurs, en donnant les mêmes gages que mes confrères, rien que parce
que ma ferme a la réputation de posséder les plus beaux
attelages de tout le canton.

— Vous auriez dû vous faire avocat, dit M. le curé, vous
plaidez très-bien la cause de vos chevaux, et vous mettez

en avant le côté spécieux de la question, avec beaucoup d'adresse; mais, allons au fond de la question. Quatorze chevaux vivent sur votre ferme, quartorze bêtes de prix, dont la moindre vous a bien coûté de 800 fr. à 1,000 fr., en moyenne 900 fr. Ainsi, c'est un capital de 12,600 fr., dont l'intérêt court, bien que vous ayez l'air de ne pas y faire attention. Ajoutez à ces intérêts, environ douze pour cent de dépérissement; car après huit ans de service des chevaux, achetés à l'âge moyen de six à sept ans, sont usés; vous ne les gardez même jamais aussi longtemps et vous faites bien; car en prolongeant leur temps de service, leur valeur finit par devenir égale à zéro.

Ne croyez pas, mon ami, que je vous conseille de dégoûter vos serviteurs en leur donnant à conduire de ces malheureux animaux qui se vendent au marché aux chevaux de Paris, 3 fr., sellés et bridés. Je n'ai pas fait d'objection à la cherté excessive de vos attelages, tant que les chemins vicinaux de la commune et les chemins d'exploitation de votre ferme n'ont pas été en bon état de viabilité. Mais, actuellement que l'on peut passer partout en charrette, et en carrosse au besoin, je vous dis : achetez des chevaux de 600 à 700 fr. au plus; pour ce prix, vous aurez des attelages d'une très-bonne apparence, qui ne feront pas honte à vos gens, et qui, indépendamment de la diminution des risques et des intérêts courants sur le capital, seraient aussi bien nourris et feraient un aussi bon service que vos éléphants actuels, en mangeant un tiers de moins. Vous y tenez uniquement, je dois vous le dire, par un sentiment de vanité déplorable; vous en avez, de la race de Ponthieu, qui, sans rien traîner ni rien porter, ont assez de peine, les malheureux, tant ils sont pesants à se porter et à se traîner eux-mêmes.

— J'ai beaucoup réfléchi à tout cela, Monsieur, et je

reçois en très-bonne part vos avis à ce sujet. Il est un autre point sur lequel je solliciterai vos conseils; j'ai été tenté plus d'une fois de vendre tous mes chevaux, qui, j'en suis d'accord, mangent beaucoup, et de les remplacer par des attelages de bœufs. Tout calcul fait, je crois les bœufs de beaucoup préférables ; je ne suis arrêté que par la nécessité fâcheuse où je me trouverais, en employant des attelages de bœufs, de renvoyer tous mes charretiers et mes laboureurs, braves gens auxquels je suis attaché et qui me servent de leur mieux, mais dont aucun ne voudrait se faire bouvier.

— Puisque l'occasion se présente, dit M. le curé, de couler à fond cette autre question du choix à faire entre les attelages de bœufs et les attelages de chevaux pour le service des exploitations agricoles, posons-la, si vous le voulez, dans ses véritables termes. Le bœuf n'a pas son pareil pour les labours : son pas est lent, mais très-uniforme, sa traction très-égale, surtout lorsqu'il tire au collier par le poitrail, et non par la tête, et il n'est pas sujet à la plupart des maladies qui si souvent mettent les chevaux hors de service au moment où l'on en a le plus besoin, et où il est impossible de les remplacer. Après quelques années d'un très-bon service, les bœufs peuvent être engraissés et vendus avec bénéfice pour la boucherie, surtout quand on n'attend pas pour les engraisser qu'ils soient *aboutés*, comme on dit dans nos départements de l'Ouest, c'est-à-dire qu'ils soient à bout de leurs forces et que l'âge ait tellement usé leurs dents qu'ils ne puissent plus s'engraisser au pâturage. Voilà tout ce qu'on peut dire raisonnablement en faveur des attelages de bœufs.

Comme revers de la médaille, soyez pressé, ne le soyez pas, vous ne décidez pas facilement le bœuf à hâter son allure, lorsqu'il a adopté un pas réglé qu'il ne veut pas modifier. S'il est maltraité, il se couche; vous pouvez le tuer sur place; vous ne pouvez le forcer à se relever quand il a pris la résolution de ne pas marcher. C'est là un très-grave inconvénient sous le climat inconstant du centre et du nord de la France, où souvent, soit pour exécuter les labours et les semailles, soit pour enlever les foins ou la moisson, l'état de l'atmosphère ne laisse à la disposition du fermier qu'un temps très-court, dont il lui importe de profiter.

Les attelages de chevaux, spécialement quand, soit par suite du mauvais état des chemins, soit par un amour-propre mal entendu, l'on tient à labourer avec des attelages de luxe, sont très-coûteux à acheter comme à nourrir, très-souvent malades, et lorsqu'ils ont vieilli, leur valeur s'annule totalement, tandis que par l'engraissement, celle des bœufs augmente; c'est le résumé de leurs plus graves inconvénients. Par compensation, si vous êtes pressé, le cheval vous donne généreusement un vigoureux coup de collier, sauf a lui laisser reprendre ses forces par quelques jours de repos. Puis, pour les fermiers qui cultivent à peu de distance d'une grande ville, les chevaux exécutent lestement sur les grandes routes toute espèce de transport à temps perdu; la pierre à bâtir, le bois de chauffage et de charpente, dont les habitants des villes ne peuvent se passer, offrent au fermier le moyen d'occuper utilement ses chevaux au lieu de les tenir à l'écurie quand il n'en a pas besoin pour les travaux de son exploitation. Enfin, et ceci est pour vous personnellement d'une très-grande importance, il y a des terres bonnes en elles-mêmes, mais lourdes et froides, qui ne donneraient pas la moitié de ce qu'on en peut obtenir, si le fumier de cheval n'entrait pas pour une assez forte proportion dans la fumure qu'on leur donne périodiquement. Vos terres sont dans ce cas, et quand il n'y aurait pour vous décider que cette seule considération, je vous dirais encore : il faut donner la préférence aux attelages de chevaux.

Il me paraît résulter clairement de l'examen des faits sur lesquels je viens d'appeler votre attention, que, sous un climat égal et peu variable, comme celui du midi et de l'ouest de la France, surtout quand on cultive un sol plus léger que fort, plus siliceux qu'argileux, les meilleurs attelages sont ceux de bœufs, à condition qu'on ne les fasse pas travailler jusqu'à l'âge où ils s'engraissent trop difficilement. On peut même, dans ce cas, faire travailler modérément les taureaux, en les y accoutumant très-jeunes, ce qui les rend plus traitables et rend en même temps leur descendance plus docile ; car, chez la race bovine plus que chez toute autre, les qualités ou les défauts de caractère se transmettent de génération en génération, aussi bien que la conformation extérieure. Un travail modéré imposé de même aux vaches laitières, ne nuit en rien ni à leur santé, ni à la production de leur lait, et il est possible d'en tirer de cette manière un très-bon service, surtout dans les petites exploitations.

Les chevaux de labour sont au contraire de beaucoup préférables aux bœufs sous le climat inconstant du centre et du nord de la France, surtout dans les cantons aux terres froides, où domine l'argile, et où le fumier des chevaux produit, à volume égal, deux fois plus d'effet que le fumier des bêtes bovines.

— Monsieur, dit le fermier, plus je profite de vos sages avis, plus je sens combien ils me sont utiles ; vous avez dissipé mes doutes, et cette fois, je vous en remercie doublement, car, par inclination, je préfère le service des chevaux à celui des bœufs, et votre avis, fondé sur les plus solides raisons, est d'accord avec mes goûts personnels.

Mon père, qui aime passionnément les chevaux, a toujours quelques élèves chaque année ; dans mon enfance, un des poulains élevés à la ferme de mon père a été longtemps mon plus intime ami, avec la plus cordiale réciprocité. Pensez-vous que ce soit une bonne méthode pour un fermier qui dispose, comme moi, d'assez grandes prairies naturelles et artificielles, que d'élever assez de chevaux pour la remonte de ses attelages, et de n'avoir pas à en acheter au dehors ?

— En France, dit le curé, l'élève du cheval n'est une opération avantageuse que dans un nombre assez restreint de localités. Le plus souvent, il est plus profitable d'acheter des chevaux tout prêts pour le service, tels que les amènent aux foires les marchands qui vont les acheter dans les pays d'élève. La comptabilité bien tenue d'une exploitation agricole peut seule, en dernière analyse, démontrer s'il y a profit ou perte sur l'élève du cheval, c'est-à-dire, si les fourrages récoltés sont consommés avec plus ou avec moins de bénéfice par d'autres animaux que les chevaux. Ce qui fait le plus souvent pencher la balance en faveur des bêtes bovines, c'est la facilité d'en réaliser journellement les produits. Par exemple, vous nourrisssez vingt vaches laitières : elles donnent tous les jours une grande quantité de lait que vous vendez à un prix élevé, en nature si vous êtes près d'une ville, sous forme de beurre ou de fromage si vous en êtes éloigné. Ajoutez-y la vente des veaux, vous trouvez des rentrées, pour ainsi dire, non interrompues. A la place de vingt vaches laitières, nourrissez vingt juments ; pendant les derniers mois de la gestation, elles seront incapables d'aucun travail fatigant, et quant au poulain qu'elles vous donneront, quatre ans se passeront avant qu'il puisse être vendu, ou commencer à vous rendre des services assez actifs pour finir par vous faire rentrer dans vos avances. Sans doute, si vous avez réussi, si le cheval de quatre ans est de bonne race, bien conformé, exempt de tares et de maladies, il vaut beaucoup d'argent ; mais, pendant tout ce temps, il a coûté sans rien produire, et vous avez été sans cesse exposé à le perdre par accident ou maladie, avant d'être rentré dans la plus faible partie de vos avances.

Tels sont les principaux points de vue sous lesquels la question doit être envisagée, pour qu'il soit possible de la résoudre en pleine connaissance de cause.

— En supposant, dit le fermier, que j'adopte immédiatement la réforme de mes chevaux d'attelage, ainsi que j'y suis disposé, quelle race pensez-vous qu'il soit à propos de substituer à mes chevaux du Ponthieu ?

— Il y en a deux qui sont à fois légères, robustes, de taille moyenne, et parfaitement adaptées aux travaux agricoles, partout où les chemins sont seulement passables ; ce sont les races du Perche et des Ardennes. Le cheval percheron, dont l'élève se concentre dans le département de l'Orne, était par exellence le cheval de diligence et le cheval de poste , du temps où il y avait des diligences et une poste aux chevaux, deux choses que les chemins de fer tendent à faire passer à l'état de souvenir. Bien que doué d'assez de vivacité pour soutenir longtemps une course au trot, le cheval percheron laboure bien et fait un bon service à la charrette ; il commence jeune à travailler, dure longtemps et est bien moins souvent malade que celui des autres races de gros trait.

L'ardennais, avec des formes ramassées, une grosse encolure et une petite tête, ne manque pourtant pas de grâce ; il a les qualités du Percheron, et quelques-unes de plus qui manquent à celui-ci, particulièrement la sobriété, la rusticité, la faculté de se maintenir en bon état en ne consommant que des aliments de qualité inférieure. C'est celui auquel je vous conseille de vous en tenir.

— Mais, dit le fermier, où et comment pourrai-je me monter en chevaux ardennais?

— Vous oubliez toujours les chemins de fer, mon ami. Sommes-nous donc encore au temps où le bourgeois d'Auxerre qui entreprenait un voyage à Paris faisait son testament avant de partir? En quelques heures, la vapeur vous conduira aux foires de Charleville et de Maubert-Fontaine, et elle vous ramènera dans le même espace de temps, vous et vos acquisitions, à la station prochaine qui n'est pas à plus d'un myriamètre de la ferme; ainsi, de ce côté, pas de difficulté réelle. Quant aux qualités recommandables de la race ardennaiso, je puis vous affirmer qu'elle mérite la réputation que lui ont faite les naturalistes en lui accordant le plus haut degré d'instinct et d'attachement pour l'homme, immédiatement après la race arabe. Vous en avez sous les yeux un exemple vivant dans mon vieux cheval Zéphyr, dont je ne vous ai, je crois, jamais raconté l'histoire.

— Est-ce que Zéphyr est ardennais?

— Un ardennais pur sang, fils de l'un des chevaux ardennais qui seuls, de tous ceux du train d'artillerie de la grande armée, ont ramené en France, des pièces attelées, de la campagne de Russie, car la race ardennaise seule, a su accomplir ce tour de force; aussi, à cette occasion, Napoléon Ier l'avait-il surnommé l'Infatiguable. Mon vieux Zéphyr, fils d'un des infatiguables de 1812, était échu en partage à l'un de mes parents, voyageur du commerce. Dans un voyage en Dalmatie, mon parent fut blessé par des bandits qui croyaient l'avoir tué et l'avaient fait rouler dans un précipice. A peine l'un d'eux eut-il enfourché Zéphyr, que celui-ci se mit à ruer et à se cabrer,

si bien qu'il jeta mon brigand contre un rocher, et lui cassa
la tête. Une patrouille de gendarmes du pays survint sur
ces entrefaites, et les bandits se dispersèrent à toutes jambes. Zéphyr, lui, resta obstinément au bord du précipice
au fond duquel était son maître, hennissant et frappant du
pied quand on essayait de l'emmener. Cet entêtement du
brave animal donna aux gendarmes un soupçon de la vérité; ils descendirent dans le ravin et remontèrent le blessé
dont aucune blessure ne se trouva mortelle. On ne saurait
décrire la joie et les démonstrations d'attachement prodi-
guées par Zéphyr à son maître, tandis qu'on le transportait
sur un brancard, à la ville voisine. Après avoir voyagé dix
ans avec mon parent qui, pour rien au monde, après sa
guérison, n'aurait voulu s'en séparer, il a chez moi ses
Invalides; c'est jour de fête pour mon vieux Zéphyr quand
son maître, de loin en loin, vient au presbytère, un peu
pour moi, beaucoup pour son cheval, et je ne puis lui en
vouloir.

Il faudrait faire des recherches dans l'histoire du cheval
arabe, pour trouver beaucoup de traits semblables d'instinct
très-développé et d'attachement pour l'homme; chez la
race ardennaise, ils ne sont pas rares.

CHALITRE XV

Du gros bétail.

A l'époque de son entrée dans sa ferme, le fermier n'avait pas manqué de consulter M. le curé sur le choix de ses bestiaux, aussi bien que sur les autres détails de la tenue de son exploitation, aussitôt qu'il avait reconnu par expérience la supériorité de ses lumières en Agriculture. D'après son conseil, en attendant la réalisation de ses améliorations en projet, spécialement la création de ses prairies artificielles, dont son prédécesseur lui laissait à peine quelques hectares en assez mauvais état, il s'en était tenu à la race bovine du pays, et s'était borné à choisir dans cette race les animaux les mieux conformés, destinés à servir de reproducteurs. C'est là une marche sage, indiquée par le simple bon sens aussi bien que par la théorie, à tout fermier arrivant dans un pays neuf. Le gros bétail est partout en France le pivot de toute exploitation rurale, dans la grande comme dans la moyenne et la petite culture; la race établie et adoptée dans un canton offre avant tout, quels que puissent être d'ailleurs ses défauts, un incontestable avantage, celui d'être en harmonie avec les conditions agricoles du pays dans lequel elle subsiste, et de pouvoir par conséquent se soutenir avec les ressources fourragères existantes, résultat qu'on n'est pas certain d'obtenir en introduisant de prime abord une autre race préférable sous tous les rapports.

—Vous trouverez ici, avait dit M. le curé, une race bonne en elle-même, celle des vaches normandes, issues des vaches flamandes ou flandrines, comme on les nomme, dont l'espèce la plus parfaite est la vache hollandaise, sans rivale pour la production du lait. Vous la trouverez laide et vous aurez raison; mais pourquoi? parceque ces vaches sont comme la terre sur laquelle elles vivent: elles ont faim. Commencez par bien nourrir ces vaches avec de bons fourrages, et par rétablir la fertilité des terres par de bonnes fumures; améliorez cette race autant que possible par le choix des meilleurs reproducteurs qu'elle-même peut vous fournir, sans croisement, sans introduction de bestiaux étrangers jusqu'à nouvel ordre: vous aviserez plus tard.

C'est en se conformant à ce système que le fermier, au bout de quelques années, avait régénéré, sans croisement, la race bovine de son canton, au point qu'elle différait du tout au tout de ce qu'elle était à son arrivée; ses voisins lui achetaient à des prix avantageux de jeunes taureaux, pour introduire dans leurs exploitations le même mode d'amélioration qui lui avait si bien réussi.

— Que pensez-vous, dit-il à M. le curé, du syst`me Guénon et de ses applications au choix des vaches laitières?

— Je pense, dit M. le curé, qu'en écartant ce qu'il peut

offrir de trop compliqué dans les détails, il repose sur un fait vrai, que personne avant Guénon n'avait constaté et appliqué avec bonheur, ainsi qu'il l'a su faire, bien que ce fût un homme complétement dépourvu d'éducation.

En gardant les vaches, car il a vécu nombre d'années dans l'humble condition de vacher, il s'était demandé pourquoi dans un troupeau de vaches de la même race, soumises au même régime, les unes donnaient beaucoup de lait, les autres en donnaient très-peu? Il doit y avoir, s'était-il dit, un signe extérieur offrant le moyen de distinguer les bonnes laitières des mauvaises; si je le découvre ma fortune est faite, et je le découvrirai. Une fois cette idée entrée dans son cerveau, il en fit l'affaire de toute sa vie et finit par atteindre son but, après des années de patientes observations. D'abord, il remarqua fort bien qu'une vache peut avoir un très-gros pis, et donner peu de lait, et que la production du lait n'a pas un rapport direct avec le volume du pis; il fallait chercher ailleurs. Enfin, il reconnut que ses vaches qu'il tenait fort proprement, et dont jamais le poil n'était caché sous une croûte d'ordure, comme l'est celui des vaches mal tenues, avaient à la partie postérieure des cuisses, des deux côtés de la naissance du pis, une portion de la peau garnie de poils invariablement dirigés de bas en haut, tandis que le reste du poil est incliné en sens contraire, et que plus les places couvertes de poils remontants étaient grandes, plus la vache donnait de lait. C'est là toute sa découverte; mais elle est fort importante, et l'on peut faire bon marché des classes, divisions et subdivisions établies par Guénon d'après la forme et la grandeur des *écussons*: c'est le nom donné par lui aux parties de la peau garnies de poils remontants.

— J'ai pourtant entendu plus d'une fois, dit le fermier, dénigrer et nier même la découverte de Guénon, jusque dans le sein du comice agricole, où doivent se trouver des hommes compétents.

— La découverte de Guénon, dit M. le curé, a pour les savants de profession le tort impardonnable de ne pas émaner de l'un d'entre eux ; vous entendrez dire, ou peut-être avez-vous déjà entendu dire : Si cela était réel, est-ce que quelqu'un de nous ne l'aurait pas trouvé? Mais, allez à une foire aux bestiaux avec quelques-uns de ceux qui semblent partager ces préventions ; vous les verrez examiner avec soin les écussons des vaches laitières qu'ils veulent acheter, et ne plus s'en rapporter exclusivement, comme autrefois, au volume des pis, signe si souvent trompeur quant au rendement en lait : cela seul tranche la question.

Remarquez bien que, dans la pratique, la valeur de ce signe est appréciable chez les bêtes bovines très-jeunes des deux sexes, de sorte qu'en en tenant compte, vous pouvez n'élever que des génisses qui seront avec certitude de bonnes vaches laitières, et destiner à la boucherie celles qui donneraient peu de lait. Il en est de même des taureaux chez lesquels des écussons apparents et bien dessinés annoncent la propriété de donner naissance à des vaches qui auront les mêmes écussons, et qui, par conséquent, seront aussi bonnes laitières que leur race le comporte. C'est là un service de premier ordre rendu à l'agriculture, service qui justifie les récompenses accordées à Guénon à ce sujet.

Quand le gros bétail de race normande fut régénéré par de bons soins et porté à toute la perfection qu'on en pouvait raisonnablement attendre, le fermier, de l'avis de M. le curé, commença à croiser cette race avec celle de Durham. Ses bœufs ne devant pas travailler, il importait peu qu'ils eussent le tempérament lymphatique et les habitudes de paresse des bœufs anglais de la race de Durham ; il importait beaucoup, au contraire, de développer en eux les parties du corps qui fournissent à la boucherie les morceaux de choix, de diminuer le volume exagéré de la tête et des os, qui déprécient les animaux aux yeux du boucher, et enfin, d'augmenter leurs dispositions à prendre la graisse, avantages incontestables qui peuvent résulter de croisements judicieux entre la race de Durham à courtes cornes et la race normande, sans rien faire perdre à celle-ci de ses qualités comme excellente laitière.

Dès le début de son exploitation, le fermier s'était préoccupé vivement des meilleurs moyens à employer pour l'alimentation de ses bestiaux. D'abord, selon les conseils de M. le curé, il avait, non sans peine, établi l'ordre le plus régulier dans la distribution des rations ; tout son bétail consommait le fourrage sec, haché dans la mangeoire, d'après le poids de chaque animal, poids constaté de mois en mois, au moyen d'une bascule. Conformément aux données admises par les agronomes les plus expérimentés, la ration d'entretien avait été fixée à 3 pour 100, et celle de produit, à 2 pour 100 de plus, c'est-à-dire, à 5 pour 100. Les évaluations avaient pour point de départ la quantité de foin sec représentée par chaque genre d'aliment donné aux bestiaux.

M. le curé félicita le fermier d'avoir, par une volonté persévérante, triomphé de toutes les petites oppositions sourdes, et obtenu en fin de compte l'emploi le plus profitable possible de tout ce que la terre pouvait produire pour la nourriture de ses bestiaux. Il restait pourtant un point très-difficile à conquérir ; c'était, pendant la partie de la belle saison où le bétail devait vivre au pâturage, de le faire paître exclusivement au piquet. De prime abord, tous les pâtres et toutes les vachères demandèrent leur compte. M. le curé s'y attendait; il en avait d'autres parfaitement dociles à procurer au fermier, de sorte que le service n'en souffrit pas. C'était une grande nouveauté, dans un pays où le pâturage au piquet n'avait jamais été pratiqué, que de voir les pâtres, au lieu de se promener de long en large, ou de laisser au bétail le soin de se garder tout seul, enfoncer en terre, à l'aide d'un maillet, autant de piquets qu'ils avaient d'animaux à faire paître, et les y attacher avec une corde d'une longueur déterminée. Les bêtes elles-mêmes, habituées à courir à travers tout le pâturage, ne voulaient pas du nouveau système ; elles beuglaient, se tourmentaient et ne mangeaient pas. Les pâtres ne manquaient pas, tout en obéissant, comme ils s'y étaient engagés, de faire remarquer les inconvénients et les difficultés du pâturage au piquet : l'ancien système était si commode !

— Laissez-les dire, disait M. le curé, vos bêtes ne peuvent pas longtemps bouder contre leur ventre; quand elles auront bien faim, elles mangeront, puis elles se coucheront pour ruminer, et tout sera dit. Ne voyez-vous pas que, par le pâturage au piquet, rien n'est perdu de tout le fourrage frais qu'une prairie peut fournir? veillez, dans les premiers temps surtout, à ce que les piquets ne soient pas déplacés avant que chaque bête ait bien tondu toute la partie à sa portée. Grace à ce système régulièrement pratiqué, l'engrais provenant de la consommation du fourrage étant distribué très-également sur toute la surface livrée au pâturage, au lieu d'être dispersé çà et là, comme il l'est quand les bestiaux paissent en liberté, l'herbe repoussera derrière le bétail, et vous trouverez dans un pré d'une étendue déterminée, juste le double de jours de vivres que la même étendue fournissait à vos bêtes avec l'ancien système de pâturage libre. Surtout, ayez soin

que vos pâtres soient tous munis d'un vieux balai de bou-
leau usé. A mesure que les bouses tomberont à terre, elles
seront étalées sans retard, au lieu de brûler la place qu'elles
occupent, et de s'y dessécher en pure perte ; c'est un usage
belge qu'il faut introduire partout où l'on adopte le pâturage au piquet, dont il est comme le complément. Non-
seulement vos bestiaux peuvent pâturer au piquet vos
prairies naturelles, mais encore, ils peuvent de même
consommer sur place la luzerne et le trèfle, sans crainte
de ces gonflements qui peuvent si vite les emporter avant
qu'il soit possible de les secourir. La luzerne et le trèfle ne
produisent cet effet funeste que quand le bétail en mange
trop à la fois ; or, c'est ce qui ne peut jamais arriver lorsqu'il ne paît pas en liberté ; car la longueur des cordes est
réglée de manière à proportionner les rations de fourrage
frais à l'appétit des animaux ; rien n'est plus facile que de
leur en laisser prendre seulement ce qu'ils en peuvent
digérer. Vos voisins s'étonnent en ce moment du mal que
vous vous donnez pour implanter ici une coutume qui s'é-
carte si complétement de leurs antiques habitudes ; bientôt,
croyez-moi, tous feront comme vous, et tous s'étonneront
d'avoir pu être si longtemps assez simples pour subir
volontairement les pertes et le gaspillage qui résultent du
pâturage en liberté.

Quant aux jeunes bêtes d'élève, ne craignez pas, quand
elles naissent à l'entrée de la belle saison, de les sevrer
jeunes et de leur faire consommer de bonne heure sur place
un peu d'herbe fraîche, mais toujours au piquet ; plus elles
y sont habituées de bonne heure, plus il est facile de les
soumettre à ce mode d'alimentation pendant la suite de
l'élevage.

— J'ai lu dans bien des livres d'agriculture, dit le fermier, l'éloge de la stabulation permanente du gros bétail ;

j'ai tout ce qu'il faut, je crois, pour réaliser ce système ; j'ai bien envie d'en essayer au moins pour la moitié de mon bétail; qu'en pensez-vous? Est-ce une méthode plus pro-fitable que le pâturage au piquet?

— Je pense, dit M. le curé, que vous êtes dans l'erreur, et que, pour pratiquer avec bénéfice le système de la stabulation permanente pendant la belle saison, il faut satisfaire à diverses exigences que ne remplit pas votre exploitation.

— Lesquelles, je vous prie? obligez-moi de me les signaler, car je ne les aperçois pas, je l'avoue.

— La chose est très-clair, cependant, dit M. le curé. Ce n'est pas avec le foin de vos prairies naturelles fauché et distribué à l'état frais, que vous pouvez nourrir vos bestiaux à l'étable, sans les laisser sortir, pas plus en été qu'en hiver. Evidemment, pour la moitié de vos prairies, le pâturage au piquet vaut beaucoup mieux; l'autre moitié vous est nécessaire comme provision de fourrage sec. C'est donc exclusivement sur les racines fourragères et les prairies artificielles que vous devez compter pour établir la stabulation permanente durant la belle saison.

— Est-ce qu'il vous semble que je n'ai point assez des unes et des autres?

— Vous en avez largement assez, mon ami; mais, vous ne vous êtes préoccupé en formant vos prairies artificielles et en semant la graine de vos racines fourragères, que de les mettre les unes et les autres là où elles pouvaient le mieux réussir; vous avez bien fait; le succès de ces cultures le prouve; seulement, il se trouve que vos champs de racines fourragères et vos prairies artificielles sont à une très-grande distance de la ferme. Pour nourrir à l'é-table votre nombreux bétail avec ces ressources fourra-gères, il faudrait que tout cela fût, pour ainsi dire, à la porte de vos étables. Autrement vos gens, obligés d'aller faucher de l'herbe ou arracher des racines à une demi lieue de la ferme, perdront un temps énorme; il vous faudra employèr au transport de ces denrées vos charrettes et vos attelages qui vous seront nécessaires ailleurs; c'est ainsi qu'une seule circonstance à laquelle vous n'avez pas pensé rend onéreuse pour votre exploitation la stabulation permanente du bétail en été, méthode qui sans cela pourrait être avantageuse; j'ai dû vous en montrer les inconvénients; c'est en même temps vous faire voir dans quelles circonstances elle peut être adoptée. Le principal bénéfice qui en résulte provient des engrais, dont la stabulation permanente ne laisse pas perdre la moindre parcelle.

CHAPITRE XVI

De l'engraissement du gros bétail.

Engraissement des bestiaux. — Conditions à remplir pour engraisser du bétail. — Engraissement au pâturage en liberté. — Hangars mobiles pour l'engraissement des bœufs en été. — Limites auxquelles doit s'arrêter l'engraissement. — Engraissement à l'étable en hiver. — Gelée de farine de graine de lin. — Sa préparation. — Ses propriétés. — Variété des aliments donnés aux bœufs à l'engrais. — Engraissement des vaches. — Engraissement des veaux. — Allaitement. — Thé de foin. — Ses propriétés. — Qualité supérieure du fumier des bêtes engraissées.

—

— Je me suis toujours très-bien trouvé de vos conseils, dit un jour le fermier à M. le curé; j'en ai un fort important à vous demander. Le système de culture que j'ai adopté sous votre bienveillante direction, m'a conduit à un résultat que je n'avais pas prévu. Les terres étant arrivées à leur maximum de fertilité, le produit de mes récoltes de racines fourragères et de mes prairies artificielles a dépassé toutes mes prévisions; je poserai seulement la question : qu'en ferai-je? Mes voisins ne sont pas disposés à m'en acheter; ma ferme est trop éloigné d'une grande ville pour qu'il me soit possible d'y faire vendre l'excédent de mon approvisionnement en fourrage; que vais-je faire de ce que mes bestiaux ne peuvent consommer? Conseillez-moi.

— Avant tout, dit M. le curé, quelle que soit la surabondance de vos ressources en ce genre, ne vendez jamais de fourrage. Le plus grand agronome des temps modernes, Mathieu de Dombasle, a dit à ce sujet : « Le fermier ne doit jamais être embarrassé pour la vente de ses fourrages; il n'a qu'à les convertir en bétail. Le bétail, c'est du foin qui prend des jambes, pour se porter lui-même au marché. » Au point de prospérité où en est votre ferme, il faut vous mettre sérieusement à engraisser du gros bétail, et faire consommer sur place vos récoltes fourragère. En vendant du foin, vous ne recevez que de l'argent; en vendant des bestiaux, vous avez, outre la même somme d'argent, une ample provision de fumier qui profite à toutes les parties de votre exploitation. Il n'y a qu'une objection sérieuse à faire à ma proposition. Pour engraisser des bestiaux, il faut trois choses : de l'argent pour en acheter, des fourrages pour le nourrir, un local pour le loger; c'est la dernière seulement de ces trois conditions qui vous fait défaut.

— A la rigueur, dit le fermier, on peut s'en passer; je sais que dans la célèbre vallée d'Auge, en Normandie, et dans plusieurs autres parties de la France, on se borne, pour engraisser les bœufs, à faire entrer des bœufs maigres dans une prairie où ils ont de l'herbe jusqu'au ventre; au bout d'un certain temps, ils en sortent gras; c'est d'une simplicité toute primitive. Je ne suppose pas que vous, monsieur le curé, qui m'avez si bien démontré tous les inconvénients du pâturage en liberté, vous puissiez m'engager à y recourir par l'engraissement du bétail.

— Assurément, non, mon ami; j'ai quelque chose de mieux à vous proposer. Vos prairies artificielles touchent sur une grande longueur, à vos terres arables; il faut vous arranger de manière à ce que le fumier que produiront en abondance vos bœufs à l'engrais, soit tout porté sur les terres qu'il doit fertiliser, ce qui sera une importante économie sur les frais de transport.

M. le curé montra alors au fermier le plan tracé par lui d'un hangar mobile, construit en bois grossier, couvert en paille, fermé au nord, à l'est et à l'ouest, ouvert du côté du midi. Rien de moins coûteux que ce genre de construction temporaire qu'on démonte qand on cesse d'en avoir besoin, et dont les matériaux servent au même usage l'année suivante. Le fermier répugnait bien un peu a bâtir sur le terrain d'autrui; mais, dès qu'il eût calculé ce qu'il lui en coûterait et qu'il vit avec quelle facilité le hangar mobile pouvait être monté et démonté, il n'eut qu'à se féliciter d'avoir mis à exécution le plan proposé par M. le curé. Une rigole de bois fut posée en arrière des bœufs pour conduire les urines dans des tonneaux enterrés, afin qu'il n'y eût rien de perdu. Les bœufs recevaient les fourrages frais à la mangeoire, à discrétion; ils furent en peu de temps en bon état de graisse. M. le curé, qui les visitait souvent, engagea le fermier à ne pas pousser plus loin l'engraissement.

— Il s'en faut de beaucoup, dit le fermier, que mes bœufs approchent de l'état de graisse de ceux que j'ai vu primer au concours régionnal.

— Il est vrai, dit M. le curé; mais, tels qu'ils sont, le boucher les trouvera meilleurs et vous les paiera mieux que si c'étaient des masses de suif. Sans doute, vous pouvez pousser beaucoup plus loin l'engraissement; mais il est aisé de comprendre que ceux qui recherchent la satisfaction d'obtenir une prime à un concours de bestiaux gras, la recherchent à leurs dépens. S'ils tenaient des comptes réguliers et qu'on leur fît produire ces comptes, on verrait que, pour conquérir une médaille, ils ont produit à 3 fr.

le kilog., de la viande qu'ils ne peuvent vendre plus de 1 fr. 20 c.; c'est un mauvais commerce, et pour aboutir à un pareil résultat, ce n'est vraiment pas la peine de se mettre à engraisser du bétail. Il n'y a de profit que quand on vend des bœuf modérément gras, tels que sont les vôtres en ce moment, et si vous m'en croyez, vous les vendrez plutôt aujourd'hui que demain. Il reste encore assez de beau temps devant nous et assez de fourrage dans vos prairies artificielles, pour que vous puissiez recommencer immédiatement la même opération, en y consacrant une partie de l'argent que vous allez recevoir du boucher. Vous irez bien vite acheter des bœufs maigres, et vous aurez soin de ne pas les choisir en trop mauvais état, ce qui retarderait trop la fin de l'engraissement complet. En général, il n'y a pas de bénéfice à acheter à bon marché des bêtes excessivement maigres pour les engraisser; il vaut mieux les payer un peu plus cher, et qu'elles soient dans un état de maigreur moins excessif au moment où l'engraissement commence.

— Comment ai-je pu, dit le fermier en comptant le produit de sa double opération d'engraissement sous le hangar, avoir un seul instant la pensée que la surabondance de mes fourrages pourrait m'embarrasser?

— On ne pense jamais à tout, dit M. le curé. Moi qui ai un peu voyagé, beaucoup observé, je n'ai qu'une pensée, celle de vous être utile, à vous d'abord pour qui je me suis pris d'une sincère amitié, puis, de rendre le même service à tout le canton, sans me déranger. Car, regardez autour de nous dans la campagne; des hangars semblables au vôtre se sont élevés de tous côtés, et sans demander à vos voisins à voir leurs comptes, il est évident que l'engraissement des bœufs sous ces hangars leur a profité autant qu'à vous.

Quand vint la mauvaise saison, le fermier démolit le hangar dont il remisa les matériaux pour s' en servir au même usage l'année suivante; puis il entreprit sur une grande échelle à l'étable d'engraissement des bœufs en hiver.

— J'aurais encore besoin, dit-il à M. le curé, de prendre vos avis pour cette méthode d'engraissement mise en pratique dans ma ferme pour la première fois. Ce que j'ai lu des propriétés de la graine de lin comme aliment propre à engraisser le gros bétail, m'a engagé à réserver toute la graine de ma dernière récolte de lin, exclusivement pour cette destination : connaissez-vous la meilleure manière de l'employer?

— C'est, dit M. le curé, la méthode proposée par un agronome anglais, M. Warnes, à une époque où, par suite d'une crise industrielle, la fabrication des toiles de lin était en souffrance, ce qui avait réduit presqu'à rien la valeur de la filasse de lin. M. Warnes fit le premier ce que vous avez fait sans savoir qu'il vous avait précédé dans cette voie ; il cultiva en grand le lin, en considérant la fibre textile comme l'accessoire, et la graine comme le principal. D'après sa méthode, on fait cuire dans un hectolitre d'eau, dix kilogrammes de farine de graine de lin, deux kilogrammes de pois ou de féveroles concassés, et autant de tiges de fèves coupées qu'il en faut pour former un brouet assez consistant, auquel on ajoute un peu de sel. La cuisson se fait très-bien au moyen d'une grande marmite de fonte, scellée dans un fourneau en maçonnerie ; il faudra vous munir d'une grande palette de bois, afin de remuer le mélange et d'empêcher qu'il s'attache au fond de la marmite. Au bout d'un bon quart d'heure d'ébullition, vous coulerez le brouet bouillant au fond d'une caisse garnie en tôle, où vous serrez une partie de l'avoine de vos chevaux ; il se prendra par le refroidissement en une masse gélatineuse que vous diviserez avec un grand couteau en morceaux carrés dont on peut faire provision pour huit ou dix jours, leur conservation étant très-facile.

L'une des bases de l'engraissement rapide des bœufs, c'est la variété dans leurs aliments; c'est le seul moyen de soutenir leur appétit. Vous voilà, grâce à votre provision de graine de lin préparée comme je viens de vous l'indiquer, en mesure de leur donner alternativement, à discrétion, d'excellent foin de prairies naturelles et artificielles, de racines coupées, du son, des pois et des fèveroles concassés, de pommes de terre cuites, et des gâteaux de farine de graine de lin, aliment qui leur profite beaucoup et dont ils ne se lassent pas, pourvu qu'il soit un peu salé; si avec cela ils n'engraissent pas, vos bœufs y mettront de la mauvaise volonté.

Le résultat de l'engraissement, conduit comme l'avait indiqué M. le curé, fut très-profitable au fermier.

— Venez donc voir, je vous prie, dit-il à M. le curé, mes beaux bœufs; ils profitent à vue d'œil; jamais je n'en aurai vendu d'aussi beaux.

— J'irai bien volontiers leur présenter mes civilités, dit M. le curé, mais seulement aux heures des distributions que je ne puis trop vous engager à régler avec la plus scrupuleuse ponctualité. L'estomac des bœufs est une pendule, mieux réglée que la vôtre; il les avertit de l'heure des repas; si la distribution se fait attendre, ils s'agitent, se tourmentent, et bien qu'ils ne mangent pas, en définitive, une bouchée de moins, l'impatience retarde leur engraissement; c'est autant de perdu pour vous. Dès qu'ils ont reçu leur ration et qu'ils l'ont consommée, fermez les portes et les volets, et laissez vos bœufs à l'engrais dans l'obscurité et le repos; plus ils seront tranquilles, mieux la nourriture leur profitera.

— J'ai toujours oublié, Monsieur, de vous demander votre avis sur les avantages que peut offrir l'engraissement des vaches laitières ; faut-il le diriger de même que celui des bœufs ?

— Pas tout à fait. Chez les nourrisseurs, ainsi qu'on les nomme, qui entretiennent un certain nombre de vaches laitières dans le but d'en vendre le lait en nature aux habitants des villes, les vaches sont nourries si largement qu'elles engraissent, tout en donnant leur maximum de lait pendant un certain temps. Dès que leur lait diminue, on augmente leur ration, et en peu de semaines elles sont assez grasses pour être vendues au boucher. Ces vaches sont remplacées par d'autres qu'on soumet au même régime, de sorte que la population des étables des nourrisseurs se renouvelle en entier plusieurs fois par an. Chez vous et dans les grandes fermes semblables à la vôtre, il ne faut pas songer à suivre un pareil système ; vos vaches ne doivent pas seulement vous donner du lait ; il faut aussi que vous puissiez compter sur les veaux, dont une partie sert à recruter votre troupeau de gros bétail, et dont le surplus est vendu pour la boucherie. Jusqu'à présent, vous avez vendu vos vaches encore jeunes, mais déjà un peu fatiguées à leur troisième ou quatrième veau, à mesure que vos génisses élevées à la ferme étaient en état de les remplacer. Désormais, en raison de l'abondance de vos ressources fourragères, je pense qu'il vous sera plus profitable de ne vendre vos vaches de réforme qu'après les avoir engraissées de la même manière que les bœufs.

Un abus, que je vous engage instamment à éviter, c'est celui de la vente des veaux trop jeunes ; ceux que vous ne vous proposez pas d'élever sont vendus au boucher très-peu de jours après leur naissance ; outre que leur viande est malsaine, gluante et de mauvais goût, vous

vous trompez si vous croyez gagner à vous en défaire aussi
promptement.

— Vous ne sauriez croire, dit le fermier, combien il
m'est agréable, Monsieur, de vous entendre parler ainsi;
ce point sur lequel je me trouve être tout à fait de votre
avis, est un sujet fréquent de discussion entre ma femme
et moi. Quand les veaux ne doivent pas être élevés, ma
femme ne trouve jamais qu'ils soient assez tôt vendus,
parce qu'elle n'a jamais, à son avis, assez de lait pour faire
son beurre, et que tant que le veau n'est pas vendu, il faut
bien qu'il prenne une partie du lait de sa mère; il n'y a
pas moyen de faire autrement.

— Non-seulement je pense que les veaux destinés à la
boucherie doivent prendre une partie du lait de leur mère,
mais encore, à mon avis, il faut qu'ils prennent tout, et
en outre, une fois par jour, un breuvage de farine d'orge
et d'œufs délayés dans l'eau tiède.

— C'est pour le coup, Monsieur, que ma femme ne serait pas de votre avis, elle qui tient aux œufs de ses poules
pour la vente, tout autant qu'à son beurre!

—Je me charge, dit M. le curé, de ramener votre femme
à ma manière de voir, en faisant avec elle le calcul de la
valeur des denrées consommées par des veaux engraissés,
comparé au prix élevé qu'on en peut obtenir. Vous donnez les veaux de quelques jours plutôt que vous ne les
vendez, tout le prix qu'on peut vous en donner est nécessairement faible. Croyez-moi, dans l'état avancé de toutes
vos cultures, en présence de l'abondance de toutes les
denrées dont regorge votre exploitation, vous ne devez
vendre que des bêtes grasses. C'est doublement votre intérêt, tant au point de vue du profit, qu'a celui, non moins
important, de la qualité des engrais. Mieux les animaux
sont nourris, plus leur fumier a de valeur; celui des ani-

maux engraissés produit, à volume égal, beaucoup plus d'effet que celui du bétail tenu à la ration d'entretien, et en fin de compte, quoique les bêtes en voie d'engraissement mangent plus que les autres, les aliments qu'elles consomment sont très-bien payés par le prix qu'on en obtient, et leur fumier ne revient pas plus cher que celui des bêtes maigres.

— Faut-il, demanda le fermier, laisser téter les jeunes veaux ou bien traire le lait de la vache et le leur donner à boire?

— Je pense, dit M. le curé, que quand le veau doit être élevé, la vache ayant beaucoup d'affection pour son veau, il n'y a pas d'inconvénient à le laisser près de sa mère, mais en prenant la précaution de le museler et de lui ôter sa muselière seulement aux heures où il doit téter. Par ce moyen, la vache, surtout lorsque étant habituellement bien traitée, elle est devenue familière et d'un caractère doux et docile, ne retient pas son lait et se laisse traire volontiers, après que son veau a pris sa ration ; car, au bout de quelques jours, la vache bien nourrie a plus de lait que son veau n'en peut digérer. Quant aux veaux qu'on engraisse pour la boucherie, il faut les séparer très-jeunes de leur mère et ne pas les laisser téter. Il y a une cruauté inutile à faire souffrir une pauvre vache qui se désespère quand on lui prend son veau qu'elle est accoutumée à lécher et à avoir sans cesse près d'elle; il vaut beaucoup mieux l'en éloigner immédiatement. Si le lait, le beurre et le fromage sont très-chers, on peut diminuer par degrés la ration de lait du jeune veau, et la remplacer par du bouillon de foin préparé en remplissant un baquet de bon foin légèrement foulé, sur lequel on verse de l'eau bouillante. Cette sorte de thé de foin doit être donnée tiède, toujours avec quelques poignées de farine d'orge ou de seigle; ce breuvage profite aux veaux à l'égal du lait; mais quand on peut les rassasier de bon lait, leur graisse est plus blanche et leur viande a plus de valeur.

CHAPITRE XVII

Des bêtes ovines.

—

Avant d'avoir organisé dans sa nouvelle exploitation la production des fourrages, le fermier s'était trouvé fort embarrassé pour nourrir ses moutons dont, à l'occasion de son établissement, son père lui avait donné un fort beau troupeau. Vers la fin de la première année il en avait vendu une partie, et il se disposait à vendre le reste, lorsqu'il en fut détourné par les conseils de M. le curé.

— Il ne faut pas, lui disait le digne pasteur, qui déjà commençait à lui inspirer une confiance méritée, renoncer, pour quelques embarras passagers, à vos bêtes à laine appelées à vous rendre divers genres de services, dont il faudra vous passer si elles ne vous les rendent pas. Quoique la plus grande partie des terres de votre ferme soient de très-bonne nature, cependant, tout n'est pas composé de champs fertiles; vous avez sur de maigres côteaux caillouteux des pâturages qui ne seront jamais à faux courante et dont les moutons seuls peuvent utiliser l'herbe rare et courte mais très-nourrissante, que la dent des autres bestiaux ne saurait saisir. A l'arrière-saison, les bêtes à laine seules peuvent utiliser la dernière pousse de vos sainfoins, de vos luzernes, de vos prairies naturelles même, après l'enlèvement du regain; tout cela est trop court pour être fauché ou pour être pâturé par le gros bétail. S'il vous manque pour nourrir le troupeau la ressource habituelle de la mauvaise herbe croissant sur les chaumes, parce qu'un bon système de culture remplace cette ressource précaire par des récoltes dérobées, n'avez-vous pas de quoi combler ce déficit dans l'excédant de vos récoltes de racines et dans le foin sec de vos prairies artificielles? conservez donc vos moutons, non pas en nombre exagéré, comme à l'époque où le prix élevé des laines fines engageait tous les fermiers à en produire le plus possible, mais dans une juste proportion avec vos autres bestiaux. Le fumier que les moutons laissent à la bergerie et celui, plus précieux encore, qu'ils déposent dans les champs par le parcage, contribueront efficacement à maintenir la fertilité de vos terres.

Un point capital pour le bon état de votre troupeau, c'est le choix d'un bon berger; ce choix mérite toute votre attention.

— Plusieurs se sont présentés depuis qu'on sait qu'il m'en faut un; tous ont leurs qualités et leurs défauts, et je suis assez embarrassé pour prendre une résolution.

— Si vous voulez, dit M. le curé, nous ferons un tour dans les champs avec celui des aspirants qui paraît le mieux vous convenir, et je le soumettrai à une épreuve tout à fait décisive.

— C'est un nouveau service que vous m'aurez rendu, et j'accepte cette offre avec beaucoup de reconnaissance.

Le lendemain, en effet, M. le curé accompagna le fermier et le berger sur un vaste pâturage. Combien, dit-il au berger, ce pâturage peut-il fournir de journées de vivres pour cent moutons antenais?

Le berger, sans répondre, arpenta le pâturage en long et en large. Il revint au bout de dix minutes: Je pense, dit-il, que 100 antenais peuvent vivre 10 jours sur ce pâturage; mais, s'ils sont un peu maigres et qu'ils aient besoin d'être refaits, comme ceux que nous avons rencontrés tout à l'heure, ils mangeront bien tout en huit jours.

Tandis qu'ils s'en retournaient tous trois à la ferme, le berger vit dans un groupe de moutons, que gardait provisoirement un jeune garçon, un agneau nouveau-né se soutenant à peine sur ses jambes et faisant d'inutiles efforts pour suivre sa mère.

— Pourquoi, dit-il à l'enfant, laisses-tu cet agneau s'épuiser à bêler sans venir à son secours? Ne vois-tu pas bien qu'il ne peut marcher?

Le berger prit l'agneau sous son bras, le caressa doucement et donna aussi une caresse à la brebis, qui le suivait en regardant son agneau avec inquiétude.

De retour à la ferme, M. le curé dit au fermier: Si vous m'en croyez, vous engagerez ce berger; il connaît bien son état et il est sorti parfaitement à son honneur de l'épreuve à laquelle je l'ai soumis; de plus, et c'est l'essentiel, il aime les moutons. Enfin, ceci est aussi à considérer, il a deux très-beaux chiens de Brie, de race pure, qui m'ont paru très-bien dressés. Les loups n'étant malheureusement pas très-rares dans notre canton, il faudra donner aux chiens du berger des colliers de cuir armés de pointes de fer, afin que, dans une lutte corps à corps avec un loup, ils ne puissent être saisis à la gorge, et vos moutons au parc n'auront rien à craindre.

Le fermier engagea le berger et se trouva avoir fait une excellente acquisition. Il voulait, selon les usages du pays, avoir quelques bêtes à lui dans le troupeau de la ferme; le fermier, sur l'avis de M. le curé, n'y consentit pas; il préféra augmenter dans de justes proportions la gratification qui devait être allouée au berger sur la vente des laines.

— Je crois votre berger un fort honnête homme, disait M. le curé ; mais, évitez de mettre sa délicatesse aux prises avec son intérêt : c'est le plus sûr. En lui donnant des bêtes dans le troupeau, ces bêtes seront toujours les mieux soignées; rappelez-vous le proverbe : « Brebis de berger ne meurt pas. »

Les chiens du berger, aussi vigilants qu'intelligents, conquirent bientôt l'affection du fermier et celle de sa famille; le berger en était fier à juste titre, car il s'était donné beaucoup de peine pour les dresser.

— Ce ne sont pas des briards, comme vous paraissez le croire, dit-il au fermier qui prenait souvent plaisir à causer avec lui; ils m'ont été amenés fort jeunes d'Écosse par un de mes parents, berger au service de lord Talbot ; mais il est clair pour moi, d'après cela, que le chien de berger d'Écosse et notre chien de Brie sont très-proches parents. L'histoire du père de mes braves chiens mérite d'être rapportée. Il paraît qu'il règne assez souvent dans les montagnes d'Écosse, dont les pentes sont renommées comme pâturages à moutons, des tourmentes de neige dont nos plus fortes giboulées sont un échantillon en petit. Or, il arriva que, dans une de ces tourmentes, qui dura près de vingt-quatre heures, le troupeau du berger confié aux soins de mon cousin fut dispersé dans toutes les directions par une sorte de panique ; si bien que quand le temps commença à s'éclaircir, le berger, qui s'était abrité dans sa cabane, se trouva tout seul ; plus de moutons ; son chien même, Black, le père de ceux que vous voyez, l'avait abandonné. Dans son désespoir, le malheureux berger se met à battre le pays, sans pouvoir obtenir des nouvelles ni de son chien, ni de ses moutons. Enfin, vers le soir, quelqu'un lui dit avoir reconnu Black, chassant devant lui une trentaine de moutons, vers un point qu'on lui indique ; il y court, et que voit-il ? Dans un de ces vallons pierreux qu'on nomme en Écosse un glen, ouvert du côté du midi, Black avait réuni tous les moutons de son maître, allant les chercher par détachements de tous les côtés ; le groupe qu'il ramenait au moment où son maître le rencontra était le dernier ; le berger compta ses moutons : il n'en manquait pas un. Qu'aurait-il fait, s'il eût été plus longtemps livré à son admirable instinct ? Sans nul doute, il aurait, à lui tout seul, ramené le troupeau, soit à la ferme, soit au pâturage : un pareil chien n'a pas de prix. Voilà pourquoi, monsieur, sachant que le cousin devait venir faire un tour au pays, je l'ai prié de me rapporter deux jeunes chiens de la race du brave Black, afin de la propager ; j'ose dire, ajouta le berger en flattant de la main ses fidèles compagnons, qu'ils ne sont pas indignes de leur père.

Ayant ainsi un excellent berger aux soins duquel il pouvait se fier, le fermier songea à modifier la race de ses moutons. Il avait au début suivi la même marche que pour le gros bétail, s'en tenant à la race qu'il trouvait établie dans le pays, s'appliquant seulement à l'améliorer par elle-même autant que possible, par le choix assidu des

meilleurs reproducteurs et les soins intelligents donnés
à l'élevage; puis il en était venu au point où de grandes
améliorations pouvaient être aisément introduites par des
croisements judicieux.

— Pour ne pas commettre ici d'erreur à votre préjudice,
il faut, lui dit M. le curé, qu'il consultait à ce sujet, bien
considérer quel but principal il est de votre intérêt de
donner à l'amélioration de vos bêtes ovines. Les moutons
à laine fine, issus des mérinos d'Espagne, ont contribué à
faire la fortune de votre grand-père; votre père y a peu à
peu renoncé; vous, je pense que vous ferez bien de les exclure tout à fait. C'est pratiquer l'agriculture sans intelligence que de se refuser à changer un usage qui n'a plus
sa raison d'être, parce que les circonstances ont changé.
Du temps où votre père et votre grand père élevaient des
métis mérinos avec profit, la laine fine était chère et très-
recherchée; la viande était à bas prix; ils suivaient donc
la bonne route. Aujourd'hui, l'industrie manufacturière
d'Europe reçoit de l'Australie et du midi de la Russie des
millions de kilogrammes de laine fine à des prix contre
lesquels les fermiers d'Europe ne doivent pas même tenter de lutter; la laine est à bon marché, la viande est
chère; donc, c'est aux races les plus avantageuses en raison de la bonne qualité de leur viande que vous devez
accorder la préférence. La laine n'en reste pas moins un
produit fort important de votre troupeau de bêtes ovines;
seulement, gardez-vous de sacrifier la bonne qualité de la
viande, qui doit vous rapporter beaucoup, à la finesse de
la laine qui vous rendrait beaucoup moins.

Selon ces sages indications, le fermier forma son troupeau en partie de moutons de race ardennaise, dont la chair
diffère peu de celle du chevreuil quant à sa valeur gastro-
nomique, et en partie de moutons de la nouvelle race de

Mauchamps, l'une des races françaises qui réunit au plus haut degré la finesse de la laine longue à la bonne qualité de la viande.

En visitant le parc aux moutons, pendant ses promenades dans la campagne, M. le curé conseilla au berger chargé du soin de déplacer les claies dont les parcs à moutons sont enclos, de donner au sien une forme plus longue que large, disposition qui rend plus facile le rassemblement des bêtes ovines successivement sur tous les points du parc, et par conséquent aussi égale que possible la distribution de leur engrais.

— Venez encore une fois à mon aide, je vous en prie, monsieur le curé, et, selon votre obligeante habitude, donnez-moi un bon conseil. Voici le moment où mon troupeau va être tondu ; l'an dernier, comme l'été avait été assez humide, les bêtes s'étaient beaucoup salies au parc ; les toisons conservées en suint, bien qu'elles eussent été battues, étaient encore loin d'être propres ; c'est ce que les acheteurs ont bien su remarquer, et ils ont réduit leurs offres en conséquence. Cette année, l'été s'est trouvé encore plus humide que celui de l'an passé ; mes laines vont être affreusement sales. J'ai parlé du lavage à dos ; mais c'est un usage qui n'a jamais été pratiqué dans ce pays ; le berger ne s'en soucie pas ; cela va entraîner toute sorte de difficultés.

— Si vous voulez, dit M. le curé, vous laisser arrêter par des obstacles de ce genre, vous n'arriverez à rien ; le lavage des laines à dos est pour votre troupeau dans son état actuel une opération non-seulement utile mais nécessaire ; il n'y a pas à reculer. Vous avez justement à deux pas de la ferme un ruisseau dont le courant est suffisamment rapide et profond. En sortant de l'eau, vos bêtes à laine seront lâchées, pour se ressuyer, sur la prairie qui borde ce ruisseau ; elles ne pourront pas s'y salir. On les ramènera par le plus court chemin à la bergerie, que vous aurez soin de garnir de litière neuve très-propre, et, dès le lendemain, vous pourrez faire commencer la tonte.

Une année où l'ensemble des récoltes avait donné les résultats les plus satisfaisants, la fermière, qui avait pour les chèvres une prédilection marquée, pria son mari de lui acheter un petit troupeau de chèvres. Très-habile dans la préparation de toute espèce de fromages, elle se promettait de conquérir une prime au prochain concours agricole, en exposant des fromages qui rivaliseraient avec ceux du Mont-Dore.

Le fermier n'était pas disposé à condescendre au désir de sa femme ; il n'aimait pas les chèvres, étant surtout frappé de leurs défauts, de leur turbulence, des dégâts qu'il est à peu près impossible de les empêcher de commettre. M. le curé fut d'avis qu'un troupeau de chèvres n'aurait aucun inconvénient sérieux, pourvu qu'il fût tenu habituellement en stabulation permanente, et que celles dont les enfants aimaient à se faire suivre à la promenade, pour les faire paître le long des chemins, fussent conduites à la corde.

— Il ne reste qu'une objection, dit le fermier, et je vous la soumets. Une vingtaine de chèvres que ma femme désire avoir vont manger beaucoup et produire bien peu, je le crains ; mes affaires sont en bonne situation ; mais, ma famille est nombreuse, et je ne suis pas disposé à jeter de l'argent par les fenêtres.

— Cette appréhension est naturelle de votre part, puisque jamais vous n'avez eu de troupeaux de chèvres, et que, par conséquent, vous ne pouvez avoir une idée juste de ce qu'elles consomment et de ce qu'elles peuvent produire ; mais, rassurez-vous ; vos craintes ne sont pas fondées. Du moment où votre femme et vos enfants prennent les chèvres en affection et sont disposés à s'en occuper, sans détourner aucun de vos gens de ses travaux habituels, les chèvres ne peuvent causer dans la ferme aucun embarras; c'est de tous les animaux herbivores domestiques celui qu'on peut nourrir aux moindres frais, tant il est peu difficile sur le choix des aliments; et quant à ses produits, les jeunes chevreaux, dont beaucoup de chèvres donnent deux tous les ans, se vendent très-bien, ainsi que les excellents fromages de lait de chèvre. Ainsi, votre petit troupeau de chèvres couvrira largement les frais que son achat et son installation vont nécessiter, et de plus, il vous donnera une bonne quantité d'excellent fumier.

— Que puis-je donc, monsieur, dit le fermier, donner aux chèvres, si ce n'est ce que je donne à mes moutons quand ils ne sortent pas ?

— Vous avez pour cela sous la main, dit M. le curé, une ressource à laquelle vous ne songez guère, un produit entièrement perdu chez vous comme chez vos voisins, et dont vous pouvez faire, pendant la moitié de l'année, la base de la nourriture de vos chèvres : ce sont les feuilles de vos vignes. Au moment où elles commenceront à tomber, faites-les ramasser, entasser dans des tonneaux défoncés et piétiner fortement, afin qu'il reste le moins d'air possible dans les intervalles. Les feuilles de vigne ainsi traitées et livrées à elles-mêmes subiront un mouvement de fermentation acide, qui les convertira en une sorte de *choucroute*, d'une conservation facile, fort du goût des chèvres. Avec cet aliment et quelques poignées de fourrage sec de qualité inférieure, les chèvres hivernent à très-peu de frais, sans cesser de donner leur contingent habituel d'un lait excellent qui, lorsque les chèvres sont soumises à ce régime économique des feuilles de vigne fermentées, revient à très-bas prix.

Ainsi, mon ami, vous pouvez en toute sécurité satisfaire le désir de votre femme et de vos enfants en leur accordant un petit troupeau de chèvres; les intérêts de votre exploitation n'auront nullement à en souffrir, au contraire.

CHAPITRE XVIII

Du porc. — Élève et engraissement.

Élève et engraissement du porc. — Porcherie. — Sa construction. — Ses dispositions intérieures. — Choix d'une race de porcs. — Porcs lorrains. — Leurs défauts. — Leurs qualités. — Porcs anglo-chinois. — Qualités qui les distinguent. — Elevage des gorets. — Ses avantages comparés à ceux de l'engraissement. — Récolte des glands pour l'engraissement à la porcherie. — Maltage des glands. — Maltage des pois. — Herbes fermentées données aux porcs d'élève. — Plantes qui peuvent les empoisonner. — Salaison du porc pour la vente directe. — Foire aux jambons.

—

La ferme où était né le fermier auquel M. le curé aimait à donner dans l'occasion des conseils agricoles dictés par le savoir et l'expérience, avait, comme l'un de ses accessoires les plus importants, une porcherie considérable; placé à peu de distance d'une vaste forêt de chênes, le père du jeune fermier avait trouvé très-avantageux d'élever un grand nombre de porcs qui chaque année, en automne, allaient s'engraisser *à la glandée*, presque sans frais, et en revenaient, sinon dans un état parfait de graisse fine, du moins bien assez gras pour trouver acheteur à un bon prix. On sait que 15 à 20 jours de nourriture au gland dans les bois donnent à la viande du porc une saveur relevée et à son lard une fermeté qui en augmentent singulièrement la valeur.

Le jeune fermier, familiarisé dès l'enfance avec les soins réclamés par cette branche de l'économie rurale dans la ferme exploitée par son père, s'était bien promis d'en tirer un bénéfice important, du moment où il serait établi pour son compte, et il n'y manqua pas. Ses voisins venaient visiter, comme l'une des curiosités du pays, sa porcherie composée de loges spacieuses, adossées à un mur faisant face au midi. Chaque loge avait devant elle un petit préau fermé par un treillis en bois, le tout tenu avec la plus rigoureuse propreté. Des enclos séparés étaient réservés, l'un aux truies mères, ayant des petits à élever, l'autre aux jeunes porcs ou gorets sevrés. Toutes les auges, sans exception, étaient placées dehors, de l'autre côté du mur de la porcherie; chaque loge avait la sienne où les animaux pouvaient, à des heures réglées, satisfaire leur appétit en passant la tête par une ouverture fermée lo reste du temps par un volet à coulisse.

Toutes ces dispositions, nouvelles dans le pays, furent, comme il arrive toujours quand une innovation est réellement bonne et utile, fort critiquées d'abord, et plus tard, généralement imitées. Le fermier avait, en cette occasion, suivi les mêmes errements que pour ses moutons et son gros bétail; il s'en était tenu, pendant les premières années, à la race des porcs lorrains, qu'il avait trouvée établie dans le pays. Il s'en faut de beaucoup que cette race soit exempte de défauts; elle en a même de très-graves : sa tête est trop forte et trop allongée, ses os sont trop gros, ses jambes trop longues; elle est aussi trop lente à prendre toute sa croissance. Mais, eu égard aux circonstances économiques de la région agricole où elle est le plus répandue, les défauts de cette race deviennent presque des qualités; c'est ainsi que la longueur du groin, défaut de conformation très-saillant, qui devrait faire exclure cette race si elle était destinée à être constamment confinée dans des loges pendant l'engraissement, devient une qualité, quand les porcs de la même race doivent être engraissés à la glandée dans les bois ; elle leur permet de fouiller facilement le sol afin d'y rechercher les larves de chenilles et d'autres insectes, de poursuivre et de dévorer en grand nombre les souris, les mulots, et autres petits rongeurs dont les bois sont infestés, et enfin de soulever et de retourner les feuilles mortes et de chercher par dessous les glands et les faînes.

Lorsque après plusieurs années d'une exploitation prospère, sa ferme fut arrivée à un degré de fertilité et de réputation qu'il n'aurait osé se flatter d'atteindre au début, le fermier songea à mettre sa porcherie au niveau des autres divisions de son domaine, et, tout en conservant ses grands porcs lorrains à longue tête, hauts sur jambes, il introduisit la race des porcs anglais du Hampshire, qui semble tout l'opposé de celle de la Lorraine et des autres races françaises de porcs ; elle a les jambes courtes, les os si menus, que l'on comprend à peine comment elle peut se mouvoir, et avec cela une tête courte ornée de deux oreilles redressées qui rendent sa physionomie des plus originales. Les avantages de cette race sont incontestables ; elle n'a pas sa pareille pour la fécondité comme pour la précocité, et c'est celle de toutes les races connues qui prend le plus facilement la graisse. Il faut ajouter à cet ensemble de qualités précieuses que les porcs anglo-chinois de la race du Hampshire sont peu difficiles sur le choix des aliments, et qu'à nourriture égale, ils produisent en viande et graisse un quart et même un tiers de plus que ceux des autres races ; mais, par compensation, la conformation de leur groin et la brièveté de leur tête, jointes à leur indolence naturelle et à leur défaut d'activité et de rusticité, ne permettent pas de les engraisser dans les bois à la glandée. Il en résulte que, si cette race était exclusivement adoptée dans les pays où les grandes forêts de chênes mettent à la disposition des cultivateurs de grandes quantités de glands pour l'engraissement économique des porcs, cette ressource, d'une si grande valeur, serait entièrement perdue.

— Recevez mes félicitations, dit M. le curé, quand le fermier lui eut fait inspecter avec un certain sentiment de satisfaction sa porcherie peuplée moitié de grands porcs de race lorraine, moitié de porcs anglos-chinois du Hampshire; si tout était comme ici dans toutes les divisions de votre ferme, mes fonctions de conseiller seraient une véritable sinécure.

— J'ai cependant, dit le fermier, un conseil à vous demander, ou pour mieux dire, un point important à discuter avec vous, si vous le voulez bien, au sujet de ma porcherie; voici de quoi il est question. J'élève un assez grand nombre de jeunes truies portières que j'ai soin de ne jamais laisser vieillir; elles sont engraissées à deux ans, au plus tard à trois ans, vendues à des prix convenables, et remplacées par d'autres plus jeunes, choisies parmi leur postérité. Il en résulte que j'ai une bande très-nombreuse de jeunes porcs, dont, au reste, la vente ne me cause jamais d'embarras, tant ils sont recherchés des marchands, qui les retiennent d'avance. Lequel vaut mieux, à votre avis, de consacrer toute ma porcherie à la production des jeunes porcs seulement, ou de continuer à engraisser des porcs, comme je le fais en ce moment?

— Ce n'est pas moi, dit M. le curé, qui puis répondre à cette question; c'est votre comptabilité; si elle est bien tenue, elle répondra.

— Elle a répondu, en effet, Monsieur; sa réponse ne me laisse aucun doute; c'est l'élève et la vente des jeunes

porcs qui me donne en fin de compte le plus de bénéfice;
mais si, comme j'y suis assez disposé, je renonce à l'engraissement des porcs, tout ce que j'obtiens de profit de
mon droit à la glandée sera perdu.

— Renoncer à un avantage moindre afin d'en réaliser
un plus grand, ce n'est pas perdre, dit M. le curé. D'ailleurs, si vous tenez à profiter de votre droit, dans les
années où les glands sont abondants, vous pourrez, dans
les bois où vous avez ce droit à exercer, faire rechercher
et ramasser les glands par des enfants à très-peu de frais,
et les faire servir à l'engraissement des porcs, non plus au
bois, mais à la porcherie; car je ne vous engage pas à
renoncer complétement à l'engraissement. Si vous adoptez
ce plan, je pense que pour obtenir des glands employés à
cet usage tout leur effet utile, il conviendra de les malter.

— Très-volontiers, Monsieur, quand vous aurez eu
l'obligeance de me dire ce que c'est que de malter des
glands; je ne connais ni ce terme ni l'opération que sans
doute il représente.

— Le maltage, dit M. le curé, consiste à exposer les
glands mis en tas dans une chambre bien chauffée, à une
température douce, en même temps qu'on a soin de les
humecter en les arrosant légèrement, ce qui les fait
promptement germer. Dès que les germes commencent
à se montrer, les glands sont portés dans un four dont le
pain vient d'être retiré; ils y sont séchés rapidement, puis
conservés secs pour l'usage.

Par le maltage, semblable à celui que les brasseurs
font subir à l'orge dont ils fabriquent la bière, on dé-
veloppe dans la substance du gland un principe sucré qui
le rend plus nourrissant et augmente sensiblement ses
propriétés utiles pour l'engraissement des porcs. Pour que
je n'oublie pas de vous le dire, retenez, je vous prie, qu'il

est bon de malter, comme je viens de vous l'indiquer, une petite provision de pois qu'on tient en réserve, pour les donner grossièrement broyés aux vaches qui ont beaucoup souffert au moment de la naissance de leur veau. Les pois maltés, soit cuits, soit broyés et délayés dans le breuvage donné aux vaches dans cette circonstance, les remettent immédiatement, en même temps que cet aliment rend leur nouveau lait plus doux et plus substantiel.

L'un des aliments les plus économiques donnés par le fermier aux jeunes porcs sevrés, en attendant qu'ils fussent prêts pour la vente, était composé des herbes de toute sorte provenant des sarclages. D'après une recette qu'il avait trouvée dans un ouvrage d'agriculture, et dont il s'était toujours très-bien trouvé, le fermier faisait entasser ces herbes fraîches sur le plancher d'une chambre, afin de les laisser s'échauffer par un mouvement bien prononcé de fermentation ; alors, les tas étaient démontés ; l'herbe fermentée, étalée sur le plancher, était saupoudrée d'une petite quantité de tourteau de colza en poudre et distribuée en cet état aux jeunes porcs, qui sans cette préparation, et sans addition de tourteau, n'en auraient pas voulu. Un jour, après un repas d'herbe ainsi fermentée, tous les jeunes porcs furent pris de coliques et de diarrhée ; quelques-uns tombèrent ensuite dans un engourdissement comateux ; le médecin vétérinaire fut appelé en toute hâte ; il reconnut un cas d'empoisonnement, heureusement sans grande gravité ; secourus à temps, les gorets en furent quittes pour vingt-quatre heures d'indisposition. Le vétérinaire demanda à voir les herbes données à ces animaux avant l'invasion du mal ; il y reconnut de la ciguë, du stramoine, et de la morelle. Cette dernière plante, inoffensive quand elle est mêlée à d'autres dans de faibles proportions, produit une partie des effets d'un poison narcotique, quand les animaux en ont pris un peu trop à la fois, soit seule, soit à dose trop forte dans un mélange d'herbes inoffensives.

A la suite de cet accident, le fermier voulait retrancher l'herbe des sarclages du régime de ses gorets. M. le curé lui remontra que ce serait subir volontairement une perte inutile. Il se chargea de bien faire connaître aux enfants du fermier, qui surveillaient les sarclages, les cinq ou six plantes dangereuses qui, heureusement rares dans le canton, pouvaient néanmoins se trouver accidentellement mêlées à l'herbe offerte aux gorets. Jamais, au pâturage dans les lieux incultes où ces herbes se rencontrent si souvent, les porcs d'élève ne touchent aux plantes qui pourraient leur nuire; leur instinct les avertit de les éviter; mais du moment où l'on place devant eux, lorsqu'ils ont faim, des herbes fermentées, assaisonnées de tourteau en poudre, ils mangent tout, sans distinction.

Peu à peu, étant entré dans les vues que lui avait indiquées M. le curé, n'envoyant plus ses porcs s'engraisser à la glandée, le fermier avait éliminé les porcs de race lorraine, pour ne conserver que les porcs du Hampshire, qu'il trouvait plus profitables. Mais, il finit par donner tant d'extension à sa porcherie que la vente des porcs engraissés devint plus ou moins difficile; les marchands habitués à venir les acheter à la ferme en prirent occasion de baisser leurs offres.

— Si cela continue, dit le fermier à M. le curé, je ne sais plus ce que je vais faire de tous mes porcs gras; les marchands ne m'en offrent presque rien; comment vais-je faire?

— Il me semble, dit M. le curé, que votre femme, douée de beaucoup d'activité, peut très-bien faire abattre les porcs que vous ne trouvez pas à vendre avantageusement,

saler les morceaux par un procédé expéditif que je tiens
à sa disposition, fumer les jambons en brûlant dans sa
cheminée de cuisine des branches de génevrier qu'elle
peut faire couper sur la lisière des bois, et sur les terrains
incultes, et envoyer vendre le tout à Paris, à la foire aux
jambons. S'il ne s'agissait que d'une faible quantité, les
frais de cette opération dépasseraient probablement les
bénéfices. Mais, si vous avez à vendre ainsi préparés 90 à
100 bêtes du poids moyen de 150 kilog., une pareille quantité en vaut la peine. Vous avez un vieux serviteur d'une
fidélité éprouvée, qui se chargera de cette vente, et vous
en rendra bon compte.

La fermière remercia M. le curé de son offre et se hâta
d'en profiter. La servante de M. le curé, mise par lui parfaitement au fait du procédé dont il lui donna la recette
par écrit, d'après un bon traité d'économie domestique,
alla, d'après son ordre, s'installer à la ferme pour seconder la fermière dans la salaison de ses porcs abattus à
mesure qu'ils étaient arrivés au degré de graisse convenable; de cette manière, tout fut prêt en temps utile.

Le procédé qu'on donne ici, parce qu'il est d'une incontestable supériorité sur le procédé habituellement
pratiqué, mérite une préférence qu'il obtiendrait partout
s'il était plus connu. Dans un baquet semblable à un cu-
vier à lessive, percé au fond d'une ouverture, bouchée
avec un peu de paille fraîche, les pièces de porc, proprement découpées, sont rangées par lits alternatifs avec des
couches de sel et de thym, de feuilles de laurier, de lavande, de sauge et d'autres herbes aromatiques. Quand le
baquet est plein, en terminant par un lit de plantes odorantes et de sel, on verse dessus, peu à peu, de l'eau
en quantité tout juste suffisante pour faire fondre le
sel. A mesure que cette saumure très-épaisse s'écoule

par l'ouverture du fond du baquet, elle est recueillie dans un pot et reversée sur la viande en voie de salaison. Au bout de trois jours de cette sorte de lessivage de la viande de porc, celle-ci se trouve suffisamment imprégnée de sel, et en aussi bon état pour être conservée indéfiniment, que si elle avait séjourné plus d'un mois dans le saloir, après avoir été salée selon la méthode ordinaire.

A Paris, les jambons, le lard et le petit salé envoyés par le fermier, furent enlevés dès le premier jour de la foire ; le résultat de la vente fut si satisfaisant que le fermier, étonné de voir, par le produit de la vente directe, ce que réalisaient de bénéfice les intermédiaires auxquels il vendait précédemment ses porcs engraissés, se promit bien de suivre désormais tous les ans la foire aux jambons, à Paris, où tout ce qui se mange est certain de trouver un bon débouché.

CHAPITRE XIX

De la basse-cour.

Lorsqu'on prend la peine de lire tout ce qui a été écrit, tout ce qui s'imprime encore journellement sur les volailles, leurs produits et les diverses manières de les utiliser, on s'étonne qu'un pareil sujet, dont il est si facile à ceux qui s'en mêlent de ne parler que par expérience, ait donné lieu à tant de traités en contradiction flagrante entre eux. Qui n'a pas entendu parler de l'art d'élever des poules et de s'en faire 3,000 francs de revenu ? D'autres livres, non moins répandus, pèchent par l'excès contraire ; ils abondent dans le sens des ménagères de la campagne, lesquelles sont toutes persuadées que la volaille ne peut donner aucun profit lorsqu'il faut la nourrir, et que, pour en obtenir du bénéfice, il faut la laisser vivre comme elle peut, de ce qu'elle trouve en courant à sa guise et en commettant toute sorte de dégâts : auxquels faut-il s'en rapporter ? La fermière, après avoir beaucoup lu, prit la sage résolution de s'en rapporter à elle-même et d'agir selon le résultat de ses propres observations.

Elle ne tarda pas à se convaincre que, parmi ses poules, de tout plumage, de toute taille, de toute race, les unes pondaient beaucoup, les autres très-peu, et que toutes mangeaient du même appétit, quand on leur donnait à manger; et de plus, que si l'on s'en remettait du soin de les nourrir aux hasards de leur existence de vagabondage et de maraudage, elles ne pondaient que par exception, sans aucune régularité, aussi bien les bonnes que les mauvaises. De cette première partie de ses observations elle tira tout d'abord deux conclusions fort sensées: l'une, que la plus mauvaise de toutes les méthodes, c'est d'élever, comme on le fait dans la plupart des grandes fermes, un mélange de toutes sortes de volailles qui n'appartiennent à aucune race distincte ; l'autre, qu'après avoir adopté une bonne race de volailles, pour en tirer un bénéfice constant et régulier, il est indispensable de leur donner à manger.

Ne voulant se livrer à aucune dépense exagérée au début de sa gestion, la fermière résolut d'abord de choisir, parmi ses poules déclassées, celles qui lui paraissaient les meilleures, les unes comme pondeuses, les autres comme volailles de table. La meilleure pondeuse, parmi celles qu'elle possédait, se trouva être la poule noire, remarquable par la taie d'un blanc bleuâtre qu'elle porte au-dessous de l'oreille, et qui tranche vivement sur le noir bronzé de son plumage à reflets métalliques. Pour les volailles de table, elle adopta la belle race de la Flèche, qui four-

nit les célèbres poulardes du Mans, et dont M. le curé se
fit un plaisir de lui donner des œufs provenant des poules
de sa propre basse-cour. D'après son conseil, au lieu de
donner à ses poules couveuses des œufs pris indistincte-
ment dans tous les nids de son poulailler, elle eut soin de
tenir dans un compartiment isolé, pendant toute la belle
saison, un coq et six poules de la race noire, et de faire
couver exclusivement les œufs de ces poules pour recruter
sa bande de poules pondeuses ; elle en agit de même à
l'égard des poules de la Flèche, dont, par ce procédé des
plus simples, elle maintint la race précieuse sans altéra-
tion, avec toutes les qualités qui la rendent chère aux
gastronomes.

En donnant son coup d'œil d'inspection au poulailler,
M. le curé n'y trouva que fort peu de chose à reprendre ;
la tenue en était d'une rigoureuse propreté ; il fit seulement ouvrir, dans deux directions opposées, deux lucarnes
fermées d'un grillage serré, pour exclure la fouine et les
autres ennemis des volailles, en donnant toutefois une
ventilation nécessaire à l'intérieur du poulailler. Du reste,
il approuva complétement les dispositions prises par la
fermière pour le placement des nids, en nombre proportionné à celui des poules pondeuses, l'isolement des couveuses, qui ont besoin d'être dérangées le moins possible,
et par-dessus tout, pour empêcher les volailles de sortir
de leur enclos, d'aller à la maraude, et de cacher dans
tous les coins leurs œufs, dont il se perd par là un très-
grand nombre dans les fermes où cette précaution est négligée, parce qu'il faut, dit-on, que les poules cherchent
leur vie, et que, si elles sont enfermées dans un enclos, il
est indispensable de leur donner à manger. Il insista auprès de la fermière, docile comme son mari à ses excellents
conseils, pour qu'elle eût soin que ses poules eussent tou-

jours dans leur enclos de l'eau propre, constamment renouvelée, pour s'abreuver, et dans un coin bien abrité,
des cendres tamisées, dans lesquelles les poules aiment à
se rouler, parce que la poussière, pénétrant à l'intérieur
de leur plumage jusque sur la peau, les délivre des insectes qui les tourmentent.

— Si avec cela, dit M. le curé, vous faites gratter une
ou deux fois par semaine les bâtons servant de perchoirs
à vos poules, vous pourrez vous vanter d'avoir un poulailler modèle, capable de rivaliser même avec celui de
S. M. la reine Victoria, qui passe à juste titre pour le plus
parfait de l'Europe, et que cette puissante souveraine ne
dédaigne pas de diriger elle-même.

Étant ainsi amené à sa perfection, le poulailler de la
ferme devint la source d'un revenu qui n'était pas sans
importance. La ration donnée en deux distributions aux
poules pondeuses avait été fixée, après mûr examen, à
raison d'un litre de grain pour dix têtes de volailles. Le
grain qui leur était destiné consistait en avoine, orge et
sarrasin, par parties égales. De temps en temps, ce mélange était remplacé par des criblures de blé ; une fois par
semaine, durant toute la belle saison, les enfants allaient
dans le jardin, dans les vignes et le long des haies, faire une
grande chasse aux limaçons qu'ils distribuaient aux poules
en place d'une de leurs rations de grains. Ces alternatives
de nourriture animale, intercalée entre les repas de grains,
contribuaient à la prospérité du poulailler.

Un jour que la fermière, accompagnée de ses enfants,
rendait visite à la gouvernante de M. le curé, celle-ci se
plut à lui faire les honneurs du poulailler du presbytère.
C'était une véritable basse-cour d'amateur ; là se trouvaient réunis le gigantesque coq de Brahmapouter, avec
ses poules presque de la même taille, le coq malais et ses

poules à peu près dépourvus de queue, perchés sur de très-longues jambes, le coq de Dorking, race anglaise remarquable par ses pattes composées de cinq doigts, tandis que les autres n'en ont jamais plus de quatre, et le coq de Bantam, plein de grâce dans sa petite taille, qui dépasse à peine celle d'un pigeon.

La gouvernante expliqua à la fermière pourquoi son maître se plaisait à rassembler dans sa basse-cour les volailles les plus rares et les plus à la mode, bien qu'il ne s'en exagérât nullement la valeur; mais, en raison de leur prix élevé et de la faveur dont elles sont l'objet, surtout à cause de leur nouveauté, M. le curé, disait la gouvernante, distribue des œufs de ces races à la mode aux personnes aisées et riches de la paroisse et des environs, qui auraient de la peine à s'en procurer ailleurs ; on les lui paie généreusement en aumônes pour les malheureux ; c'est un moyen très-efficace de donner l'éveil à la charité.

Les Brahmapouters, dont le nom est trop long et que nous nommons par abrégé des *Brahma*, ne se recommandent que par leur beauté; ni les œufs ni la chair de cette race n'ont un mérite supérieur. Les *Malais* donnent presque toute l'année, pourvu qu'on les tienne à l'abri du froid, des œufs teintés d'une nuance chocolat, d'un goût fort délicat; c'est un mérite qui n'est pas à dédaigner; pour les *Dorkings*, ils ont le défaut d'être un peu petits ; mais, en fait de volailles de table, il n'y en a pas de meilleures. Les *Bantam* sont les favoris de M. le curé, à cause de leur extrême familiarité et de leur intelligence. Le coq dîne assez souvent à table, sur le dos d'une chaise occupée par le chat, qui n'a garde de lui chercher querelle. Après le dîner, M. le curé lui dit : Bantam, va chercher tes poules pour qu'elles profitent des miettes. Bantam comprend très-bien, car il quitte auisstôt son poste, va gratter à la porte pour se faire ouvrir, et revient l'instant d'après, escorté de ses poules. Ce sont les seules entre toutes celles de notre basse-cour auxquelles M. le curé permette quelquefois de le suivre au jardin, parce que c'est la seule de toutes les races de poules qui ne gratte pas la terre afin d'y chercher des vers et des insectes. Les Bantam ont encore une autre qualité précieuse. Quand il arrive que les faucheurs de trèfle ou de luzerne dérangent un nid de perdrix dans lequel il y a des œufs, ce serait autant de perdu, car la mère perdrix les abandonne, sans la poule de Bantam, qui couve très-bien les œufs de perdrix et élève les perdreaux avec les soins les plus attentifs. L'an passé, M. le curé a pu, de cette manière, donner aux enfants du notaire du canton une nichée de perdreaux privés, d'une familiarité très-amusante; le notaire, en récompense, a fait distribuer, sur une coupe de ses bois, une provision de chauffage à tous nos pauvres.

— Je m'étonne, dit la fermière, de ne voir dans la basse-cour de M. le curé, ni oies, ni dindes, ni canards ?

— Ah ! dit la gouvernante, ces oiseaux ne sont bons que pour le profit, et M. le curé n'y tient guère.

Ce propos de la gouvernante ne fut pas perdu. Jusqu'à ce moment, la fermière s'en était tenue aux poules; sachant que M. le curé regardait les autres volailles comme bonnes seulement pour le profit, elle se dit à elle-même : Si M. le curé n'y tient pas, c'est bon à savoir ; moi, j'y tiens beaucoup.

Le voisinage d'un ruisseau qui ne tarissait jamais en été rendait l'élevage des oies très-facile dans la ferme; il fallut seulement les faire garder attentivement ; car, livrées à elles-mêmes, elles auraient causé de graves dommages aux champs emblavés, ainsi qu'aux prairies naturelles et artificielles.

Quand la fermière, à la suite de plusieurs couvées menées à bien, se vit à la tête d'une bande d'oies très-nombreuse, il lui répugnait d'enlever le duvet, selon les usages du pays, et, d'un autre côté, ne pas profiter de ce produit, c'était perdre le plus clair du bénéfice réalisable par l'élevage des oies. Le fermier consulta à cet égard M. le curé et lui exposa les scrupules de sa femme.

— Je pense, dit M. le curé, qu'il n'y a aucune cruauté à enlever le duvet des oies, pourvu qu'on choisisse le moment où ce duvet est sur le point de se détacher et de tomber de lui-même ; car, remarquez que si votre femme ne prend pas le duvet de ses oies, ce produit, d'une valeur assez élevée, ne subsistera pas pour cela sous la plume des oies ; il tombera naturellement, sans quoi ces oiseaux souffriraient trop des fortes chaleurs de l'été. On ne fait donc que les débarrasser du duvet qui, dans tous les cas, ne resterait pas adhérent à la peau. Sans doute, en les plumant, on les fait souffrir ; mais, ce qui prouve que cette souffrance n'est pas excessive, c'est que, l'instant d'après, offrez-leur à manger, elles acceptent avec reconnaissance, sans témoigner aucun ressentiment à la personne qui vient de les plumer.

Rassurée par cette expression de l'opinion de M. le curé, la fermière fit enlever, en choisissant l'époque où il commençait à se détacher, le duvet de ses oies, et elle vit qu'en effet, elles ne paraissaient nullement garder rancune aux filles de basse-cour chargées de cette besogne.

Les canards, sans autre soin que celui de leur fournir deux fois par jour la même ration qu'aux poules, et de ne pas laisser les petits récemment éclos aller à l'eau avant leur dixième ou douzième jour, s'élevèrent tout seuls, encore plus facilement que les oisons ; les mares voisines de la ferme en furent couvertes, et la vente en fut d'autant

plus avantageuse que les canards, sans qu'il soit nécessaire
de les engraisser, ne sont jamais maigres et peuvent toujours être vendus à un bon prix comme volailles grasses.

Les dindes, sous le climat local du canton, ne s'élevant
qu'avec beaucoup de difficulté, la fermière préféra acheter
dans la saison des troupes de dindes maigres tout élevées, et
les engraisser. Le fermier approuva fort cette manière de
procéder ; les dindons à jeun étaient conduits le matin dans
les champs labourés ; on leur faisait suivre la charrue ; ils
dévoraient avidement, à mesure que le labourage les met-
tait à découvert, les vers blancs ou larves de hannetons, et les autres insectes souterrains, dont ils délivraient
le sol.

Le colombier, d'abord très-peuplé, finit par l'être de
moins en moins ; malgré le prix élevé qu'elle obtenait des
pigeons, la fermière s'en dégoûta par la difficulté de les
empêcher de commettre, soit dans les champs de la ferme,
soit dans ceux des fermes voisines, des dégâts qui donnaient
lieu à des difficultés continuelles.

La fermière, attentive à tirer tout le parti possible de sa
basse-cour, ne pouvait oublier l'engraissement des volailles.

Au début, elle s'y prit mal et ne réussit qu'à moitié ; elle
s'étonnait de ne pouvoir faire parvenir ses belles volailles
de la race de la Flèche au dernier degré de graisse fine.
Se doutant bien qu'il y avait dans son procédé d'engraissement quelque chose de défectueux, elle eut recours à M. le
curé. D'après son avis, elle fit changer la forme des loges,
qu'elle avait fait faire beaucoup trop larges, de sorte que les
volailles pouvaient s'y retourner et s'agiter dans tous les
sens, ce qui retardait leur engraissement. Ensuite, la
pâtée distribuée aux volailles pour les engraisser était bien
composée de lait doux et de farine d'orge et de maïs, selon

la recette suivie à la Flèche et au Mans; mais, on en préparait une trop grande quantité à la fois, de sorte qu'avant d'être épuisée, elle devenait aigre, ce qui donnait aux volailles des diarrhées tout à fait contraires à leur engraissement. En remédiant à ces abus très-faciles à faire disparaître, selon les indications de M. le curé, la fermière obtint des poulardes capables de rivaliser avec les plus parfaites de celles que le département de Maine-et-Loire expédie aux marchés de la capitale.

Comme complément de sa basse-cour, la fermière ne pouvait se dispenser d'élever des lapins. Ayant essayé au début de les nourrir économiquement avec la même herbe fermentée provenant des sarclages, dont les gorets sevrés étaient nourris, elle les perdit presque tous et fut sur le point d'y renoncer.

— Vous auriez grand tort, lui dit M. le curé; le lapin domestique est l'animal qui peut produire la viande saine et de bon goût, au plus bas prix, quand il est bien gouverné. Ce qu'il redoute le plus, pendant la période de son existence qui suit immédiatement le sevrage, c'est l'excès de l'humidité dans ses aliments; il faut considérer comme une loi invariable, dans l'élevage des lapins, de ne jamais leur donner plus de la moitié de leur ration en herbe fraîche, et de leur donner l'autre moitié, *en toute saison*, en fourrage sec auquel vous ajouterez de temps en temps un peu de son et d'avoine. Vous devez en outre tenir les loges très-propres, et au lieu de poser à plat sur le plancher la ration de fourrage des lapins, la leur donner dans un petit râtelier où ils ne peuvent la prendre qu'en se dressant sur leurs pattes de derrière, de sorte qu'il leur est impossible de salir leurs aliments.

La fermière se conforma à ces conseils et tous ses lapins s'élevèrent sans maladies; elle dut reconnaître que la mortalité qui précédemment les décimait provenait de ce qu'ils étaient soumis au régime le plus contraire à leur tempérament ; l'effet ne pouvait manquer de cesser avec sa cause.

CHAPITRE XX

Des défrichements.

Des défrichements. — Dans quelles conditions ils sont profitables. — Leurs avantages au point de vue de l'intérêt privé, — de l'intérêt public. — Accroissement de valeur des terres défrichées. — Défrichement par écobuage. — Ses inconvénients. — A la pioche. — A la charrue. — Compost de chaux et gazon. — Premières semailles pour les terres défrichées. — Seigle. — Avoine. — Sarrasin. — Emploi du noir de raffinerie. — Pralinage des graines. — Ses résultats. — Serradelle. — Boisement des landes défrichées. — Bois de pins. — Bois de châtaigniers. — Ce que coûtent les défrichements bien conduits. — Ce qu'ils produisent.

—

L'un des plus grands avantages qui puissent résulter des relations cordiales et fréquentes entre la Ferme et le Presbytère, c'est l'intervention nécessairement désintéressée et toujours accueillie avec respect de M. le curé, en cas de difficultés survenues entre le fermier et le propriétaire du sol. Celui de la ferme qui prospérait sous la bienfaisante influence de M. le curé désirait vivement que son fermier défrichât, au moins en partie, les terres incultes qui dépendaient de son exploitation ; il pria M. le curé de chercher à sonder les dispositions du fermier à ce sujet.

— Ma foi, monsieur le curé, dit le fermier la première fois que la question du défrichement fut mise sur le tapis

par le pasteur, il est bien vrai qu'en signant mon premier
bail, j'avais l'intention de défricher. Mais, depuis, j'ai vu
tant de gens manger de l'argent dans les défrichements
pour n'arriver à rien, j'ai vu tant de landes défrichées
retourner à leur premier état après avoir porté une ou
deux maigres récoltes, insuffisantes pour couvrir les
frais du défrichement, que cela m'en a complétement
dégoûté.

— Voilà, dit M. le curé, un raisonnement que je ne
puis admettre : c'est comme si, parce que quelques fermiers insouciants, ignorants, ou d'une conduite peu régulière, trouvent moyen de faire de mauvaises affaires dans
d'excellentes fermes, vous alliez vous persuader que par
elle-même la profession de fermier ne vaut rien.

— Au reste, Monsieur, le propriétaire n'a rien à dire,
mon bail me donne la faculté de défricher ; il ne m'en impose pas l'obligation.

— Ne croyez pas, dit M. le curé en souriant, que vous
puissiez, en vous retranchant derrière votre bail, éviter
de discuter avec moi une question importante. J'attache,
moi, un grand intérêt à vous ramener à mon opinion en
matière de défrichements, et mon opinion, je vous le dis
d'avance, c'est que vous devez défricher. De ce que des
imprudents et des maladroits ont mangé et mangent encore en pure perte beaucoup d'argent dans les défrichements, je le répète, cela ne prouve rien du tout ; ces gens
ne réussissent pas et ne méritent pas de réussir. Ce que je
veux vous faire bien comprendre, c'est que vous êtes placé
dans des conditions entièrement différentes de celles d'un
homme qui arrive sur une lande à défricher, ayant tout à
acheter, tout à créer, devant s'attendre à lutter pendant
plusieurs années contre mille obstacles qui n'existent pas
pour vous; votre matériel, votre personnel, vos attelages,

n'ont pas besoin d'être augmentés pour que vous commenciez à entamer le désert, ce qui doit être à la fois pour vous une bonne affaire et une bonne action.

— J'attends, monsieur le curé, que vous veuillez bien me démontrer que c'est une bonne affaire, et alors je la ferai, sans aucun doute; mais que ce soit une bonne action, j'avoue que je ne le comprends pas.

— Oui, mon ami, une bonne action, dit M. le curé, cela me semble évident. Que produisent les terres incultes? Rien, ou presque rien; le peu de nourriture que les moutons y trouvent ne vaut pas la peine d'en parler : ceux qui n'ont pas autre chose ont bien de la peine à ne pas mourir de faim, et jamais il ne feront la fortune de leurs propriétaires. Changez les landes en terres cultivées, en prairies, en bois, selon la nature du sol ; ces mêmes landes vont commencer à fournir à perpétuité du travail utile, du travail productif, à la population des campagnes. Un hectare de landes vaut, en moyenne, 150 fr.; ce même hectare, bien défriché, c'est-à-dire, arraché pour toujours au désert, conquis définitivement par la charrue, vaut de 1,500 à 1,800 fr., et il y en a en France 7 millions d'hectares. Calculez ce que le défrichement ajouterait à la valeur foncière du sol; le sol, c'est la patrie ; accroître la somme des salaires à distribuer à ceux qui n'ont que leurs bras pour vivre, accroître la valeur du sol de la France, croyez-le bien, mon ami, c'est une bonne action.

Je reprends maintenant le côté de la question qui vous intéresse le plus, et pour ne pas perdre trop de temps en paroles, voici ce que je vous propose. Défrichez immédiatement un hectare de bruyères; quoi qu'il arrive, cela ne vous ruinera pas; si, dans deux ans, les produits ne couvrent pas les frais avec bénéfice, vous laisserez le reste en friche, je serai le premier à vous en donner le conseil;

mais si le défrichement d'un hectare a été profitable, vous
défricherez le reste : c'est entendu. Votre bail est renouvelé, vous êtes jeune, vous avez du temps devant vous;
je ne vous engage point à agir avec précipitation.

S'étant rendu aux excellentes raisons de M. le curé, le
fermier entreprit le défrichement d'un hectare de landes
contigu à ses champs cultivés. Il commença par faire lever
à la bêche, selon l'usage du pays, le gazon qui recouvrait
la lande; puis, ayant disposé les gazons en tas pour les
faire sécher, il se préparait à y mettre le feu, afin d'en
répandre les cendres sur le sol pour le fertiliser; c'était
le défrichement *par écobuage*, très-usité dans nos départements du centre.

— Si vous adoptez cette méthode, dit M. le curé, vous
allez, comme on dit, tordre le col à la poule aux œufs
d'or. Ce procédé déplorable s'accorde avec les vues étroites
et courtes de ceux qui veulent demander seulement à la
lande défrichée, une ou deux récoltes, sans engrais, puis
la laisser revenir à son premier état : si c'est la ce que vous
voulez, il valait mieux ne pas toncher à la lande que de
l'écobuer. Ce que vous devez vouloir, vous qui, pour manger, n'attendez pas après le produit de cet hectare de terre,
c'est que sa culture se soutienne par elle-même, qu'elle
fournisse elle-même les moyens de la continuer; pour arriver la, il ne faut pas écobuer. Puisque vous avez fait lever
les gazons, ce qui dans tous les cas devait être fait au début, formez-en quelques grands tas aux quatre coins de
ce champ, et répandez quelques quintaux métriques de
bonne chaux entre les lits de gazons. Cela fait, vous aurez
le choix entre le défoncement à la pioche et le même travail à la charrue. Quand la main-d'œuvre est un peu
chère, comme elle l'est dans ce canton, il vaut mieux défoncer à la charrue; vous avez justement deux charrues

américaines ; vous les ferez fonctionner, l'une derrière l'autre, dans la même raie, et le sol bien remué restera en cet état jusqu'au mois de septembre. Vous donnerez alors un second labour suivi d'un hersage ; les gazons, sur lesquels la chaux aura eu tout le temps d'agir, seront alors passés complétement à l'état de compost. Après avoir fait soigneusement remanier les tas à la bêche, le compost sera répandu le plus également possible sur toute la surface du champ, que vous herserez de nouveau ; vous pourrez alors semer immédiatement un seigle, ou bien attendre au printemps de l'année suivante pour semer une avoine ou un sarrasin ; ce sont les trois récoltes dont on peut espérer le meilleur résultat sur une lande récemment défrichée.

— Je ne vois plus, dit le fermier, qu'une difficulté, c'est celle des engrais ; je ne dois pas m'attendre, n'ayant pas écobué, à obtenir rien qu'avec le compost de chaux et gazons une récolte présentable. Je sais bien que la fumure d'un hectare n'est pas une grande affaire ; néanmoins, où prendre cette fumure, si ce n'est en rognaut d'autant la portion de mes autres champs cultivés ?

— C'est bien pourquoi, dit M. le curé, je ne vous conseille pas de donner la première année du fumier à la lande défrichée ; voici, pour y suppléer, le procédé le plus économique. Vous achèterez 400 kilog. de bon noir de raffinerie ; vous en trouverez au chef-lieu. Après avoir humecté légèrement ce noir, et mouillé le grain destiné aux semailles, vous roulerez le grain dans le noir, qui s'y attachera de manière à en tripler le volume ; c'est ce qu'on nomme *praliner* les grains des semailles. Après la moisson, vous m'en direz des nouvelles. Vous ne commencerez à fumez la terre défrichée que quand elle vous aura fourni des pailles pour la litière de vos bestiaux, et une

plante fourragère quelconque, pour contribuer à les nourrir. C'est alors seulement que l'opération aura réussi; car
du moment où une terre rendue à la culture produit de
quoi entretenir sa fertilité par des fumures périodiques,
rien n'empêche de la considérer et de la traiter comme
celles qui sont cultivées de temps immémorial; le problème à résoudre est d'en arriver là.

— Et quelle plante fourragère pensez-vous que je
puisse obtenir après l'enlèvement de ma première récolte ?

— Je vous conseille d'y semer de la serradelle, plante
légumineuse annuelle qui réussit parfaitement en pareil
cas ; le secrétaire du comice vous procurera facilement de
la graine de serradelle. Plus tard, quand votre bruyère
défrichée aura reçu une première fumure, vous sèmerez
du trèfle, puis vous pourrez demander au sol des navets,
des pommes de terre, des carottes, tout ce que vous demandez aux autres champs de votre exploitation.

Tout se passa comme M. le curé l'avait prévu. Le premier seigle prâliné donna de très-belle paille et 20 hectolitres de grain de très-bonne qualité. Les comptes de la
première année démontrèrent que les frais de l'opération
étaient en grande partie couverts; dès la seconde année,
il y eut du bénéfice, et dès la troisième, la terre défrichée
était parvenue à valoir autant qu'une bonne terre de
deuxième classe, terre dont la culture devait être d'autant
plus avantageuse pour le fermier, qu'il n'en payait pas de
loyer, le propriétaire étant d'ailleurs plus que content de
l'accroissement de valeur donnée à sa terre.

— Eh bien ! mon ami, lui dit le curé en voyant le sol
rendu à la culture, couvert de riches moissons et de très-
belles récoltes fourragères, croyez-vous que ce champ
vaut mieux qu'une lande, et ses produits actuels ne sont-

ils pas supérieurs au pâturage misérable que pouvaient y trouver les moutons?

— Le fermier reconnut franchement son erreur; il fit mieux : il défricha successivement toutes les terres incultes dépendant de son exploitation, bien qu'il y en eût de qualité tout à fait inférieure.

—Qu'allez-vous faire de ce sol ingrat, dit M. le curé, qui ne perdait de vue aucun détail du défrichement entrepris d'après ses conseils?

— Le défrichement du reste de mes landes m'a été si profitable, dit le fermier, que je compte semer ici du seigle comme je l'ai fait à mesure que la lande a été dé-foncée.

— Je crois, dit M. le curé, que dans une terre aussi maigre, ce serait peine perdue. Cette lande est très-éloi-gnée des bâtiments d'exploitation; ce que vous avez de mieux à faire, c'est de la boiser.

— Pardon, Monsieur le curé, dit le fermier, mais il me semble que vous perdez de vue une circonstance qui ne saurait m'être indifférente: cette terre n'est pas à moi. Boiser le terrain d'autrui m'a toujours paru une affaire de dupe ; quand je laisserai en sortant à mon propriétaire plusieurs hectares de beaux bois, qu'est-ce que j'y aurai gagné ?

— Soyez bien persuadé, mon ami, qu'en ceci comme en toute chose, les intérêts bien compris du propriétaire et du fermier ne sont jamais en contradiction. Ici, particulièrement que dit votre bail? Que vous avez la faculté de défricher à vos frais, et que, si vous défrichez, vous jouirez du terrain, sans en payer aucun loyer. L'état des lieux ayant parfai-tement constaté l'étendue et la situation des bruyères qu'il vous était loisible de mettre en culture, tout ce que vous ferez croître dessus est à vous, bien à vous, sans contestation possible. Par exemple, sur ce sol sableux, très-peu fertile, qui ne portait avant d'être défoncé qu'une bien pauvre végétation, vous allez, si vous m'en croyez, semer du seigle multicaule bien prâliné, à raison de 50 litres par hectare; il n'en faut pas davantage. Quand les semailles seront faites, vous répandrez en lignes, à un mètre les unes des autres, de la graine de pin sylvestre. Le seigle et les pins lèveront ensemble; le seigle, qui ne sera pas splendide, vous devez vous y attendre, aura eu pour but principal d'abriter les jeunes pins contre les chaleurs de l'été qui, dans les terrains découverts, les font si souvent périr. A la moisson, dont le produit quoique faible vous fera toujours rentrer dans une partie de vos avances, les pins s'apercevront à peine, car, la première année, ils forment seulement leur racine pivotante, et ne poussent presque pas. Dès la seconde année, il faut les éclaircir pour qu'ils soient régulièrement espacés dans les lignes, et qu'ils ne se gênent pas réciproquement; plus tard, de cinq en cinq ans, de nouveaux éclaircis donnent des perches dont la valeur augmente d'année en année. Enfin, vous arrivez à la fin de votre second bail, et alors, il en sera comme de vos vergers d'arbres fruitiers; vous enlèverez les bois qui seront bien votre propriété, le fruit de vos avances et de votre travail, ou bien le propriétaire les reprendra moyennant indemnité déterminée par des experts; je n'aperçois pas pour vous dans tout cela la moindre chance de perte.

— Me conseillez-vous de semer partout de la graine de pin sylvestre avec du seigle multicaule ?

— Il me paraît que, dans les parties les moins mauvaises de cette lande défrichée, vous pourriez avec plus d'avantage semer des châtaignes et établir un bois de châtaigniers, qui pourrait être exploité en taillis à 6 ou 8 ans, et donner de belles perches lisses et droites, propres à la fabrication des cercles de tonneau. Vous pouvez aussi, pendant que le sol est en voie de défrichement, semer à part, en pépinière des châtaignes dont le plant sera bon à être mis en place l'année suivante dans la lande défoncée. Cette création de bois-taillis de châtaigniers vous offre encore plus à gagner que les semis de pins ; car vous aurez fait pour votre compte plusieurs coupes d'une grande valeur, et à votre départ, le propriétaire, pour conserver le bois en pleine croissance, vous devra une indemnité.

Quand les défrichements furent entièrement achevés, le notaire du canton, grand adversaire des défrichements en général, parce que plusieurs de ses clients, qui n'y entendaient rien, s'y étaient complétement ruinés, étant venu rendre visite à M. le curé, celui-ci lui montra, en compagnie du fermier, les landes défrichées, qu'il n'était plus possible depuis longtemps de distinguer des terres voisines, cultivées de toute ancienneté. Le notaire y vit des champs de céréales, des prairies artificielles, des bois de pin et de châtaignier d'une très-belle venue.

— C'est fort beau, dit-il ; mais combien cela a-t-il coûté ?

— Avant de répondre à votre question, dit le fermier, je vous en poserai une autre : combien cela vaut-il ?

Le notaire, après examen attentif, estima les bois 1,400 fr., et les autres terres 1,800 fr. l'hectare. Je félicite, dit-il, votre propriétaire, de cette augmentation de valeur donnée à votre ferme.

— Vous pouvez bien, dit M. le curé, en féliciter le fermier lui-même ; car, s'il louait dans son état actuel la terre défrichée, il aurait à en payer un loyer assez élevé ; il a encore une longue suite d'années à en jouir sans payer aucun loyer. Le notaire fit observer au fermier qu'il éludait de répondre à sa première question.

— Pas du tout, dit le fermier. Mais, comme vous ne seriez pas forcé de m'en croire sur parole, venez vous rafraîchir à la maison, je vous ferai voir mes écritures ; elles vous prouveront que, pour les terrains convertis en champs fertiles, j'ai dépensé environ 500 francs, et un peu moins de 400 francs pour les terrains boisés : il y a de la marge. Quant aux produits, aucun fermier n'aime à montrer ses comptes, surtout à un notaire; il vous suffira de savoir que je me suis complétement rangé à l'opinion de M. le curé; une opération de défrichement bien conduite est profitable à celui qui la mène à bien, et c'est autant d'ajouté à la valeur foncière du sol de la France.

CHAPITRE XXI

Du drainage et des irrigations.

Du drainage. — Ses effets. — Tuyaux d'écoulement. — Tuyaux principaux. — Répartition des frais entre le propriétaire et le fermier. —
Utilisation des eaux provenant du drainage. — Drainage au moyen des
puisards. — Irrigations. — Propriétés fertilisantes des eaux. — Vérifi-
cation préalable de leur qualité. — Canaux de dérivation. — Rigoles de
distribution. — Gazonnement des pentes irrigables. — Destruction du
jonc par le guano. — Largeur des versants des planches. — Bases sur
lesquelles elle est calculée. — Nécessité de n'arroser qu'avec de l'eau
claire. — Drainage précédant l'irrigation.

Aucune amélioration agricole introduite dans les temps
modernes ne peut être comparée au drainage ; par lui, il
semble que la nature du sol soit changée comme par un
coup de baguette, et que, du jour au lendemain, un sol
réputé mauvais, rebelle à la culture, impropre à toute végétation utile, devienne tout à la fois fertile et facile à
cultiver. L'eau est en effet le plus grand ami des plantes
cultivées, et leur plus grand ennemi ; dans un sol totalement dépourvu d'humidité, pas de végétation possible ;
dans une terre dont le sous-sol est pénétré d'une humidité
stagnante, les racines des végétaux languissent ou pourrissent, et les produits de la culture ne peuvent être que

médiocres. Quant à la facilité de la culture, pour bien comprendre combien elle peut être augmentée par le drainage, il suffit de se rappeler que la terre ne peut être bien labourée, ni quand elle est trop sèche, ni quand elle est trop humide, et que le drainage a pour premier effet de maintenir constamment la terre au degré désiré d'humidité, de telle sorte qu'elle puisse être labourée en toute saison. Qu'est-ce donc que le drainage en lui-même? C'est un moyen d'écoulement constant procuré à l'eau stagnante dans le sous-sol, par des tuyaux en terre cuite posés à la suite les uns des autres, au fond de fossés étroits et profonds, comblés après la pose des tuyaux, afin que le drainage ne dérobe à la culture aucune portion de la surface du sol. Les intervalles imperceptibles qui restent libres entre les tuyaux suffisent pour donner issue à l'eau qui, cherchant toujours son niveau, se rend d'elle-même dans les tuyaux en suivant la pente du terrain. Tous les tuyaux, disposés en lignes parallèles entre elles, à des distances variables selon la nature du sol et le volume d'eau qu'il faut faire écouler, aboutissent à un tuyau principal, lequel débouche sur un fossé ou un cours d'eau.

Charmé de la manière dont, grâce aux indications de M. le curé, son fermier avait développé la fertilité de sa terre, le propriétaire avait conçu le dessein de compléter le système d'amélioration suivi et appliqué avec tant de bonheur par son fermier, en faisant drainer plusieurs pièces de terre d'une étendue considérable, qui en avaient grand besoin; mais il voulait que le fermier supportât une part de la dépense, ou bien qu'il consentît à lui payer en augmentation de fermage, l'intérêt de la somme assez élevée qu'il allait dépenser pour cette grande et durable amélioration. Ce dernier arrangement, de l'avis de M. le curé, fut accepté par le fermier.

— La somme déboursée par vous restant la même, lui dit M. le curé, ne voyez-vous pas qu'il vous est plus difficile de donner tout à la fois un argent qui serait autant de retranché sur votre capital d'exploitation, que de subir une augmentation légère, assise sur une base équitable? Le propriétaire délie les cordons de sa bourse pour rendre plus fertile une partie des terres que vous exploitez ; si vous ne croyez pas le drainage de ces terres utile à leur amélioration, votre bail vous donne le droit de vous y opposer; si vous le jugez utile, vos terres produisant beaucoup plus, vous en payez un loyer un peu plus élevé : c'est justice, et les intérêts des deux parties me semblent parfaitement conciliés par cet arrangement.

Quand le drainage fut terminé, il se trouva que les eaux écoulées par le tuyau principal étaient plus abondantes qu'on ne l'avait présumé. Pour faire arriver ces eaux jusqu'au ruisseau d'eau vive le moins éloigné de la ferme, il fallait passer sur un terrain dont le propriétaire menaçait de faire un procès.

Heureusement, quelque soin que M. le curé eût pris, par modestie, d'effacer sa personnalité, personne ne pouvait ignorer sa compétence en tout ce qui touchait à l'agriculture; en cette circonstance, il fut accepté pour arbitre et fit entendre raison au propriétaire récalcitrant; celui-ci, moyennant une indemnité raisonnable, permit de poser dans son champ un tuyau souterrain d'un grand diamètre qui, sans le gêner en aucune façon, conduisît jusqu'au ruisseau les eaux provenant du drainage. Plusieurs propriétaires du voisinage qui, avant d'avoir vu de leurs yeux le résultat du drainage, ne voulaient pas en entendre parler, se décidèrent alors à faire drainer leurs terres, à qui mieux mieux. Les eaux du drainage d'une grande étendue de terrain n'ayant que le lit du même ruisseau pour unique débouché, ce ruisseau se trouva avoir tout d'un coup un volume d'eau considérable.

— Ce serait grand dommage, dit M. le curé, de ne pas utiliser une pareille force. Si vous consentez à en devenir le locataire à de bonnes conditions, votre propriétaire va faire établir sur sa propriété un bon moulin à farine; il y a maintenant assez d'eau dans le ruisseau pour faire fonctionner un moulin toute l'année. Avec un bon garde-moulin que je me charge de vous procurer, la gestion du moulin ne vous causera aucun embarras; ce sera par la suite un établissement tout préparé pour l'un de vos enfants qui commencent à grandir. C'est là, vous le voyez, un des bienfaits accessoires du drainage, qui a bien aussi son importance.

— N'y aurait-il pas moyen, dit le fermier à M. le curé, d'étendre le bienfait du drainage à une dizaine d'hectares de prairies basses que les rigoles ouvertes ne suffisent pas à assainir? Je n'ai pas osé jusqu'ici en faire la demande au propriétaire, parce que ces prairies manquent totalement de pente, et que, pour en faire écouler les eaux superflues et les faire arriver jusqu'à un cours d'eau, il m'a paru qu'il y aurait à entreprendre des travaux par trop dispendieux. Vous m'obligeriez beaucoup, Monsieur, si, après avoir examiné l'état et la situation de ces prairies, vous vouliez bien me dire votre opinion quant à la possibilité de les drainer, et ensuite, en supposant que le drainage vous semble praticable, en parler au propriétaire.

M. le curé se chargea très-volontiers de cette double commission, qui rentrait entièrement dans ses goûts, et se rattachait directement à son désir constant de rechercher les occasions de rendre service. Il reconnut aisément, par l'examen des prairies marécageuses, qu'il ne fallait pas songer à en entreprendre le drainage par les moyens ordinaires. Mais, du consentement du propriétaire, ayant fait sonder le terrain, on trouva sous la couche de terre végétale un banc d'argile de plusieurs mètres d'épaisseur, et, sous ce banc, un lit de sable d'une profondeur indéterminée. Il résultait de ce sondage qu'avec une dépense peu élevée, il était possible de drainer ces prairies et d'en faire arriver les eaux dans un ou deux de ces puits sans fond qu'on nomme vulgairement *puisards* ou *boit-tout*. Dès l'année suivante, les prés marécageux furent labourés et ensemencés en avoine mêlée de graine de bonnes graminées. La seconde année après le drainage, les dix hectares dont précédemment l'herbe mêlée de joncs et de roseaux, n'était fauchée que pour servir de litière au bétail, donnèrent, grâce au drainage, deux bonnes coupes, l'une de foin, l'autre de regain, de première qualité.

Un autre bienfait résulta de l'introduction dans le canton de l'utile pratique du drainage. L'argile du sous-sol, dont personne jusqu'alors n'avait songé à tirer parti, fut utilisée d'abord pour la fabrication des tuyaux, ensuite pour celle des carreaux de four, des briques et de la poterie commune, industrie nouvelle qui fournit de l'occupation à la population de plusieurs communes où tous les bras ne trouvaient pas à s'employer aux travaux des champs.

Le propriétaire et le fermier avaient de plus en plus à s'applaudir de l'excellent accord qui régnait entre eux, et qu'ils devaient à la bonne direction imprimée à leurs relations par M. le curé. En effet, tous les genres d'améloration sont réalisables dès que le propriétaire et le fermier comprennent que leurs intérêts sont communs, et qu'ils renoncent franchement à cet état d'antagonisme sourd qui rend si souvent tout progrès agricole impossible. En exécutant le drainage avec la certitude de toucher en accroissement de fermage l'intérêt de la somme qu'il avait consacrée à cette dépense, le propriétaire était entré dans une excellente voie où il avait l'intention de ne pas s'arrêter. Devenu président du comice agricole, en partie par suite de la réputation de bonne tenue dont ses terres jouissaient dans tout l'arrondissement, il proposa de faire venir à ses frais un ngénieur agricole versé dans la pratique des irrigations, et de faire examiner par lui la question de la création de prairies irrigables, soit sur les terres incultes, soit sur les terres cultivées, mais de peu de valeur, situées à proximité du cours d'eau sur lequel, grâce à l'accroissement du volume de ses eaux par celles provenant du drainage, il venait de faire établir un moulin.

La proposition fut agréée avec empressement; mais, après le travail préparatoire de l'ingénieur-irrigateur, il resta bien des difficultés à vaincre de la part de plusieurs propriétaires riverains du ruisseau, dont les uns voyaient de mauvais œil convertir en prés irrigués des landes sur lesquelles ils étaient habitués à laisser courir leurs moutons, et dont les autres, bien que fort aisés, craignaient Dieu et la dépense, et ne voulaient participer en rien à celle que les travaux d'irrigation allaient exiger, bien qu'il dût en résulter pour leurs propriétés une augmentation de valeur considérable et immédiate.

M. le curé se chargea de faire entendre raison à tous les intéressés, et un large système d'irrigation put être réalisé. Le fermier, qui n'en avait jamais vu, n'en comprenait pas d'abord toute l'importance. Il avait bien entendu parler par l'un de ses oncles, ancien soldat des armées d'Italie, des irrigations des provinces du nord de la péninsule italique; il les comprenait sous un climat chaud; elles lui semblaient bien moins utiles sous le climat généralement pluvieux du centre de la France.

— Vous êtes à ce sujet dans une erreur profonde, mon

ami, lui dit M. le curé. Notre irrigateur est un allemand du Siegenwald, en Westphalie, canton renommé pour la perfection de ses irrigations, où les pluies sont bien plus fréquentes qu'ici, et où l'on ne connaît pas les sécheresse dont nos terres souffrent assez souvent; et savez-vous où il a étudié les irrigations? A l'institut agricole du Regenwald, en Poméranie, sur les bords de la Baltique, où il ne se passe, pour ainsi dire, pas un seul jour sans pluie en été, sans neige en hiver. Le nom du Regenwald lui-même signifie forêt où il pleut toujours.

— Alors, dit le fermier, à quoi bon arroser des prairies à qui l'eau du ciel devrait largement suffire?

— Le bienfait des irrigations, dit M. le curé, ne tient pas, comme vous paraissez le croire, à l'humidité qu'elles entretiennent sur le gazon des prairies; le bien qu'elles leur font en combattant la sécheresse n'est que tout à fait secondaire; ce qui profite aux prairies, c'est le gaz acide carbonique contenu en suspension dans l'eau dont on les arrose, ce sont les sels fertilisants que ces eaux tiennent en dissolution, et qui font sur le gazon des prairies l'effet d'une fumure continuellement renouvelée. Aussi est-il fort important, avant d'entreprendre des irrigations de prairies, de s'assurer de la bonne qualité des eaux dont on dispose, et c'est ce que le comice a pris soin de faire, en faisant examiner par un chimiste les eaux du ruisseau sur lequel vont être établies les prises d'eau pour nos nouvelles prairies irriguées.

Ayant accepté sans difficulté une augmentation proportionnelle sur le loyer des prairies irriguées, à partir du moment où elles devaient commencer à être productives, le fermier suivit avec intérêt toutes les phases de leur formation. Un canal principal fut d'abord établi sur la crête des terrains irrigables, suivant une ligne nécessairement irrégulière; c'était la dérivation principale de laquelle les canaux secondaires de dérivation devaient partir. Les terrains inférieurs furent ensuite nivelés avec la plus grande régularité, puis partagés en planches à deux versants dont le sommet était occupé par une rigole d'irrigation; toutes ces rigoles communiquant avec les canaux de dérivation secondaires, reliés eux-mêmes par des vannes au canal principal, lequel avait le ruisseau pour point de départ, rien n'était plus facile que de faire couler, sur toute la surface irrigable, une nappe d'eau parfaitement uniforme, répandue des deux côtés de chaque rigole d'irrigation; mais il fallait d'abord gazonner le terrain. M. le curé conseilla au fermier d'y semer, à cet effet, de la graine de trèfle mêlée de graines de bonnes graminées, avec un peu de guano. Cet engrais étant d'un prix assez élevé, le fermier ménagea la dose, si bien que le trèfle poussa médiocrement, l'herbe parut à peine, et le jonc envahit les surfaces irriguées. Ce fut pour le fermier un cruel désappointement.

— Si c'est là, disait-il à M. le curé, tout ce que je dois avoir à faucher sur ces prairies, après tant de travail exécuté, tant d'argent dépensé, nous aurons fait cette fois une bien mauvaise opération.

— N'ayez aucune crainte à cet égard, dit M. le curé; le mal n'est que passager; vous n'avez pas employé assez de guano; vous en remettrez un peu plus au printemps de l'année prochaine et le jonc s'en ira comme il est venu; le guano ne fait pas seulement pousser la bonne herbe, il tue la mauvaise; et, c'est pour le premier établissement des prairies irriguées un très-grand avantage, une fois que le sol est bien gazonné, elles n'ont plus besoin de guano.

L'année suivante, en effet, quand le fermier vit ses prairies irriguées, sur lesquelles il avait répandu l'eau, pendant la nuit, aux époques indiquées par l'ingénieur allemand, couvertes d'une herbe épaisse, exempte de jonc, et qu'il ne pouvait évaluer à moins de 25,000 kil. d'herbe fraîche, c'est-à-dire 5,000 kil. de foin sec par hectare, sans compter le regain, il en fut émerveillé ; c'était une des plus riches parties de son exploitation.

— Pourquoi, dit-il à M. le curé, a-t-on donné aux planches irriguées si peu de largeur ? c'est un accroissement de travail dont je ne comprends pas bien la raison.

— Cette largeur, dit M. le curé, a été calculée sur deux bases : d'une part, d'après la pente la plus convenable pour l'égale répartition de la nappe d'eau qui se répandrait trop lentement si la pente était trop faible, ainsi qu'elle le serait sur des planches trop larges ; de l'autre, d'après l'espace que peut embrasser le trait de faulx d'un bon faucheur. Quand vos faucheurs seront à la besogne, vous verrez que, sans se gêner, ils prendront justement en trois traits de faulx toute la largeur de chacun des deux versants de chaque planche. S'il en était autrement, s'il fallait que le faucheur revînt sur ses pas pour reprendre une bande d'herbe moins large que son trait de faulx, il y aurait une perte de temps considérable, et aussi une perte de fourrage ; car jamais la dernière partie de chaque planche ne serait aussi bien fauchée que le reste.

— J'ai encore, dit le fermier, une explication à vous demander. Vous m'avez dit que l'eau des irrigations agissait principalement sur la végétation de l'herbe des prairies, en raison des principes fertilisants qu'elle leur distribue, et je vois dans les instructions que m'a laissées l'ingénieur-irrigateur allemand la recommandation expresse de ne jamais arroser les prairies quand l'eau du ruisseau est tant soit peu trouble et limoneuse ; il me semble cependant que l'eau trouble doit être plus riche en substances fertilisantes que de l'eau toute claire.

— C'est ce qui vous trompe, dit M. le curé, le limon tenu en suspension par l'eau trouble nuit aux prairies irriguées en ce qu'il se dépose inégalement sur les divers points de leur surface, qu'il encombre leurs rigoles d'irrigation, enfin, qu'il dérange toute l'harmonie d'un système dont tous les avantages dépendent de la parfaite régularité des pentes irriguées. Ainsi, pour ce genre de prairies l'eau claire, tout aussi fertilisante que l'eau trouble, est la seule qu'il soit possible d'employer, et vous ferez sagement de vous conformer, en ce point comme en tout le reste, aux prudentes prescriptions de l'ingénieur.

Les avantages de l'irrigation furent si bien compris dans tout l'arrondissement que chacun voulut s'en mêler. Partout où il se rencontrait un cours d'eau, c'était à qui irriguerait ; mais, par une très-mauvaise économie, beaucoup de propriétaires étant venus voir les irrigations exécutées par l'ingénieur allemand, s'étaient dit en s'en retournant chez eux : Ce n'est que cela ? J'en ferai bien autant ! Le succès ne couronnait pas toujours des efforts dirigés par l'inexpérience, et plusieurs fois il arriva que M. le curé fut consulté pour réparer, s'il était possible, de graves échecs. Un jour il conseilla, en présence du fermier, de drainer préalablement une terre au sous-sol imperméable, avant d'en irriguer la surface, ce qui fut fait immédiatement.

— Par exemple, dit le fermier, ôter l'eau d'un côté et en remettre de l'autre, j'avoue que cela me semble au moins bien extraordinaire !

— Pourquoi pas, dit M. le curé, s'il se trouve que l'eau est nuisible dans le sous-sol et salutaire à la surface ? Ce travail préalable n'est heureusement pas toujours nécessaire, parce que toutes les terres n'ont pas besoin d'être drainées ; mais pour celles où, sans le drainage, l'irrigation ne produirait aucun effet utile, il n'y a pas à hésiter.

CHAPITRE XXII

De la police rurale.

Une des contradictions les plus fâcheuses de l'esprit humain, c'est celle qui s'observe dans l'esprit des populations
rurales, toujours disposées à se plaindre qu'elles ne sont pas
suffisamment protégées par la loi, soit dans leurs personnes,
soit dans leurs propriétés, et néanmoins, toujours prêtes
à enfreindre les lois et règlements de la police rurale, ou
bien à en annuler l'efficacité, par leur incurie sans excuse.
En effet, la police rurale, qui comprend un ensemble de
règles et de prescriptions destinées à protéger les personnes et les propriétés dans les campagnes, forme la partie la plus importante de la législation rurale. C'est elle
qui surveille l'exercice de certains usages qui subsistent
comme vestiges du passé, bien que tout le monde con-

vienne qu'ils sont en complet désaccord avec la pratique d'une agriculture avancée. Tels sont en particulier le parcours, la vaine pâture, le glanage, le grapillage, le chaumage ; c'est elle encore qui s'occupe de protéger le bétail contre les épizooties, les récoltes contre la destruction provenant soit des animaux nuisibles, soit des déprédations commises par les malfaiteurs ; c'est elle enfin qui prescrit les mesures de salubrité et de sûreté particulièrement applicables aux communes rurales, en édictant des peines contre les infractions dont l'exécution de la loi peut être l'objet. Il y a cependant une raison péremptoire qui devrait faire considérer dans les campagnes les prescriptions de la police rurale comme rigoureusement obligatoires ; c'est l'indulgence même avec laquelle elle traite des actes qualifiés délits, et punis dans d'autres circonstances de peines beaucoup plus sévères. C'est ainsi qu'elle qualifie de *maraudage* et non de vol, l'enlèvement de certains produits du sol cultivé, acte dont elle fait une simple contravention.

M. le curé ne cessait d'insister, soit auprès du fermier son disciple en agriculture, soit auprès des autres chefs de famille de la paroisse, sur la nécessité d'user de toute leur autorité sur leurs enfants et leurs serviteurs, pour mettre obstacle à tous les actes de cette nature, sujets de disputes et de haine entre voisins, gaspillage des fruits de la terre, sans profit réel pour personne.

C'était en se conformant à ses sages conseils que les habitants de sa paroisse avaient, d'un commun accord, renoncé à la vaine pâture, encore tolérée malgré les innombrables abus dont elle est l'occasion, dans les cantons où elle est consacrée par l'usage de temps immémorial. Quelqu'un lui ayant fait observer, dans une réunion provoquée par lui pour régler les conditions de l'abolition de la vaine pâture, que cette abolition porterait préjudice aux pauvres de la paroisse, il répondit aussitôt :

— Il est vrai que la loi sur cette matière accorde aux pauvres qui ne possèdent ou n'exploitent aucun fonds de terre, le droit d'envoyer au pâturage sur les champs qui ne portent ni semences, ni fruits, une vache, son veau et six moutons ; mais, je dois vous faire observer que cette disposition de la loi est bien rarement applicable, car celui qui possède du bétail n'est pas pauvre, et il n'y a notamment dans la paroisse aucun pauvre qui possède une vache, un veau et six moutons ; est-ce que vous croyez que celui qui les aurait serait pauvre ?

L'assistance ne peut s'empêcher de rire, à l'exception de l'opposant qui, comprenant qu'il avait dit une sottise, acquiesça comme les autres à l'aboliton de la vaine pâture.

Plusieurs fois, M. le curé avait été prié par les fermiers de la paroisse, qui avaient de nombreux troupeaux de moutons fréquemment en proie aux déprédations des loups, d'user du crédit qu'il pouvait avoir auprès des autorités et des grands propriétaires du canton, pour qu'il fût fait des battues dans le but de diminuer le nombre de ces animaux destructeurs.

— Je m'y emploierais bien volontiers, disait M. le curé ; mais, comment voulez-vous que ces battues servent réellement et efficacement à la destruction des loups ? Au lieu de vous réunir tous, avec vos meilleures armes et vos chiens les plus courageux pour fermer toute retraite aux loups débusqués, sans quoi une battue n'a pas de sens, c'est à qui n'ira pas ; et ceux qui s'y rendent, si ardents au braconnage, contre lequel je ne cesse de m'élever, hélas ! avec bien peu de succès, ceux-là, impitoyables contre les lièvres et les lapins, sont tiédes et paresseux contre le loup, l'ennemi commun, dont la race devrait être éteinte depuis bien longtemps, si les habitants des campagnes apportaient dans les battues contre les loups, en exécution de la loi, la moitié de l'ardeur qu'ils montrent quand il s'agit de violer la loi en se livrant au coupable divertissement du braconnage. Je ne demande pas mieux que d'appuyer de tout mon pouvoir vos réclamations pour qu'il soit fait des battues contre les loups; mais je vous préviens que quand ces battues auront été ordonnées, ceux qui au ront été requis pour y aller et qui s'en seront dispensés, n'auront pas besoin de s'adresser à moi pour que j'intercède auprès de M. le maire, afin qu'ils ne payent pas l'amende de simple police qu'ils auront encourue, et qui leur sera très-justement imposée.

Cette remontrance porta ses fruits; les bons tireurs de la paroisse se piquèrent d'honneur, et à la première battue, le nombre des hommes de bonne volonté, leur zèle, leur courage dans l'occasion, le chiffre respectable des loups détruits, prouvèrent que les conseils du digne pasteur avaient porté leurs fruits, et que tout le monde les avait pris au sérieux, en faisant résolûment son devoir.

Dans une occasion mémorable, l'influence de M. le curé et le respect de tous pour ses bons avis, même en dehors des fonctions du saint ministère, éclatèrent dans tout leur jour.

On sait que de sages mesures de police rurale dont les maires sont chargés de faire exécuter les prescriptions, ont pour but de prévenir l'invasion des maladies épizootiques lorsque les bestiaux en sont menacés, et de les faire disparaître quand elles n'ont pas pu être prévenues. D'après la loi, dans les cas de contagion imminente seulement, tout propriétaire ou détenteur de bêtes malades ou soupçonnées d'être atteintes de la contagion, est tenu, sous peine de 500 fr. d'amende, d'en prévenir sur-le-champ le maire de la commune, qui les fait visiter aussitôt par le médecin-vétérinaire ou, à son défaut, par un expert. S'il résulte du rapport qu'un ou plusieurs animaux sont réellement malades, le maire doit veiller à ce que ces animaux soient placés dans l'isolement, et si malgré les précautions que peut suggérer la prudence une épizootie se déclare, alors, le maire en instruit les cultivateurs et les éleveurs par une affiche portant injonction d'avoir à déclarer le nombre des bestiaux qu'ils possèdent, en désignant leur âge, leur taille, leur sexe et leur robe, après quoi les bêtes malades doivent être marquées de la lettre M avec un fer chaud. Mais, dans la pratique, combien le maire le plus zélé, le plus attentif à remplir ses obligations, ne rencontre-t-il pas de difficultés insurmontables pour faire exécuter à la rigueur les mesures de ce genre, en temps d'épizootie ?

Le plus souvent, tout le monde perd la tête, le découragement s'en mêle, et rien n'arrête les ravages du fléau, qui s'étend quelquefois à tout un département, alors qu'il eût été très-possible de le circonscrire dans quelques communes.

Le typhus charbonneux des bêtes bovines ayant envahi le canton, dès les premières menaces, M. le curé, aidé du fermier qui, dans son intérêt comme dans celui du public, se faisait le bras droit du digne pasteur, se multiplia pour assurer l'exécution rigoureuse des prescriptions des lois de police rurale, en présence d'une si grande calamité.

Le succès couronna leurs efforts, la commune perdit moins de bestiaux que celles des environs, et quand la maladie eut totalement cessé, ceux des habitants les plus pauvres, que la perte de leur unique vache aurait réduits à la misère la plus cruelle, en furent généreusement indemnisés par les habitants plus aisés, dont les pertes étaient comparativement plus légères. Le fermier se mit à la tête d'une souscription promptement remplie, dont le produit permit de remplacer les animaux perdus pendant l'épizootie par les familles les plus pauvres de la paroisse.

— A quelque chose malheur est bon, dit-il à M. le curé qui n'avait pas eu besoin de solliciter sa charité ; nous en sommes quittes à meilleur marché que nous n'avions lieu de le craindre, et moi, personnellement, Monsieur, j'y trouve l'occasion de vous témoigner ma reconnaissance pour tous vos bons conseils, en vous montrant que le bien que vous m'avez fait n'est pas perdu pour les pauvres.

— Maintenant, dit M. le curé, il nous faut bien comprendre que notre tâche n'est pas finie. Les murs, les râteliers, les mangeoires des étables qui ont contenu des animaux malades, doivent être lavés à l'eau bouillante, nettoyés à fond, plutôt deux fois qu'une, et saupoudrés de chlorure de chaux, poudre blanche à bas prix, la plus efficace des substances désinfectantes. Les étables qui, comme les vôtres, sont pavées, seront purifiées de la même manière ; celles dont le sol n'est que de terre battue seront défoncées à un décimètre de profondeur ; la terre enlevée sera brûlée en plein air, c'est le plus sûr, et remplacée par de nouvelle terre fortement battue, partout où il n'y aura pas moyen de paver. Alors seulement, mais pas avant qu'à la suite du lavage à l'eau bouillante tout soit redevenu parfaitement sec dans les étables, les murs seront blanchis à la chaux. Retenez bien que c'est une erreur fatale de croire le blanchîment des murs à la chaux suffisant pour désinfecter les étables après une épizootie comme celle qui vient de nous visiter ; j'ai vu, depuis que j'ai l'âge de raison, bien des retours de ce redoutable fléau, dus à la confiance aveugle des habitants des campagnes dans ce moyen de désinfection, qui, seul, est insuffisant. Ces mesures, que je vous engage à prendre sans retard, sont expressément formulées dans des réglements qui ont force de loi, et si le législateur n'a pas jugé à propos de punir ceux qui manquent de s'y conformer, c'est qu'il a pensé que le sentiment de l'intérêt public et privé suffirait pour que personne ne songeât à s'y refuser.

Quelque temps après, la saison étant venue de faire élaguer des arbres plantés le long des chemins, M. le curé dit au fermier qui, trop occupé d'autres travaux en ce moment, n'avait pas surveillé l'élagage avec assez d'attention :

— Prenez garde, mon ami, à ce que font vos élagueurs; quelques-uns de ceux que vous employez manquent tout à fait de discernement. Vous savez que les lois de police rurale punissent très-sévèrement le délit de destruction volontaire des arbres; mais, ce que vous ne savez peut-être pas aussi bien, c'est que la cour de cassation, le tribunal le plus élevé de tous, a décidé, par plusieurs arrêts mémorables longuement motivés, que les dispositions de la loi, à cet égard, sont applicables au fermier qui a fait périr des arbres par un élagage inintelligent. Je sais très-bien qu'en pareil cas, vous avez affaire à un propriétaire trop équitable et trop galant homme pour porter plainte et faire peser sur vous une semblable responsabilité ; mais, cette certitude même doit être pour vous, à ce qu'il me semble, une raison de plus de veiller de très-près à la conservation de ses arbres, dont l'existence est compromise par la manière dont ils sont élagués.

C'est par des conseils de ce genre, donnés à propos et toujours sur le ton d'une bienveillance toute paternelle, que M. le curé savait faire comprendre à ses paroissiens la nécessité d'éviter toute infraction aux lois de la police rurale, si bien qu'un jour, le garde-champêtre lui dit en plaisantant: —Si cela continue, M. le curé, il faudra que je donne ma démission et que je cherche quelque autre emploi; tout le monde vous écoute si bien que, bientôt, je le prévois, je n'aurai plus un seul procès-verbal à dresser, un seul délit rural à constater.

C'est qu'en effet, M. le curé avait si bien su gagner la confiance et l'affection de tous, que bien des gens, que toute autre considération n'aurait pas arrêtés, étaient retenus par la crainte de mériter son blâme, qu'il n'épargnait pas, surtout aux parents, quand, faute de surveillance, ils laissaient leurs enfants contracter la funeste habitude du maraudage.

— Vous ne pouvez pas vous y méprendre, leur disait-il; malgré l'indulgence de la loi rurale, interrogez vos consciences; elles vous répondront que le maraudage est un vol véritable, et c'est ce que vous en pensez tous, quand on est venu marauder dans vos vergers ou vos vignes; vous ne manquez pas alors de vous écrier : Je suis volé! Vous l'êtes en effet, il n'y a pas lieu de marchander avec les expressions. Mais, puisque cela vous paraît si clair quand c'est vous qui avez à souffrir du maraudage, usez donc de toute votre autorité pour que vos enfants respectent le bien d'autrui. Sans doute, je ne prétends pas que l'enfant qui cède à la tentation de prendre une pomme dans un verger soit pour cela un voleur dans le sens le plus grave de cette expression; mais, qu'il n'ignore pas que le maraudage est un vol, et que quiconque en prend l'habitude est sur le grand chemin qu'il doit suivre pour devenir un parfait voleur.

Les justes avertissements de M. le curé n'avaient pu conquérir, malgré le concours que lui prêtait avec zèle le fermier, la complète exécution des règlements de police rurale sur l'échenillage. La bonne volonté que chacun, dans la paroisse, avait bien réellement de lui être agréable, venait échouer devant l'apathie des habitants, qui ne comprenaient pas bien le mal commis par eux quand ils négligeaient.d'écheniller. Quelques-uns seulement, à l'exemple du fermier, qui aurait cru se faire tort à lui-même en ne se hâtant pas de suivre un conseil donné par M. le curé, se conformaient aux prescriptions de la loi, qui ordonne d'enlever, le 20 février, les bourses ou toiles renfermant des paquets de chenilles, et de les brûler immédiatement. Le plus grand nombre échenillait pour la forme, pensant qu'il suffisait d'avoir l'air d'obéir à la loi, et que s'il restait des chenilles, quelques feuilles aux arbres de plus ou de moins n'étaient pas une grande affaire.

Les choses en étaient à ce point, lorsqu'à la suite de plusieurs hivers peu rigoureux les chenilles, épargnées en grand nombre par un échenillage négligé, pullulèrent à tel point que toute verdure disparut aux haies et vergers. Ceux-là seuls qui avaient pris leurs obligations au sérieux conservaient sur leurs arbres des feuilles et des fruits ; car les arbres en proie aux chenilles devaient en souffrir et rester pendant plusieurs années frappés de stérilité. Cette rude leçon fit plus que le sentiment du devoir pour appuyer les conseils de M. le curé, et il eut dans la suite la satisfaction de voir dans sa paroisse la loi sur l'échenillage aussi bien observée que l'étaient les autres prescriptions de la police rurale.

CHAPITRE XXIII

De la comptabilité agricole.

Comptabilité agricole. — Nature de celle qui convient aux grandes exploitations, — au commun des cultivateurs. — Temps que sa tenue doit réclamer. — Tableaux. — Dépenses en nature, — en argent. — Prix à assigner aux objets produits dans la ferme. — Froment. — Éléments du tableau du froment dépensé en nature. — Notions qui en ressortent. Avoine. — Luzerne.— Pommes de terre. — Dépenses en argent. — Modèle de tableau des principales dépenses en argent. — Denrées achetées. — Recettes en nature. — Recettes en argent.

—

Si les cultivateurs pouvaient apprécier à leur juste valeur les avantages qui résultent pour eux de la tenue d'une bonne comptabilité agricole, dans toute exploitation petite ou grande , toutes les opérations sans exception seraient soumises au contrôle d'une comptabilité régulière. Aucun obstacle sérieux ne s'oppose à la réalisation générale d'un fait si fécond en heureuses conséquences. Grâce à la vulgarisation en France de l'instruction primaire dans les campagnes, s'il peut encore arriver que le chef de famille soit personnellement privé de tout savoir, même du plus élémentaire, il n'est plus possible que, parmi ses enfants parvenus à l'adolescence, il ne se trouve pas quelqu'un qui sache lire, écrire et compter : il n'en faut pas davantage.

— La plupart du temps, mes amis, disait M. le curé aux cultivateurs qui aimaient à s'entretenir avec lui sur des sujets agricoles, ceux même d'entre vous qui font de bonnes affaires ne savent pas positivement où ils en sont; ils n'ont pas une idée nette et précise de leur situation; car, cela n'est possible qu'avec une comptabilité bien tenue, et pour la plupart, vous n'en tenez aucune. Vous savez à peu près ce que vous possédez de blé, de foin, de laine, de bétail prêt pour la vente. Quand vous vendez, l'argent est mis dans le tiroir où vous en prenez quand vous en avez besoin, sans plus d'embarras. S'il survient un revers, un désastre inattendu, les ressources manquent pour parer à des besoins qu'on n'a pas su prévoir, et ce qui pouvait n'être qu'une gêne passagère, facile à supporter, devient la ruine inévitable et sans remède. Celui qui a fait le plus pour régénérer l'agriculture en France, Mathieu de Dombasle s'est plu à le proclamer, dans ces termes énergiques :

« — Il n'y a, dit-il, pas d'économie sans ordre, pas d'ordre, pas de succès possible en agriculture, sans une bonne comptabilité. »

La première fois que M. le curé essaya de faire partager ses idées à cet égard au fermier qui jusque-là s'était borné à tenir en guise de comptabilité régulière des notes incohérentes, celui-ci rejeta bien loin toute modification à apporter dans ses écritures.

— C'est bon pour les gens de bureau, répétait-il : est-ce que je suis un homme de bureau ? L'idée seule d'un travail de bureau me fait peur, et me rebute. Demandez-moi du travail aux champs, tout ce que vous voudrez : tenir du matin au soir les mancherons de la charrue, cela me va, c'est mon métier. Mais, aligner des chiffres et gratter du papier sur un bureau, Dieu m'en garde ! Ce n'est pas ma vocation !

— Aussi, se hâta de répondre M. le curé, n'est-ce pas du tout là ce que je vous engage à faire. Le genre de comptabilité qui vous effraie ne convient, en effet, qu'aux très-grandes exploitations, dont les écritures sont tenues en parties doubles, comme celles d'une fabrique, parce qu'en réalité, de telles fermes sont de véritables manufactures de vivres; elles ont un employé chargé spécialement de ce soin, et qui ne doit avoir rien autre chose à faire. Un fermier dans votre position doit tenir ses écritures lui-même, en se faisant aider par l'un de ses enfants; les appointements d'un commis aux écritures absorberaient une trop forte part de ses bénéfices. Après en avoir longuement conféré avec l'instituteur, dont vous connaissez le zèle et l'intelligence, nous avons puisé ensemble dans les meilleurs traités sur la comptabilité agricole, principalement dans un mémoire de M. Gabion, mémoire couronné en 1813, et dont les sages données n'ont pas vieilli. Voyez l'instituteur; prenez seulement la peine de donner un coup d'œil, par simple condescendance pour moi, au système de comptabilité facile et très-compréhensible, à mon avis, dont nous avons arrêté le modèle d'un commun accord. Si cela vous paraît encore trop compliqué, ou bien, si vous avez mis dans votre tête de vous en tenir à vos écritures actuelles qui n'en méritent pas le nom, je verrai qu'il n'y a rien à faire, et j'en prendrai mon parti.

L'opinion du fermier, quant aux difficultés de la tenue d'une bonne comptabilité agricole, changea complétement dès qu'il eut vu de quoi il s'agissait. Nous donnons ici du système proposé par M. le curé, de concert avec l'instituteur communal, un aperçu assez détaillé pour que chacun en puisse faire chez lui l'heureuse application, quelles que puissent être les conditions sous l'empire desquelles il cultive.

Ce qu'il faut au cultivateur, M. le curé le sentait parfaitement, c'est un système de comptabilité qui, sans complication , en l'absence de formules commerciales , lui fasse toucher du doigt ses déboursés et ses rentrées, ses et profits ses pertes, l'ensemble et les détails de ses opérations. Tous ses comptes doivent être établis *sur un seul registre;* il ne doit pas être obligé à y consacrer au delà de *dix minutes par jour.* Pour l'homme des champs, la comptabilité la plus simple, du moment où elle est suffisamment claire, n'est pas seulement la meilleure; c'est la seule possible; dès qu'il la trouve tant soit peu compliquée, il s'y perd, il cesse de comprendre, elle le rebute, et il y renonce. Le registre de comptabilité agricole simplifiée se compose d'un certain nombre de tableaux qui peuvent d'ailleurs être modifiés selon les conditions de l'agriculture locale, et les divers genres de culture qu'elle peut admettre. Le modèle de comptabilité qu'on donne comme spécimen est établi dans l'hypothèse d'une ferme du centre de la France ; chaque tableau ne doit servir que pendant un mois. Le cultivateur a soin de se munir d'un registre cartonné, dont le papier ne doit pas être réglé; il le fait faire assez gros pour qu'il puisse servir pendant six mois au moins et un an au plus, afin d'éviter l'obligation de le renouveler trop souvent. Quelques pages blanches doivent être réservées à la fin du registre, pour les relevés de fin d'année , où le fermier doit trouver le tableau complet de sa situation.

Les tableaux comprennent deux séries, celle des *dépenses* et celles des *recettes.* Les dépenses, de même que les recettes, sont faites, soit en *nature*, soit en *argent.* Pour les dépenses en nature, le fermier n'aurait jamais fini, s'il lui fallait chercher à travers tous les comptes de sa gestion, ce que chaque genre de produit lui coûte, et quel en est le prix de revient; il y perdrait un temps énorme, et ne serait jamais sûr de son fait. Il y a quelque chose de beaucoup plus simple et plus rationnel. Tout objet quelconque vaut évidemment le prix auquel il peut être vendu. Il faut s'en tenir là pour la comptabilité agricole, cela suffit. Le fermier doit forcément assigner une valeur à chaque objet dépensé, c'est-à-dire , employé dans l'exploitation, sans avoir été réellement ni acheté, ni vendu. Il y a toujours dans chaque localité un prix courant bien connu pour chaque espèce de produits; parmi les denrées provenant d'une exploitation, tout ce qui est employé en nature doit être porté en compte comme comme si le fermier se le vendait à lui-même, au prix courant du moment.

Le premier tableau de la première série a pour titre : Dépenses en nature : Froment.

Ce tableau doit être assez grand pour qu'on puisse y inscrire tout le froment dépensé en nature pendant un mois, quand même plusieurs articles tomberaient le même jour; il se prolonge à cet effet sur autant de feuilles qu'il est nécessaire. Il ne montre qu'une seule chose, savoir, ce qui a été dépensé de froment en nature, de sorte que le fermier puisse voir ce que ce produit est devenu à la fin de l'année; c'est ce qui doit résulter de l'examen des douze tableaux consacrés au froment, et indiquant les quantités de froment dépensées, ainsi que leurs destinations.

Si l'on demande comment ce tableau doit être établi, la réponse est des plus faciles. Chacun sait parfaitement par quelles voies s'écoule le blé récolté sur son exploitation; il n'a pas d'effort de mémoire à faire pour s'en rendre compte. Il en emploie une partie pour ses semailles; une autre est consommée dans le ménage, et il vend le reste. Ainsi, le titre du tableau comprend d'abord une colonne de *dates*, afin qu'on sache quel jour du mois chaque quantité de froment a été dépensée en nature, puis, en trois colonnes, *semailles, consommation* et *vente*. Il est bon d'y joindre une large colonne blanche pour les *observations*, servant à faire de la comptabilité une sorte de mémorandum agricole pour le fermier. En parcourant des yeux les colonnes d'observations qui doivent accompagner tous les tableaux, il se rappelle les circonstances agricoles de toute l'année il ne peut manquer d'en tirer d'utiles indications pour l'année suivante, soit pour persévérer dans la même voie s'il a bien réussi, soit pour en changer, s'il voit qu'il y ait lieu de mieux faire.

DÉPENSES EN NATURE. — FROMENT.

DATES.	SEMAILLES.	CONSOMMATION.	VENTE.	OBSERVATIONS.
Janvier	hectolitres.	hectolitres.	hectolit.	
1	»	»	»	
2	»	»	»	
3	4	»	»	Semailles retardées par le mauvais temps. — Pièce No 7.
4	»	»	»	
5	»	»	11	Au marché du chef-lieu, — Vente faible : — 17 fr. 50 c. l'hect.
6	»	»	»	
7	»	»	»	
8	»	2	»	Portés au moulin pour le pain du ménage.
9	»	»	»	
etc.				

On comprend combien il faut peu de temps au fermier pour remplir par des guillements les jours où il n'y a pas de froment employé ou vendu, et pour poser un chiffre dans la colonne à la date d'un emploi de cette céréale ; la co lonne des observations n'est pas beaucoup plus longue à remplir. Quant aux tableaux, il suffit qu'ils soient toujours dressés avec leur en-tête un mois d'avance. Celui des enfants qui possède la plus belle écriture peut être chargé de ce soin, le soir, à temps perdu, et s'en acquitter sans fatigue, en goûtant le plaisir naturel à cet âge, de savoir qu'il se rend utile à la maison, ce qui ne peut que lui inspirer une émulation salutaire. On voit aussi qu'en prenant la résolution de ne jamais manquer d'inscrire sur le tableau, toujours tenu prêt d'avance, chaque emploi de froment, aussitôt qu'il a eu lieu, il est matériellement impossible que le fermier ne voie pas à la fin de l'année où tout son blé est passé, jusqu'au dernier grain.

Les tableaux sont exactement les mêmes pour le seigle, le maïs, le sarrasin, l'orge ; ces tableaux doivent fournir les mêmes indications et conduire au même résultat. Chaque fois qu'une de ces céréales est employée, c'est un chiffre à inscrire dans une colonne d'un tableau, avec une observation en regard, s'il y a lieu : c'est bientôt fait. On comprend que, selon les usages et la destination de chaque céréale, la forme du titre peut et doit varier, sans modifier en rien, ni la méthode de comptabilité agricole par tableau, ni ses applications. On en donne ici pour exemple le tableau consacré à l'avoine. Dans les pays où les labours se font par des bœufs, les attelages ne consomment pas d'avoine ; partout ailleurs, la principale consommation de l'avoine en nature se fait par les attelages. Il en résulte des différences sensibles dans le titre du tableau montrant la consommation en nature de l'avoine. Dans la supposition d'une ferme exploitée par des attelages de chevaux, le tableau de l'avoine peut avoir la forme suivante :

DÉPENSES EN NATURE. — AVOINE.

DATES.	SEMAILLES.	CONSOMMATION.			VENTE	OBSERVATIONS.
		CHEVAUX.	TROUPEAU	VOLAILLES		
Mars.	hect.	hectol.	hectol.	hectol.	hectol.	
1	»	»	»	»	12	Bonne vente : 7 fr. 50 c. l'hectolitre.
2	»	»	»	»	»	
3	»	5	»	»	»	Ration de 8 jours.
4	»	»	»	»	»	
5	8	»	»	»	»	Pièce nº 5. Belle semaille. — Temps favorable.
etc.						

On croit superflu de donner ici des modèles analogues pour les autres céréales, tant il est facile, le principe et son application étant donnés, d'approprier les tableaux aux besoins de chaque exploitation.

Les tableaux des fourrages et ceux des racines fourragères sont encore moins compliqués, comme le montrent les deux exemples suivants, l'un pour la luzerne, l'autre pour les pommes de terre :

DÉPENSES EN NATURE. — LUZERNE.

DATES.	CONSOMMATION.			OBSERVATIONS.
	CHEVAUX.	TROUPEAU.	VACHES.	
Novembre.	kilogrammes.	kilogrammes.	kilogrammes.	
1	1500	»	»	Dix jours de rations.
2	»	»	»	
3	»	2400	»	Douze jours de rations.
4	»	»	»	
5	»	»	800	Quatre jours de rations.
etc.				

On voit, qu'en remplissant les indications du tableau
chaque fois qu'une quantité de luzerne est livrée à la consommation, le fermier voit où toute sa luzerne est passée,
et comme le compte des bestiaux se compose de tableaux
du même système, où tout ce que chaque genre de bétail
a reçu est porté aux mêmes dates, ces tableaux se contrô-
lent les uns par les autres, ce qui rend les omissions et
les erreurs impossibles. A la fin de l'année, tout ce que le
bétail n'a pas consommé doit se retrouver en nature ; si la
provision n'a pas suffi, les tableaux montrent à partir de
quelle époque il a fallu acheter des fourrages supplémentaires, qui se retrouvent portés sur les tableaux des dépenses en argent :

DÉPENSES EN NATURE. — POMMES DE TERRE.

DATES.	CONSOMMATION.		PLANTATION	VENTE.	OBSERVATIONS.
	MÉNAGE.	TROUPEAU.			
Mars.	hectolitres.	hectolitres.	hectolitres.	hectolitres.	
1	2	»	»	»	
2	»	16	»	»	
3	»	»	»	»	
4	»	»	12	»	
5	»	»	»	280	Vente avantageuse ; 4 fr. 50 c, à la féculerie.
etc.					

Les dépenses en argent ne peuvent pas être toutes portées sur un seul tableau ; il vaut mieux consacrer à ce seul objet deux tableaux, ou un plus grand nombre, si cela devient nécessaire pour ne rien omettre; la disposition de tous ces tableaux est nécessairement la même,

DÉPENSES EN ARGENT.

DATES.	IMPOSITIONS.		FERMAGES.		MATÉRIEL.		GAGES des domestiques.		OBSERVATIONS.
Janvier,	fr.	c.	fr.	c.	fr.	c.	fr.	c.	
1									
2									
3									
etc.									

Quand les dépenses en argent consistent en achat de denrées que la ferme ne produit pas en quantité suffisante, on les consigne dans une division séparée de tableaux, sous le titre de : *Denrées achetées*. Si, par exemple, à la suite d'une température défavorable, les avoines manquent une année accidentellement, les attelages ne peuvent pas s'en passer, il est indispensable d'en acheter. La comptabilité simplifiée marque ces achats de la manière suivante :

DENRÉES ACHETÉES — AVOINE.

DATES.	VENDEURS.	QUANTITÉS.	PRIX par hectolitres		PRIX TOTAL.		OBSERVATIONS.
Octobre.		hectolitres.	fr.	c.	fr.	c.	
1	»	»	»	»	»	»	
2	Morel.	30	7	50	225	»	Argent comptant.
3	»	»	»	»	»	»	
4	»	»	»	»	»	»	
5	»	»	»	»	»	»	
6	»	»	»	»	»	»	
7	Dupont.	25	8	20	205	»	A six mois de crédit.
8	»	»	»	»	»	»	
9	»	»	»	»	»	»	
10 etc.	»	»	»	»	»	»	

DENRÉES ACHETÉES. — LUZERNE.

DATES.	VENDEURS.	QUANTITÉS.	PRIX par 100 kilogram.		PRIX TOTAL.		OBSERVATIONS.
Novembre		kilogrammes	fr.	c.	fr.	c.	
1	Laurent.	2000	4	50	86	»	Première coupe : bonne qualité.
2	»	»	»	»	»	»	
3	»	»	· »	»	»	»	
4	«	»	»	»	»	»	
5	Matthieu.	1500	»	80	57	»	Deuxième coupe.
etc.							

On voit par ces deux exemples comment doivent être dressés et remplis les tableaux des denrées achetées, qui peuvent tenir une place importante parmi les dépenses en argent d'une grande exploitation.

La partie du registre de la comptabilité agricole simplifiée, où doivent être consignées les recettes, est tout aussi peu compliquée ; elle comprend en deux divisions distinctes, les *Recettes en nature* et les *Recettes en argent*, en autant de tableaux que les besoins de l'exploitation peuvent le rendre nécessaire. Les idées exposées ci-dessus quant aux tableaux des dépenses étant de tout point applicables aux tableaux des recettes, il suffit, pour ne pas grossir inutilement ce chapitre, d'en donner deux modèles, l'un d'une recette en nature, celle du froment, l'autre des recettes en argent provenant de la vente des céréales.

RECETTES EN NATURE. — FROMENT BATTU.

DATES.	NOMBRE des GERBES.	RENDEMENT.	OBSERVATIONS
Décembre.		hectolitres.	
1	200	9	Bonne moyenne.
2	»	»	
3	»	»	
4	»	»	
5 etc.	304	12	Rendement faible.

Un tableau semblable pour chaque céréale donne le résultat de tout le battage. Le bon sens indique qu'il serait superflu de dresser douze tableaux de ce genre, attendu qu'il y a des saisons où l'on ne bat aucune espèce de grains, ni au fléau, ni à la mécanique. Il est très-utile, afin d'éviter tout mécompte, de ne porter en recette que les grains battus, au moment où ils entrent dans le grenier. Bien des fermiers inscrivent à la moisson le nombre des gerbes; ils en font battre une douzaine, prennent note du rendement, et se persuadent qu'ils possèdent une quantité de grains calculée d'après cette donnée; mais le plus souvent, le produit du battage ne répond pas à leur attente.

RECETTES EN ARGENT. — CÉRÉALES.

DATES.	FROMENT.			SEIGLE.			ORGE.			AVOINE.			RELEVÉ.			OBSERVATIONS.
Janvier	hect.	fr.	c.	hect.	fr.	c.	hect.	fr.	c.	hect.	fr.	c.	hect.	fr.	c.	
1	»	»	»	»	»	»	»	»	»	»	»	»	»	»	»	
2	»	»	»	»	»	»	»	»	»	»	»	»	»	»	»	
3	60	1200	»	50	450	»	»	»	»	25	75	»	115	1825	»	Très-bonne vente.
4	»	»	»	»	»	»	»	»	»	»	»	»	»	»	»	
5	20	500	»	10	150	»	40	480	»	,	»	»	70	990	»	Vente difficile.
etc.																

Quand M. le curé et l'instituteur eurent arrêté ensemble
le plan de comptabilité simplifiée qu'on vient d'esquisser :
« S'ils ne veulent pas, dit-il, de cette manière de voir clair
dans leurs affaires, nous aurons fait tout ce qui est humainement possible ; pour ma part, j'y renoncerai. »

M. le curé n'éprouva pas ce déplaisir ; l'exemple du fermier inspira de l'émulation à ses confrères, et plusieurs
des enfants les plus studieux de l'école trouvèrent l'occasion d'obtenir en dressant, sous les yeux de l'instituteur,
des modèles de tableaux de comptabilité agricole simplifiée, de légères gratifications, salaire légitime d'un travail
des plus utiles.

CHAPITRE XXIV

Le jardin du Presbytère. — Potager.

C'était une sorte de merveille que le jardin de M. le
curé; on en parlait à plusieurs myriamètres à la ronde;
les gens de la paroisse et ceux des communes voisines y
venaient prendre des leçons de jardinage, certains d'y être
toujours bien reçus et d'en rapporter du plant des meilleurs légumes, des graines des plus belles fleurs de chaque
saison, des greffes des meilleures espèces d'arbres fruitiers, outre d'excellents conseils sur la meilleure manière
de tirer parti de toutes ces richesses que le digne pasteur
se plaisait à leur prodiguer; car il regardait avec raison le
jardinage, même quand il n'a pour objet que la culture
des plantes d'ornement, comme une chose de la plus
grande utilité.

— Je sais bien, disait-il, je sais par ma propre expérience qu'il faut à tout homme qui consacre en conscience la plus grande partie de son temps aux travaux de sa profession, quelle qu'elle soit, un peu de délassement honnête, conforme à ses goûts et à sa position. J'ai, je ne m'en cache pas, l'inoffensive passion des fleurs ; je cherche à la faire partager à mes paroissiens, autant que cela peut dépendre de moi, et je suis persuadé qu'en cela comme en tout le reste, j'agis tout à fait dans leur intérêt. Pendant les courtes heures de loisir dont ils peuvent disposer, j'aime beaucoup mieux, au profit du bon ordre et des bonnes mœurs, les savoir au jardin qu'au cabaret.

— Monsieur, lui dit le fermier lorsqu'il eut mis sa ferme sur un assez bon pied pour pouvoir donner un peu de relâche à ses travaux assidus, je vous aurai une obligation de plus, si, tout en me montrant à apprécier ce que renferme de plus beau votre jardin, qui me fait commettre le péché d'envie, vous voulez bien me mettre sur la voie pour qu'à mon tour je puisse devenir un peu jardinier. L'emplacement ne nous manque pas, l'eau non plus ; ce sont, je crois, les deux éléments essentiels d'un bon jardinage. Ma femme ne cesse de me dire : « Compare-donc ton malheureux jardin à celui de M. le curé, et tâche donc de me donner à cueillir, comme il y en a chez lui, de bons légumes, de belles fleurs et de beaux fruits surtout, qui vaillent la peine d'être récoltés ; les enfants ne demandent qu'à s'occuper un peu du jardin ; c'est un amusement qui leur convient, et ne peut que leur être salutaire. »

— Je suis tout à fait de l'avis de votre femme, dit M. le curé, et il ne tiendra qu'à vous de lui donner la satisfaction d'avoir un jardin aussi beau que le mien, plus beau même, mais dirigé dans des vues un peu différentes. Prenons, si vous le voulez, un aperçu de mon jardin ; ce sera votre première leçon

Le jardin du presbytère, sans être d'une grande étendue, était si bien distribué, que du premier coup d'œil on le jugeait beaucoup plus grand qu'il ne l'était en effet. Il était très-artistement dessiné et divisé en trois parties distinctes: le potager, le parterre et le jardin fruitier, tous les trois coquettement tenus, sans qu'un seul centimètre carré de terrain restât sans emploi, sans qu'un seul brin de mauvaise herbe osât s'y montrer. Sa consommation personnelle étant réglée avec une frugalité toute évangélique, M. le curé tenait bien moins à récolter dans son potager une grande abondance de produits, qu'à y réunir les plus précieux, les plus recherchés, ceux dont il désirait le plus vivement répandre et propager la culture. Il avait bien plus de plaisir, en se livrant avec une rare habileté à la culture des primeurs, à offrir à un vieillard convalescent un beau choufleur ou une botte de belles asperges en plein hiver, quelques belles fraises à un enfant malade, dès le milieu du printemps, qu'il n'en aurait eu à se servir lui-même de ces produits délicats de la culture forcée. C'est par là qu'il savait, ainsi qu'il le disait lui-même, doubler les plaisirs que lui procurait son jardin, d'un côté par la satisfaction que procure toujours le succès, de l'autre par celle bien plus vive qu'il éprouvait à distribuer des choses qu'il eût été impossible de trouver dans le pays ailleurs que dans le potager de M. le curé.

Le jardin fruitier était cultivé dans le même but; M. le curé eût été mortifié que, pour satisfaire, avec la permission du médecin, une fantaisie d'un malade, ou fût allé chercher ailleurs qu'au jardin du presbytère les premières cerises bien mûres, ou la première grappe de chasselas. C'était encore en vue des heureux qu'il voulait faire en distribuant de beaux et bons fruits, à une époque de l'année où il n'y en a plus nulle part, qu'il s'était appliqué à garnir son jardin fruitier des espèces d'arbres dont les fruits peuvent être conservés le plus longtemps; aussi veillait-il personnellement à leur conservation avec les soins les plus attentifs, sachant qu'ils doublaient de prix pour ceux auxquels il se plaisait à les offrir, quand il les leur apportait au moment où il semblait impossible de s'en procurer.

— J'ai su, dit le fermier tout en faisant avec M. le curé le tour du jardin du presbytère, que la commune vous avait offert de faire enclôre de murs votre jardin, et que vous aviez refusé; il me semble pourtant qu'avec une clôture de murs, votre jardin serait mieux fermé, et que vous seriez mieux chez vous.

— Mieux chez moi? reprit en riant M. le curé. Mais, c'est précisément ce que je ne veux pas. Mon jardin a bien assez de murs aux expositions les plus favorables aux arbres fruitiers en espalier ; les deux autres côtés sont fermés par des haies vives que j'ai soin de tenir à hauteur d'appui et de tondre soigneusement, à la mode des Flandres. Il en résulte que mes voisins, en me voyant jardiner, prennent goût au jardinage, m'interrogent, et finissent par faire comme moi; c'est ce qu'il me faut; je serais bien fâché que mon jardin fût muré de tous les côtés. J'y gagne encore sous un autre point de vue; ne remarquez-vous pas que les jardins de la commune, à commencer par le vôtre, par parenthèse, sont plus ou moins endommagés cette année par les chenilles ? Moi, qui leur donne assidûment la chasse, j'en ai moins que les autres, et pourtant il me serait impossible de prévenir complétement leurs ravages si je n'étais aidé par les fauvettes, qui nichent en assez grand nombre dans ma haie. J'ai soin de placer dans un coin bien tranquille, sous un buisson de lilas, une pierre creuse, toujours pleine d'eau propre, et une assiette dans laquelle je mets deux ou trois fois par semaine, durant toute la belle saison, une petite provision de vers de farine. Attirées par cette politesse et par la sécurité complète dont elles savent qu'elles jouiront dans le jardin du presbytère, les fauvettes viennent de préférence y faire leurs deux couvées par an, et moi qui suis grand amateur de bonne musique, j'ai leurs chansons par-dessus le marché.

Comme il faut toujours, en jardinage, faire passer l'utile avant l'agréable, bien que l'agréable ait aussi son côté utile, nous commencerons par le potager. Je l'ai divisé inégalement en deux parties; la plus petite pour les légumes vivaces, la plus grande pour tous les autres genres de légumes. Dans le premier compartiment, je n'ai , vous le voyez, que deux plantes, les asperges et les artichauts. Mes asperges ont six ans; il y a deux ans seulement que je commence à en cueillir ; elles ont été établies non par plantation, mais par semis de graine que j'avais fait venir de Vendôme, la ville de France où l'on récolte les meilleures asperges. En procédant ainsi, je n'ai pu commencer à profiter de mes asperges que la quatrième année; mais, j'ai pu donner plus d'étendue à mes planches d'asperges, en dépensant beaucoup moins que s'il m'avait fallu acheter des griffes de deux ans élevées en pépinière, pour procéder par plantation. -

— Vous me trouverez probablement de bien mauvais goût, Monsieur, mais j'ai peine à comprendre comment il y a tant de gens qui mangent avec plaisir des asperges.

— Je comprends, mon ami, qu'avec vos rudes travaux votre vie en plein air et le formidable appétit qui doit en résulter, des asperges ne soient pas un mets de votre goût; et je suis sûr qu'il en est de même des artichauts. Quant aux gens âgés, comme moi, ou livrés à des occupations sédentaires, qui n'exigent pas une grande dépense de forces, l'asperge et l'artichaut sont des mets très-sains quoique peu nourrissants, et qui conviennent très-bien à leur estomac. Je récolte beaucoup plus d'artichauts et d'asperges que je ne puis en consommer personnellement, afin d'en avoir toujours à la disposition des malades et des convalescents, qui ne supporteraient pas des aliments plus substantiels et plus difficiles à digérer.

— Comment faites-vous, Monsieur, je vous prie, pour avoir de si belles asperges en plein cœur d'hiver, ainsi que je vous en vois cueillir tous les ans ? Cela doit être fort difficile !

— Bien moins que vous ne le pensez, mon ami. Avant la première invasion des gelées sévères, je couvre d'un lit épais de litière sèche toutes les planches que je me propose de forcer ; je ne les force jamais toutes à la fois, afin d'avoir plus longtemps des asperges à récolter. Vers le milieu de décembre, je remplace la litière par du fumier de cheval en pleine fermentation, par-dessus lequel je pose, non pas des châssis vitrés, comme le font les jardiniers de profession, ce matériel est beaucoup trop cher pour moi, mais un simple cadre de bois garni de gros canevas, sur lequel je remets la litière sèche enlevée pour remettre en place le fumier ; je défie bien la gelée de pénétrer par-dessous tout cela. S'il vient à tomber de la neige, j'ai bientôt fait, pour éviter le refroidissement, d'ôter les châssis en rejetant dehors toute la neige dont ils sont chargés. De temps en temps, je soulève la litière pour voir si les asperges poussent, et récolter les plus avancées.

— Quand une planche d'asperges a été forcée de cette manière, est-elle ruinée ?

— Nullement ; j'ai soin seulement, l'année qui suit celle où une planche d'asperges a été forcée, de ne pas commencer trop tôt la récolte et de ne pas la continuer trop tard. Avec cette seule précaution, mes planches d'asperges peuvent être forcées tous les deux ans, et elles ne s'en portent pas plus mal.

— Dans tous les autres jardins, je vois tous les ans butter et couvrir de feuilles sèches ou de litière longue les plantations d'artichauts qui, malgré tout cela, gèlent assez souvent; je ne vous ai jamais vu butter ni couvrir les vôtres, et vous en avez de très-beaux tous les ans : est-ce que vous avez un procédé particulier pour la culture de l'artichaut?

— Non, mon ami; mais j'use d'un excellent moyen pour que mes artichauts ne gèlent pas ; avant l'hiver, j'arrache tout et je jette tout au fumier; au printemps, je renouvelle la plantation, qui me donne en automne une très-belle récolte : c'est tout ce que j'en veux. Je recommence tous les ans, et bien que l'artichaut soit une plante vivace, qui peut durer trois et même quatre ans en plein rapport, je le traite comme si c'était une plante annuelle. Je ne conseillerais pas à tout le monde d'en faire autant; ceux qui cultivent en grand l'artichaut, pour en vendre les produits, regardent avec raison la durée des plantations, quand on peut les garantir des atteintes de la gelée, comme leur principale source de bénéfices. Moi, je dispose d'un terrain très-fertile, et le ruisseau qui coule au pied de la haie du jardin du presbytère me permet d'arroser mon potager avec prodigalité. Dans ces conditions , je suis certain, en plantant au printemps des œilletons d'artichauts un peu forts, d'en obtenir une très-bonne récolte avant la fin de la belle saison. S'il arrive que quelques pieds végètent moins activement que les autres, et que leurs pommes ne se trouvent qu'a demi-formées à l'entrée de l'hiver, c'est tant mieux. J'enlève en motte, avec toutes leurs racines, ces pieds débarrassés de leurs plus grandes feuilles, et je les plante à la cave, dans du sable frais. Ils s'y maintiennent longtemps en bon état : c'est encore une très-bonne ressource en hiver pour les malades, qui n'ont à leur disposition, en fait de nourriture végétale, que des pommes de terre et des légumes secs. Je ne connais en France que les jardiniers-maraîchers des environs d'Amiens qui cultivent l'artichaut de la même manière avec profit, parce qu'ils ont, comme ici, un sol très-riche à leur disposition, et de l'eau en abondance, leurs jardins étant entourés de canaux d'irrigation dérivés de la Somme. Ils trouvent dans l'emploi de cette méthode le grand avantage de n'avoir pas à s'embarrasser de la conservation des artichauts en hiver, comme lorsqu'ils doivent rester en place pendant plusieurs années.

— J'ai, Monsieur, à vous adresser une question qui m'intéresse personnellement, parce que les petits pois et les haricots verts sont mes légumes de prédilection. Comment faites-vous, je vous prie, pour avoir des petits pois plus de quinze jours avant qu'il y en ait dans les autres jardins du village ? Chez moi, par exemple, bien que mon potager ne soit pas très-bien en ordre, je soigne mes petits pois tout de mon mieux ; je les ai semés en même temps que les vôtres ; j'ai mêlé à la terre, selon vos indications, des cendres de bois tamisées ; l'espèce est bien exactement la même, puisque c'est vous qui m'avez donné des pois pour semer, et le carré de jardin qu'ils occupent est à une exposition tout aussi méridionale que celle de votre potager ; je le répète : comment faites-vous pour que vos pois soient bons à cueillir seize à dix-huit jours avant les miens ?

— Cela tient, dit M. le curé, à un procédé dont je ne fais nullement un secret, et que je vous aurais communiqué beaucoup plus tôt, si vous me l'aviez demandé. Vous avez pu remarquer que les fleurs des pois se forment et se changent en cosses, non pas toutes à la fois, mais successivement. Je respecte celles du bas de la tige, nées longtemps avant les autres, et je leur laisse former une cosse dont les pois, récoltés à mesure qu'ils mûrissent, sont mis à part et employés seuls pour les semailles de l'année suivante. C'est ainsi que les pois d'espèce précoce, comme ceux que nous semons vous et moi, gagnent un dégré très-sensible de précocité de plus, précocité qui ne peut être maintenue que par la pratique persévérante du même procédé. Vous en savez actuellement autant que moi à ce sujet, et il ne tiendra qu'à vous de suivre ma méthode, avec la certitude d'arriver au même résultat.

— Est-ce aussi par le même procédé, Monsieur, que vos haricots flageolets nains ont une avance si prononcée sur les nôtres ? Je ne vous vois pourtant pas leur donner contre les froids tardifs du printemps une protection particulière.

— Le haricot, dit M. le curé, nous est venu dès la plus haute antiquité des bords du Gange, dans l'Inde, un des pays les plus chauds du monde. Quoiqu'il ait produit par la culture, dans des conditions très-diverses de sol et de climat, une multitude de variétés, le haricot est resté en Europe aussi sensible au froid qu'il l'est dans son pays natal ; car, pour le dire en passant, le tempérament des plantes, leur rusticité pour supporter le froid, ne changent pas lorsqu'on les transporte d'un pays dans un autre ; c'est donc par un véritable abus de langage qu'on parle d'acclimater les plantes ; on ne les acclimate pas ; on peut seulement quelquefois les naturaliser. Bien qu'il soit naturalisé en Europe de temps immémorial, le haricot ne peut être cultivé en France que dans l'intervalle entre le temps où il ne gèle plus et celui où il ne gèle pas encore ; c'est-à-dire que, sous le climat du centre de la France, on

ne peut pas semer le haricot à l'air libre avant le 10 ou le
15 du mois de mai ; pour avoir des haricots verts de bonne
heure, ce serait un peu tard ; voici comment je tourne la
difficulté. Dans les premiers jours d'avril, quelquefois
même avant la fin de mars, quand la température me
semble adoucie, je répands un peu de bonne terre douce
sur le dessus bien égalisé d'un tas de fumier. Là, je sème
des haricots flageolets nains précoces, tout près les uns des
autres ; j'en mets ordinairement un litre sur une surface
d'un mètre carré. Grâce à la chaleur dégagée de la masse
du fumier, mes haricots ne tardent pas à lever ; dès qu'ils
soulèvent la terre, je les couvre d'une couche épaisse de
litière sèche ; j'évite de les arroser, et j'attends. Étant gênés
par le voisinage les uns des autres, et manquant d'eau pendant la première période de leur développement, ils font
peu de progrès ; ils restent, pour ainsi dire, stationnaires,
jusqu'au moment où la température extérieure me permet
de les planter sans danger à l'air libre, deux par deux en
lignes au pied d'un mur à l'exposition du midi, en ayant
soin de les bien arroser deux fois par jour. Voilà comment
je puis récolter des haricots verts quinze jours avant mes
voisins, qui regardent souvent par-dessus ma haie et me
voient jardiner en leur présence ; il ne tient, par conséquent,
qu'à eux de faire comme moi.

— Je vois bien, dit le fermier, en causant avec vous,
Monsieur, que, dans la culture des plantes potagères, le succès dépend de soins de détail et de particularités dont l'o-
mission fait tout échouer, et qu'il n'y a dans tout cela rien
d'excessivement difficile. Par exemple, il y a une plante
que je n'ai jamais pu faire croître convenablement dans le
jardin de la ferme, c'est le chou-fleur. Avec la graine que
vous avez eu l'obligeance de me donner, j'ai obtenu du
plant de chou-fleur qui me semblait en bon état, je l'ai mis

en place, à ce qu'il m'a paru, dans les meilleures conditions, et je n'ai pas eu de choux-fleurs : à quoi cela peut-il
tenir ?

—A ma faute probablement, dit M. le curé ; j'aurai oublié
de vous avertir que, pour obliger le chou-fleur à former sa
pomme dans les terrains un peu froids, comme celui de
votre jardin, il ne faut pas mettre le plant directement en
place ; il doit être auparavant, une fois ou deux, arraché
et repiqué en lignes, à quatre ou cinq centimètres de distance en tout sens. Ces repiquages empêchent le plant de
chou-fleur de s'allonger, et elles le disposent à donner de
bonne heures de belles pommes blanches et serrées telles
que celles que vous voyez dans mon jardin.

CHAPITRE XXV

Le jardin du Presbytère. — Potager (Suite).

Plantes potagères exclues du jardin de la ferme, — du jardin du presbytère.
— Motifs de ces exclusions. — Salades. — Laitue de Versailles. —
Laitue paresseuse. — Laitue-chou de Batavia, — son utilité pour l'engraissement des porcs. — Laitue longue ou romaine. — Alphange. —
Chicorée frisée d'Italie, — de Meaux, — de Rouen ou Corne de cerf. —
Scarole. — Eudive. — Culture des porte-graines. — Double échelle des
jardiniers de Nancy. — Tomates. — Culture économique des melons.
— Fraisiers. — Moyen de les préserver des atteintes du ver blanc du
hanneton.

———

Ainsi que M. le curé en avait prévenu le fermier lorsqu'il avait commencé à lui faire les honneurs de son jardin,
celui-ci devait y rencontrer bien des plantes potagères qui
n'auraient pas pu trouver place dans le jardin de la ferme;
tels étaient entre autres le chou rave, dont la saveur ne
plaît pas à tout le monde, et dont la culture exige énormément de fumier, d'eau et de main-d'œuvre, et le chou
spruyt ou chou de Bruxelles, dont les rejetons, nés dans les
aisselles des feuilles, seraient trop longs à cueillir un
à un, à éplucher et à préparer en quantité suffisante pour
le repas d'une famille nombreuse; d'autres, comme le
chou quintal ou gros chou blanc d'Alsace, et l'oignon,
assaisonnement nécessaire de la cuisine au village, bien

que tout à fait indispensables au jardin de la ferme, ne se
rencontraient pas dans celui du presbytère. Le fermier ne
put s'empêcher d'en faire l'observation.

— J'ai cru devoir, dit M. le curé, me dispenser d'admettre dans mon potager les plantes qu'on trouve dans
tous les jardins du village, et que personne ne songera à
me refuser s'il m'arrive d'en avoir besoin ou envie ; j'ai
consacré la place que ces légumes auraient occupée
dans mon potager à la culture de quelques plantes médicinales à l'usage de tout le monde ; je vous les montrerai
tout à l'heure, en vous en expliquant l'utilité, et vous
comprendrez qu'il valait bien mieux mettre ces plantes,
si utiles à la porte du jardin du presbytère, que de le remplir d'oignons, de poireaux et d'autres légumes que tout le
monde se fait un plaisir de m'offrir, parce qu'on sait bien
qu'on trouve toujours, en cas de besoin, les plantes médicinales les plus usuelles et les plus salutaires dans le jardin
de M. le curé.

« Maintenant, que je vous fasse les honneurs de mes salades. J'avoue que je tiens beaucoup à avoir les salades de
chaque espèce et de chaque saison, les plus belles et les
meilleures possible. Je n'aime pas seulement mes salades,
je les estime en raison des signalés services qu'elles ont
rendus et qu'elles ne cessent de rendre au genre humain.
Dans les voyages de long cours, les navigateurs ont soin
d'embarquer des caisses remplies de bonne terre, rien que
pour avoir un peu de salade, outre les chicorées et les
scaroles dont ils embarquent, quand la saison le permet,
d'amples provisions, ménagées à bord comme l'une des plus
précieuses ressources pour le maintien de la santé des
équipages. Depuis l'époque où le cardinal d'Estrées, am-
bassadeur de France à Rome, sous le règne de François Ier,
introduisit en France les premières laitues, cette plante,

que probablement les Grecs et les Romains mangeaient avec du sel, de l'huile et du vinaigre, selon l'usage qu'ils ont légué aux Italiens, de qui nous le tenons, a toujours occupé le premier rang parmi les salades; il y a beaucoup de départements où, lorsqu'on parle d'une salade, c'est de la laitue qu'on entend parler; c'est la salade par excellence. Aussi, vous voyez que j'en ai toute une collection; voici la laitue maraîchère de Versailles, à feuilles légèrement panachées, la blonde paresseuse, ma favorite, parce qu'elle ne monte pas en graine comme les autres, et cinq à six autres dont chacune a son mérite spécial pour un connaisseur.

— Et celle-ci, Monsieur, dit le fermier en montrant une énorme laitue ronde pommée; je n'en ai jamais vu de si grosse : est-elle aussi bonne que volumineuse?

— Non, mon ami; c'est la laitue-chou de Batavia, dont le goût n'est pas fort délicat, et qu'on ne cultive pas généralement pour l'usage de l'homme. Vous savez que toute laitue doit son nom au suc laiteux dont toutes ses parties sont remplies et qui possède des propriétés très-calmantes; on en extrait pour l'usage médical une substance nommée *tridace*, qui possède en partie les propriétés de l'opium, sans en avoir les inconvénients et les dangers. La laitue-chou de Batavia est celle qui contient le plus de cette substance; je cultive quelques pieds de cette laitue, afin d'en récolter la graine et d'engager ceux qui, comme vous, engraissent tous les ans un grand nombre de porcs, à cultiver en grand la laitue-chou de Batavia. Bien que, par elle-même, elle ne contienne presque pas de principes nourrissants, elle n'en contribue pas moins efficacement à l'engraissement des porcs en les provoquant au sommeil après qu'ils ont mangé, ce qui leur rend les aliments plus profitables.

Malgré ma préférence pour les laitues rondes, vous voyez que je ne dédaigne pas les laitues longues ou romaines ; j'en ai plusieurs variétés, dont la meilleure, à mon avis, est l'alphange, dont j'ai fait venir la graine des environs de Paris. J'ai aussi toute la collection des chicorées frisées, celle d'Italie, celle de Meaux, et la Corne de cerf, de Rouen, sans négliger leurs proches parentes, les scaroles, dont la meilleure variété est l'eudive, du département du Nord ; cette dernière est surtout précieuse par la propriété qu'elle possède, au degré le plus élevé, de se conserver pendant une grande partie de l'hiver. Quand ma provision d'eudive est épuisée, j'ai déjà à ma disposition les premières petites laitues pommées des espèces nommées laitue crêpe et laitue gotte, qui n'ont pas par elles-mêmes une bien grande valeur, mais qui, sur une couche de bon fumier recouverte de terreau, et protégée par mes châssis économiques, les uns en canevas, les autres en papier huilé, végètent parfaitement, ce qui me permet de manger de temps en temps de la salade toute l'année, sans interruption, et d'en avoir toujours à offrir à mes voisins. Je vous engage fort, du moment où vous serez décidé à mettre le jardin de la ferme sur un bon pied, à y donner une bonne place aux salades, surtout aux laitues.

Quand le fermier eut terminé l'inspection du potager du presbytère, prenant note de tout ce qu'il trouvait de plus saillant dans son entretien avec M. le curé : — Monsieur, lui dit-il, il y a assurément une raison que j'ignore et que je vous prie de me faire connaître, pour que toutes les graines de plantes potagères, que vous distribuez généreusement, donnent des produits de première qualité, tandis que les graines des mêmes espèces de plantes récoltées par mes voisins et par moi ne donnent que des produits complétement dégénérés.

— La différence que vous avez remarquée, dit M. le curé, provient de deux causes, d'abord, et avant tout, des soins que j'accorde à la culture des plantes porte-graines, et, en second lieu, de ce que je pratique la double échelle des jardiniers des environs de Nancy.

— Voilà, Monsieur, la première fois que j'entends parler de ce que vous nommez la double échelle pour la culture des plantes potagères porte-graines.

— C'est une méthode qui devrait être pratiquée partout; les jardiniers de Nancy lui doivent la réputation de leurs graines potagères, dont ils font un grand commerce. Pour conserver intacte cette réputation, qui est pour eux une source de fortune, voici comment ils s'y prennent. Au lieu de laisser porter graine à la première plante venue de chaque espèce, ils commencent par cultiver à part, dans toutes les conditions qui peuvent en développer les qualités, un certain nombre de plantes qu'ils portent ainsi à leur perfection; ils en récoltent la graine ; mais ils se gardent bien de la livrer au commerce ou d'employer dans leurs propres cultures ces semences de la première génération; ils s'en servent seulement pour en obtenir, l'année suivante, des plantes dont ils choisissent les plus parfaites pour les employer comme porte-graines de la seconde génération ; c'est cette méthode qui a reçu le nom de double échelle. Ainsi, les graines potagères livrées au commerce par les jardiniers de Nancy sont le produit de deux années de culture la plus soignée possible; elles proviennent de plantes amenées à toute la perfection que peut comporter leur espèce. Il ne s'ensuit pas qu'en semant ces graines dans un terrain mauvais ou médiocre, et en négligeant d'accorder aux plantes nées du semis de ces graines des soins intelligents, on doive s'attendre à récolter de bons légumes; mais, dans un bon sol et avec une bonne culture, ces graines donnent ce qu'on peut avoir de mieux dans chaque espèce de plantes potagères.

— Il faut, poursuivit M. le curé, que je donne une petite satisfaction à mon amour-propre de vieux jardinier amateur, en vous faisant admirer des tomates, des melons et des fraises, dont la culture m'intéresse tout particulièrement; vous en pourrez voir ailleurs d'aussi beaux échantillons; je doute, vanité à part, que vous en puissiez voir beaucoup de plus beaux.

— Monsieur, dit le fermier, je rends pleine justice au talent que vous avez déployé pour obtenir ces produits, qui sont, en effet, de toute beauté; quant aux tomates, soyez assez bon pour me dire à quoi cela sert ou peu servir. C'est la première fois que j'en vois, et j'ignore complétement comment on en peut tirer parti.

— Dans le midi de la France, dit M. le curé, les tomates coupées par tranches, frites dans l'huile avec de l'ail et de l'oignon, sont un mets très-usité; dans le reste de la France, on en prépare une sauce très-recherchée et de fort bon goût, dont on assaisonne le bœuf; c'est pour cette destination que j'en ai quelques pieds; c'est une des plantes qui ne méritent pas une place dans le jardin de la ferme. Mais que dites-vous de mes melons?

— Je dis, Monsieur, qu'ils sont fort beaux, et j'ai le droit d'ajouter qu'ils sont excellents, puisque vous avez bien voulu me mettre à même d'en juger. Seulement, quant au jardin de la ferme, il me semble que la culture du melon est bien compliquée, bien difficile à mener à bien, et qu'elle ne peut guère y être introduite.

— Vous auriez raison, dit M. le curé, si je vous proposais de soumettre le melon dans votre jardin à cette culture savante qui lui fait donner de si parfaits résultats sous la direction des habiles maraîchers parisiens, qui n'ont pas de rivaux pour la culture forcée du melon. Je vous promets de mettre l'un de vos enfants au fait du procédé applicable chez vous, et qui n'a rien en soi de bien difficile, et je m'engage à vous faire manger des melons récoltés dans le jardin de la ferme, aussi bons que ceux que j'obtiens dans le jardin du presbytère ; vous les cueillerez seulement un peu plus tard, et ils ne vous en sembleront pas plus mauvais. Au lieu de semer, comme je m'amuse à le faire, de la graine de melon sur couche dès les premiers beaux jours, voici ce que vous ferez : au pied du mur de votre jardin qui fait face au plein midi, vous formerez des tas de fumier de cheval en pleine fermentation, composés chacun d'une brouettée ; ces tas devront être mis en place dès les premiers jours de mai. Lorsqu'ils se seront affaissés, après que le fumier aura jeté son premier feu, vous applatirez le sommet, vous le couvrirez de 8 à 10 centimètres de bonne terre, et vers le 15 mai, alors que les derniers retours perfides de froids tardifs auront cessé d'être à craindre, vous y sèmerez en place la graine de melon, qui ne tardera pas à lever. Dès que le plant aura environ un décimètre de haut, le sommet sera pincé pour lui faire donner deux rameaux latéraux qui, lorsqu'ils auront un décimètre de long à leur tour, seront de même pincés, et donneront deux rameaux chacun. Alors, on les laissera aller à leur guise, jusqu'à ce qu'ils donnent de jeunes fruits que les jardiniers nomment des *mailles*, destinés à devenir des melons. Pendant que les mailles commenceront à grossir, je me charge de montrer à vos enfants à fabriquer, comme j'en fais pour mon jardin, des cloches composées d'une légère charpente d'osier assemblée avec du fil de fer et couverte de papier huilé. Cela fait, nous examinerons ensemble les mailles, et, après avoir fait choix des mieux conformées, nous en laisserons deux sur chaque plante, en retranchant les autres, ainsi que les rameaux devenus inutiles. Il est très-important d'avoir égard à la bonne conformation des mailles, car les melons des formes les plus régulières sont toujours les meilleurs; si l'on tient moins à en récolter un grand nombre qu'à les avoir aussi bons que leur espèce le comporte, il ne faut pas en conserver plus de deux sur chaque pied. Le reste de la culture du melon, parvenu à ce point, n'est qu'un amusement. Chaque fois qu'on aura nettoyé le poulailler, on prendra une petite provision de fiente de volailles, engrais très-actif, tout spécialement approprié à la végétation du melon; quelques poignées de cet engrais, répandues au pied de chaque plante, feront rapidement grossir les melons, qui, moyennant ce soin et celui de rogner, à mesure qu'elles s'allongeront, les pousses nées des tiges au-dessus des fruits, arriveront aisément à maturité dans la première quinzaine de septembre, époque de l'année où il fait encore assez chaud pour qu'une bonne tranche de melon soit un mets également sain et agréable. Vos enfants trouveront ce léger régal d'autant plus de leur goût, qu'ils auront pris plus de peine pour faire arriver à maturité les fruits de leur melonière. Notez qu'en les habituant à soigner cette culture, il leur en restera des habitudes d'ordre, de régularité, d'attention, que tout naturellement ils apporteront dans l'exécution d'autres cultures plus importantes.

Passons à ma fraisière. Vous voyez qu'elle est garnie des plus belles espèces de fraisiers anglais, d'origine américaine : voici Goliath, Wilmott Superbe et la fraise du Chili, les plus grosses qui soient au monde; puis l'écarlate de Virginie, à la fois très-bonne et très-précoce, et l'excellente fraise ronde nommée *British-Queen*, aussi parfumée que douce et fertile. Malheureusement, pas une de ces variétés n'est remontante ; elles ne donnent qu'une seule fois par an, de sorte que la fraise des Alpes remontante, la fraise européenne , n'a pas été détrônée par la fraise américaine et ses sous-variétés ; elle reste toujours la reine des fraises, par cela seul qu'en prenant soin de le bien arroser, le fraisier des Alpes, dit des quatre-saisons, ne cesse de fleurir et de fructifier, du printemps à la fin de l'automne, sans interruption. Vous savez quelle surabondance de plant fournissent les fraisiers de toute espèce au moyen de leurs filets ou coulants, dont chaque nœud s'enracine et donne naissance à une plante servant à la propagation, à l'exception du fraisier-buisson de Gaillon, le seul qui ne file pas ; ainsi, ne vous gênez pas ; quand vous aurez restauré le jardin de la ferme, demandez-moi des fraisiers autant qu'il en faudra pour établir une belle fraisière ; je suppose que ce ne sera pas la partie de votre jardin la moins agréable à votre femme et à vos enfants.

— Mais, moi-même, monsieur le curé, je fais le plus grand cas d'un bon saladier de belles fraises; je n'en cède nullement ma part. Malheureusement, le jardin de la ferme est tellement en proie aux vers blancs du hanneton, que chaque fois que j'ai voulu y planter des fraisiers, tout a été dévoré; il m'a fallu y renoncer.

— Il y a remède, dit M. le curé; il ne faut pas vous tenir pour battu, et reculer devant les hannetons. Faites ramasser cet hiver, dans le bois qui touche à vos terres, une bonne provision de feuilles de châtaignier. Vous défoncerez à la profondeur d'un bon fer de bêche la place où vous vous proposez de planter des fraisiers; le sous-sol sera enlevé et remplacé par un lit de feuilles de châtaignier d'un décimètre d'épaisseur, par-dessus lequel la bonne terre mise à part à cet effet sera replacée. Quand elle se sera suffisamment consolidée par le tassement naturel, vous y planterez des fraisiers avec la certitude que les vers blancs ne toucheront pas à leurs racines.

Les mandibules dont ces vers sont pourvus n'ont pas assez de force pour entamer le tissu coriace des feuilles du châtaignier ; pour une culture en grand comme celle des jardiniers qui, près des grandes villes, plantent des hectares entiers de fraisiers afin d'en porter les fraises au marché, le moyen de préservation que je vous indique ne serait pas praticable ; mais chez vous, où il s'agit seulement de récolter assez de fraises pour la consommation de votre famille, je vous le donne pour certain et d'une facile application. Il importe, quand on a recours à ce procédé, de n'employer que des feuilles de châtaignier ; ce sont les seules qui opposent aux vers blancs du hanneton une bar-rière infranchissable.

CHAPITRE XXVI

Les plantes médicinales.

Plantes médicinales. — Menthe poivrée, — son emploi comme préservatif en temps d'épidémie. —Menthe à feuilles rondes, ou baume. — Mélisse. — Circonstances où elle est le plus utile. — Camomille romaine. — Son utilité en cas d'indigestion. — Saponaire. — Douce-amère. — Bourrache. — Guimauve. — Digitale ou Gant de Notre-Dame. — Pavot d'Orient. — Emploi de ses têtes.—Thym.— Sauge. —Lavande.—Plantes médicinales sauvages. — Leurs propriétés utiles.

Le jardin du presbytère ne renfermait qu'un nombre assez limité de plantes médicinales ; mais M. le curé leur avait consacré un espace assez étendu relativement aux dimensions de son terrain disponible.

— Il y a, dit-il au fermier, une foule d'indispositions, légères au début, qui deviendraient des maladies si l'on n'opposait aucun obstacle à leurs progrès, et qui n'éclatent pas quand on peut les prévenir : c'est ce que je fais avec mes plantes médicinales. Vous comprenez que n'étant pas médecin, je me ferais scrupule de traiter une maladie caractérisée, qui exige l'intervention de l'homme de l'art. Mais, à la campagne, surtout dans une paroisse un peu isolée comme la mienne, bien des gens, sans être pauvres, reculent devant les frais élevés qu'il faut faire pour appeler un médecin qui demeure à plus d'un myriamètre de distance. Les habitants des campagnes n'ont pas, comme ceux des villes, la ressource des consultations gratuites auxquelles ils peuvent toujours recourir, même contre un simple malaise sans importance, ce qui suffit pour empêcher qu'il ne devienne une véritable maladie; ici, riche ou pauvre n'appelle le médecin que quand il se sent bien malade. Moi, armé de quelques connaissances médicales élémentaires et de mon petit arsenal de plantes médicinales, je ne me vante pas de guérir des maladies déclarées; mais, j'ai la satisfaction de penser que j'en arrête beaucoup à leur début. L'une des plantes que je cultive le plus en grand pour cet usage, c'est la menthe poivrée qui, quand même je m'abstiendrais de la nommer, vous aurait dit son nom, rien que par son odeur.

La menthe, au dire d'Hippocrate, le père de la médecine, guérit à elle seule des centaines de maladies; cela n'est pas rigoureusement vrai : elle ne les guérit pas, elle les empêche de naître, et c'est déjà bien quelque chose. Une tasse d'infusion bien chaude de menthe poivrée prise matin et soir, lorsque règne une maladie épidémique, telle que la fièvre typhoïde ou le terrible choléra, dilate l'estomac, facilite ses fonctions, favorise la transpiration, et éloigne de ceux qui en font usage, les chances de contracter l'affection contagieuse régnante. La même infusion suffit le plus souvent pour empêcher qu'un accès de fièvre provenant d'un excès de fatigue, pendant les grandes chaleurs, ne devienne une fièvre réglée.

La menthe se plaît dans un terrain frais et riche; elle y remonte incessamment, lorsqu'on a soin de ne jamais la cueillir dans un état de floraison trop avancé, et qu'on l'arrose très-largement après chaque coupe, jusqu'au moment où ses nouvelles pousses couvrent de nouveau le terrain, et s'opposent à l'évaporation de l'humidité. Malgré l'abondance de sa production, mon carré de menthe ne me fournirait jamais de quoi en distribuer à tous ceux qui viennent me consulter, et auxquels j'en conseille l'emploi toujours exempt d'inconvénient alors qu'il n'est pas nécessaire.

Heureusement, la nature produit en abondance, dans nos environs, la menthe à feuilles rondes, connue sous le nom de baume, à cause de son odeur moins forte, mais plus douce que celle de la [menthe poivrée cultivée dans nos jardins; elle se plaît sur le bord des eaux tranquilles; j'ai soin d'en faire récolter tous les ans une ample provision; ses propriétés sont à peu près les mêmes que celles de la menthe poivrée, de sorte que l'une peut remplacer l'autre au besoin.

J'accorde beaucoup moins d'espace à la mélisse, plante d'une odeur moins agréable que la menthe, et d'un usage plus limité; elle se plaît dans le même sol et réclame les mêmes soins de culture. J'en possède les deux variétés, l'une à fleurs d'un blanc verdâtre, l'autre à fleurs violettes, l'une et l'autre excellentes dans tous les cas de chutes, de contusions, de chocs violents ou de frayeurs subites; elle en prévient les conséquences dangereuses, et c'est pourquoi je tiens à n'en jamais être au dépourvu; mais, comme les gens de village sont robustes, durs à la peine, et que leurs femmes ne s'effraient pas aussi facilement sans sujet, que les petites-maîtresses de la ville, je n'ai pas très-souvent occasion de leur conseiller l'emploi de la mélisse dont, en pareil cas, l'efficacité est incontestable; elle procure un soulagement immédiat.

Voici la camomille romaine, aussi jolie comme plante d'ornement que précieuse comme plante médicinale; c'est elle qui triomphe des indigestions et de leurs suites; je me tiens prêt à en faire une large distribution chaque fois qu'il y a dans ma paroisse une noce de cultivateurs aisés; dans ces occasions, il est à peu près impossible qu'une partie des convives ne se laisse pas entraîner à prendre un peu plus d'aliments que leur estomac n'en saurait digérer : c'est à la camomille à réparer le dommage qui en résulte pour leurs organes digestifs.

— Je pense, dit le fermier qui suivait avec beaucoup d'intérêt les explications de M. le curé, que voici une plante de ma connaissance, bien que je ne sache pas son nom. Ou je me trompe fort, ou je l'ai rencontrée assez souvent à l'état sauvage sur la lisière des bois ou bien au bord des fossés.

— Vous avez fort bien observé, dit M. le curé; c'est là, en effet, que j'ai pris cette plante qu'on nomme saponaire, pour la transplanter dans mon jardin, où elle occupe, comme vous le voyez, un assez grand carré. La partie utile de la plante est la racine, que je fends en deux dans le sens de sa longueur pour la faire sécher ; si elle était assez abondante dans nos environs, je n'aurais pas besoin de la cultiver ; mais, comme elle y est assez rare et qu'il m'en faut beaucoup parce qu'elle est très-utile aux enfants délicats qui souffrent de la gourme et qui ont de la peine à se développer, j'ai pris le parti de lui consacrer une place parmi nos plantes médicinales; c'est, pour les enfants d'une constitution faible, celle qui me rend le plus de services.

— Comment nomme-t-on, je vous prie, Monsieur, cette jolie plante aux fleurs d'un beau violet, avec le cœur d'un jaune si vif, dont vous avez garni tout un pan de treillage ? Est-ce aussi une plante médicinale ?

— Oui, sans doute, et l'une des meilleures, c'est la douce-amère, dont les propriétés ressemblent à celle de la saponaire, mais elles sont plus prononcées. Ce sont les tiges fendues et séchées qu'on emploie en décoction, comme les racines de la saponaire ; j'ai recours à la douce-amère quand je n'ai pas obtenu de la saponaire l'effet que j'en espérais ; ces deux plantes sont d'ailleurs l'une et l'autre également inoffensives.

— Celle-ci, dit le fermier, je la connais, c'est la bourrache, dont ma femme fait un cas particulier pour orner ses salades, sur lesquelles elle aime à poser un lit de fleurs de capucine, dont chacune renferme une fleur de bourrache. Est-ce que la bourrache possède aussi des propriétés médicales?

— Elle en possède de très-prononcées pour favoriser la transpiration; aussi l'infusion de bourrache est-elle très-usitée pour les enfants atteints de la rougeole, maladie qui, en évitant tout refroidissement, se guérit très-bien d'elle-même, sans autre traitement que quelques tasses d'infusion chaude de feuilles de bourrache. La graine de bourrache adhère si peu à la plante qu'il est pour ainsi dire impossible de la récolter; elle se resème d'elle-même; une fois que la bourrache s'est mise en possession d'un terrain, c'est pour toujours; les semis naturels la reproduisent à perpétuité.

En voici une autre qu'on ne sème aussi qu'une fois, et qu'ensuite on multiplie par la division des touffes, qui donnent tous les ans une surabondance de rejetons enracinés : c'est la guimauve, plante essentiellement émolliente, aussi utile par ses tiges et ses feuilles que par ses racines mucilagineuses, qui sont la partie de la plante la plus usitée. Celle-là, c'est comme la mauve, je n'en ai jamais assez, tant ses usages dans la médecine domestique sont multipliés. Ne pouvant lui accorder, dans mon jardin, qu'un espace assez limité, je récolte dans les lieux incultes, afin

de suppléer au besoin à l'insuffisance de ma provision de
guimauve , les feuilles et les racines de la mauve, qui
possède, bien qu'à un degré moindre, les mêmes propriétés.

— Je reconnais, dit le fermier, une plante que nous
nommons Gant de Notre-Dame, parce que chacune de ses
fleurs ressemble plus ou moins à un doigt de gant ; elle
est considérée dans ce pays comme un poison dangereux :
est-ce une erreur?

— Non, mon ami, dit M. le curé ; cette plante, dont le
vrai nom est digitale, est en effet un poison ; comme beaucoup d'autres poisons, elle a son côté utile en médecine.
Jamais je ne me permettrais d'en prescrire l'usage à l'intérieur; il pourrait en résulter les accidents les plus
graves; mais, en faisant infuser les feuilles sèches de la
digitale dans de l'eau-de-vie, il en résulte une teinture
excellente à employer en frictions pour dissiper l'enflure
qui survient aux pieds et au bas des jambes, à la suite de
certaines maladies. Et puis, mon ami, je vous avouerai
que si la fleur de la digitale n'était pas si jolie, je me
contenterais d'en cueillir au besoin dans les bois où il n'en
manque pas; je lui donne place dans mon jardin, moins
comme plante médicinale que comme plante d'ornement.

— Que les têtes de vos pavots sont grosses ! dit le fermier. Je n'en ai jamais vu de pareilles. Ce n'est probablement pas la même espèce que le pavot-œillette cultivé
pour l'huile douce renfermée dans sa graine ?

— C'est, dit M. le curé, une espèce différente en effet;
c'est le pavot blanc, dont on extrait en Orient le poison
narcotique connu sous le nom d'opium, poison dont en en
réglant la dose, la médecine sait tirer un très-grand parti.
Sous le climat européen, les têtes du pavot blanc d'Orient
ne contiennent pas une quantité d'opium suffisante pour

qu'il soit profitable de la récolter, ce qui d'ailleurs, en raison de la fréquence des pluies, serait assez difficile, même dans le midi de la France. On pourrait aussi, en faisant bouillir les têtes de ce pavot et réduisant la décoction par évaporation, en obtenir un extrait qui possèderait à un degré moindre les propriétés de l'opium d'Orient. Mais les médecins préfèrent avec raison le véritable opium, bien qu'il soit cher et quelquefois assez rare dans le commerce de la droguerie, parce qu'en prescrivant l'opium à des doses déterminées, ils sont certains d'obtenir des effets constants et prévus d'avance, tandis que les propriétés de l'extrait de têtes de pavot, tel qu'on peut le préparer en Europe, sont très-inconstantes. Cela n'empêche pas que je ne récolte tous les ans une bonne provision de têtes de pavots, dont il ne me reste rien à la fin de l'année ; la décoction de ces têtes est très-utile pour calmer les coliques violentes, soit sous forme de lavements, soit en compresses sur le ventre ; c'est aussi le meilleur moyen de soulagement à opposer aux panaris à leur début.

Vous devez parfaitement connaître celles qui remplissent le reste de mon carré de plantes médicinales, le thym, la lavande et la sauge. Quoique l'emploi médicinal de ces plantes ne soit pas fort étendu, j'en ai beaucoup planté, comme vous le voyez, parce que leur utilité consiste à préparer des bains aromatiques très-utiles aux enfants qui par faiblesse de leurs os, ont des dispositions à se nouer ; les bains aromatiques ne sont efficaces qu'autant que les plantes odorantes n'y sont pas ménagées.

De toutes les plantes dont je viens de vous expliquer les propriétés, il en est peu qui ne puissent prendre place dans votre jardin, où, par parenthèse, si vous suivez mon conseil, j'irai quelquefois en prendre quand j'en manquerai. La menthe et la mélisse vous sont indispensables ;

quelques touffes de camomille feront un bon effet dans vos plates-bandes ; la bourrache, vous en avez déjà, la douce-mère grimpera fort élégamment le long de vos treillages ; la saponaire et la digitale, je vous en dispense ; le pavot blanc, que vous cultiverez de la même manière que vos pavots-œillettes, ne vous sera pas inutile ; vous en pourrez mêler au reste de votre graine de pavot la graine blanche, dépourvue de propriétés médicales. Quant aux plantes aromatiques, vous aurez soin de ne les planter qu'en bordure le long des carrés de votre potager dont la terre est naturellement sèche, car elles redoutent beaucoup l'humidité ; si l'occasion de les utiliser pour des bains aromatiques ne se présente pas, votre femme s'en servira pour parfumer ses armoires au linge, et elle en fera des générosités à ses voisines pour la même destination.

— Ou je suis fort dans l'erreur, dit le fermier, ou bien je vous ai vu employer pour soigner les gens indisposés bien plus de plantes médicinales que je n'en vois dans votre jardin.

— Il est vrai, dit M. le curé ; j'en utilise un bien plus grand nombre ; celles que je ne cultive pas sont celles que les bois, les prairies, les fossés et les lieux incultes me fournissent en grande abondance, et dont je fais la récolte, à mesure qu'elles fleurissent, en me faisant aider par les enfants de l'instituteur. Je tire de cette manière un excellent parti du bluet et du mélilot, dont l'infusion froide prévient la plupart des maladies des yeux à leur première période. Le bluet était sous ce rapport si bien apprécié de nos ancêtres, qu'ils lui avaient donné le beau surnom de casse-lunettes comme si celui qui peut se laver assez souvent les yeux avec de l'eau de bluet pouvait se dispenser de recourir à l'usage des lunettes. J'oppose aux rhumes et aux autres affections peu graves des voies respiratoires l'infusion de fleurs de coquelicot, de bouillon blanc, de mauve, de tussilage, toutes plantes que les champs et la lisière des bois me fournissent sans autre peine que celle de les aller chercher. Je rencontre dans les mêmes lieux l'utile erysimum, si justement surnommé l'herbe aux chantres; une tasse de forte infusion d'erysimum, prise chaude avec un jaune d'œuf et un morceau de sucre donne en effet de la voix aux gosiers les plus faibles, et fait cesser comme par enchantement les extinctions de voix prises au moment où elles commencent. Les prairies humides et basses me donnent pour les malades atteints en même temps de toux opiniâtre et de diarrhée, la grande consoude, dont la racine séchée, coupée par tranches et bouillie dans l'eau, produit une décoction très-bienfaisante; j'en distribue beaucoup. Sur les lieux incultes élevés et secs, je récolte la tanaisie, dont l'infusion débarrasse les enfants des vers intestinaux dont ils sont incommodés. Près de la tanaisie, je rencontre l'hypericum et la jacobée, deux plantes dont l'infusion froide fortifie le tempérament des enfants faibles et dont le sang n'est pas suffisamment riche. Pour ceux qui sont plus ou moins sujets aux fièvres intermittentes, je vais chaque printemps arracher au bord des eaux des racines de patience, qui préviennent le plus souvent ce genre d'affections.

Vous voyez qu'il serait complétement superflu d'encombrer mon jardin de toutes ces plantes, que la nature me prodigue dans nos environs; j'accorde seulement une place à celles qui comme la saponaire, n'existent pas dans ce canton en quantité proportionnée au besoin que j'en puis avoir, et à celles qu'il faudrait, quand le médecin en ordonne l'emploi, aller demander au pharmacien de la ville voisine; il est plus court et moins coûteux de venir les demander au jardin du presbytère.

— J'admire d'autant plus, Monsieur, dit le fermier, le soin que vous prenez de réunir ici les plus usuelles d'entre les plantes médicinales, que votre jardin n'est pas bien grand, et que l'espace occupé par ces plantes est retranché à celui que réclament vos charmantes plantes d'ornement.

— Ne dites pas cela, mon ami; mes plantes médicinales, par les moyens qu'elles me fournissent d'être utile, sont de toutes les plantes que je cultive celles qui sont pour moi la source des plaisirs que je sais le mieux apprécier.

CHAPITRE XXVII

Le jardin fruitier.

Le jardin fruitier. — Choix des espèces selon la nature du sol. — Culture des arbres en espalier. — Plantation. — Palissage à la loque, — à la liégeoise. — Arbres en contre-espalier. — Pommiers de paradis. — Arbres à la Jamain. — Pêchers en cordon oblique. — Poiriers en colonne. — Taille périodique des racines. — Raisins hâtés sur les vignes en espalier. — Culture des vignes forcées dans les serres, en Hollande et en Belgique. — Avantages de cette culture. — Histoire du jardinier van Geert.

—

L'un de ses goûts que M. le curé tenait le plus à faire partager à ses paroissiens, c'était celui de la culture jardinière des arbres fruitiers. Si vous craignez, leur disait-il, la dépense à faire pour peupler vos jardins des arbres fruitiers des meilleures espèces, semez des pepins; cela ne coûte rien. En quelques années vous aurez des égrains, ou sujets francs, bons pour être greffés; venez alors au presbytère, je vous donnerai des greffes d'espèces de choix : un bon arbre ne tient pas plus de place qu'un mauvais. Ceux dont les jardins sont établis sur un terrain fertile, mais naturellement frais et léger, où ne sauraient prospérer les arbres greffés sur franc, qui se plaisent dans une terre un peu forte, je leur fournirai des rejetons de coignassier sur lesquels, dans de pareilles conditions, la

greffe des poiriers les plus recherchés réussira à mer·
veille.

Une partie de la paroisse repose sur un sol fertile, mais
très-chaud, dans lequel domine l'élément calcaire ; là, c'est
le pêcher, l'abricotier, le prunier, le cerisier, qu'il faut
cultiver de préférence ; il y a toujours moyen de s'arranger pour avoir dans un jardin des arbres fruitiers également
ment bien portants et productifs ; il ne s'agit que de bien
choisir d'abord ceux qui conviennent à chaque nature de
terrain, ensuite de leur accorder les soins de culture qui
leur sont nécessaires. A la campagne, le peu de peine qu'il
faut prendre pour bien soigner des arbres fruitiers est un
délassement plutôt qu'une fatigue, et l'on en est largement
récompensé ; il n'y a d'ailleurs rien de difficile, en y mettant un peu de bonne volonté, à tailler et gouverner avec
discernement des arbres fruitiers.

Joignant l'exemple au précepte, M. le curé s'était plu à
faire de la partie de son jardin consacrée aux arbres fruitiers un vrai jardin fruitier modèle.

— Venez voir, dit-il au fermier, le parti qu'il est possible de tirer d'un mur bien exposé, garni d'arbres fruitiers
en espaliers ; ce sera pour vous une leçon profitable ; car,
un des côtés de votre jardin est fermé par un mur à la
même exposition. Avant de vous mettre en état de conduire vous-même vos arbres fruitiers sous les meilleures
formes, et de les tailler selon les bons principes, que je me
ferai un plaisir de vous enseigner, je vais d'abord appeler
votre attention sur la manière dont mes arbres à fruits en
espalier sont plantés et palissés. Mon mur est principalement garni de pêchers et de chasselas ; j'y ai joint un abricotier et un cerisier à fruit précoce ; tous ces arbres étant
à fruits à noyau, il leur faut un terrain qui contienne une
assez forte proportion de chaux, celui de mon jardin n'en

contenant pas assez, j'ai eu soin l'année d'avant la plantation
de le bien amender avec une forte dose de compost de chaux
et gazon, puis, quand le moment de planter est venu, les
racines des arbres, conservées aussi entières que possible,
ont été étendues dans tous les sens, en avant du mur, et
chargées de 25 centimètres seulement de bonne terre; je
me suis bien gardé de les enterrer à 50 ou 60 centimètres
de profondeur, ainsi qu'on le fait généralement dans ce
pays, ce qui n'aboutit qu'à leur faire produire un luxe
inutile de branches gourmandes dont il devient impossible
de régulariser la fructification. Dans le jardinage raisonné,
c'est un principe applicable aux arbres à fruits à pepins,
aussi bien qu'aux arbres à fruits à noyau, que leurs racines, au moment de la plantation, doivent être disposées
de manière à ce qu'elles puissent s'étendre entre deux
terres, à peu de distance au-dessous de la surface du sol,
et parallélement à cette surface. Vous en voyez le résultat;
pas un de mes arbres en espalier ne s'emporte; je
n'éprouve aucune peine à régulariser la marche de leur
végétation, et j'en obtiens tous les ans un contingent raisonnable de fruits : et quels fruits ! J'en mange quelquefois de plus beaux, de plus rares surtout, quand le propriétaire du château m'en envoie de son jardin, auquel le
mien n'est pas comparable; mais, de meilleurs pour moi,
il n'y en a pas. Quels fruits pourraient rivaliser avec ceux
des arbres que j'ai plantés, et que je continue à tailler et
à cultiver avec des soins de tous les instants? Jusqu'à ce
que vous ayez suivi mon conseil, en vous mettant a peupler votre jardin d'arbres fruitiers que vous soignerez ensuite personnellement, je vous le dis, mon ami, vous ne
saurez pas ce que c'est qu'un bon fruit. Je vous engage
fort aussi à éviter, ainsi que je l'ai fait, la dépense d'un
treillage pour vos espaliers. Si au moment où l'on plante

des arbres fruitiers au pied d'un mur, en fait, comme beaucoup de propriétaires, la dépense d'un treillage en bois de chène sur toute la surface du mur, rien que pour avoir le plaisir de le voir bien garni, c'est une satisfaction qui coûte un peu cher; car, avant que les arbres atteignent seulement la moitié de la hauteur du mur, le treillage dont le prix est très-élevé, est pourri avant d'avoir servi. Comme je disposais d'une certaine quantité de plâtre, j'ai pu crèpir la moitié de mon mur assez solidement pour que le crèpissage tienne bien les clous, moyennant quoi, je puis vous montrer un spécimen d'un genre de palissage le plus commode et le plus économique possible; je le tiens des jardiniers du village de Montreuil-aux-Pêches, village qu'à mon dernier voyage à Paris, je suis allé visiter, en ma qualité d'amateur. J'ai acheté à très-bon marché, chez un tailleur de la ville voisine des rognures de drap que, pendant les soirées d'hiver, ma gouvernante a découpées en petits carrés longs; elle était, par parenthèse, fort intriguée pour deviner ce que je me proposais de faire de tous ces petits carrés de drap de toute couleur. Vous voyez à quoi je les emploie; je prends dans un de ces morceaux de drap plié en deux la branche que je veux fixer au mur; puis, réunissant les deux bouts du morceau, j'y enfonce un clou qui pénétre dans la couche de plâtre dont le mur est revêtu, ce qui rend inutile toute espèce de treillage : c'est ce que les jardiniers des environs de Paris nomment le palissage à la loque. Il n'y en a pas qui soit à la fois moins cher et plus commode; mais il n'est possible que dans les localités où l'on peut se procurer de bon plâtre; et l'on ne peut en avoir partout. Ma petite provision de plâtre étant épuisée, j'ai employé pour le surplus de mes arbres en espalier un autre genre de palissage dont j'avais lu la description dans les traités de jardinage, et qui m'a très-bien réussi. Ce sont, comme vous le voyez, des baguettes d'osier ou de coudrier retenues sur le mur par des clous à crochet. Ces baguettes sont posées d'étage en étage, à mesure que les arbres grandissent; quand elles sont usées par le temps, les baguettes sont facilement retirées et remplacées sans déranger les arbres, même lorsqu'ils sont chargés de fruits ; c'est le palissage *à la liégeoise*, de beaucoup préférable au treillage ordinaire, là où il n'est pas possible d'adopter le palissage à la loque.

Vous vous êtes souvent étonné de la quantité et de la qualité des fruits qui sortent tous les ans de mon jardin fruitier, qui n'est pourtant pas bien vaste, au contraire; ceux de mes arbres qui m'en fournissent le plus sont mes poiriers en contre-espalier. Les plus rustiques, tels que le rousselet de Reims, le beurré d'Angleterre ou la calebasse de Belgique, sont cultivés en pyramide; les plus délicats, tels que le beurré d'Aremberg et d'Hardempont, le passe-colmar, le Saint-Germain, et le meilleur de tous les pommiers à mon avis, le calville blanc à côtes, sont conduits en contre-espalier. Soutenus par des lignes parallèles de gros fil de fer fixé à de solides piquets, mes arbres en contre espalier font face au mur dont ils reçoivent en partie la protection; j'ai soin qu'ils en soient assez éloignés pour que leur ombre ne porte aux arbres en espalier aucun préjudice. C'est dans la plate-bande comprise entre les arbres en espalier et ceux en contre espalier, que je récolte sous mes châssis économiques de canevas et de papier huilé, des fraises précoces, des melons et toute sorte de légumes de primeurs, qui après m'avoir procuré le plaisir très-vif pour moi de les faire croître, me donnent ensuite le plaisir, bien plus grand, de les donner.

Voici ensuite mon carré de pommiers de paradis, entouré d'un double rang de poiriers et pommiers nains conduits sur fil de fer, à 50 centimètres de terre , sous forme de cordons horizontaux. C'est une invention toute moderne; ce sont des arbres *à la Jamin*, du nom de l'habile pépiniériste qui a introduit cette forme très-commode en ce que les arbres à la Jamin ne tiennent presque pas de place, et très-avantageuse en ce que ces arbres fleurissant très-près de terre, leur fruit reçoit la chaleur renvoyée par le sol, ce qui le place à peu près dans les mêmes conditions que si les arbres étaient cultivés en espalier.

— Je remarque, dit le fermier, parmi vos pêchers en espalier, des arbres sous une forme que je n'ai jamais vue nulle part; ils n'ont pas de branches latérales, et sont inclinés tout près les uns des autres; ceci m'explique comment sur un mur de peu d'étendue, vous pouvez avoir une si grande variété de pêches, les unes précoces, les autres tardives et de pleine saison, chose que précédemment je ne comprenais pas bien.

— Ce sont, dit M. le curé, des arbres en *cordon oblique*, les uns simples, les autres doubles; c'est encore une très-bonne innovation moderne dans la culture des arbres fruitiers. C'est par le moyen de ces arbres que je puis avoir une quantité modérée de pêches d'un grand nombre d'espèces différentes, ce qui m'est beaucoup plus agréable que de récolter tout à la fois une profusion de pêches presque toutes de la même espèce. C'est ce qui aurait lieu si, à la place de deux douzaines d'arbres en cordon oblique , j'avais seulement sur mon mur deux ou trois immenses pêchers en espalier. Je trouve moyen, par un autre procédé du même genre, de résoudre le problème de la production sur un étroit espace d'une très-grande variété des meilleures poires. Examinez, je vous prie, mes poiriers en colonne : que vous en semble ?

Le fermier s'arrêta tout étonné devant une cinquantaine

de poiriers plantés très-près les uns des autres, chargés de fruit du haut en bas, et totalement dépourvus de branches latérales ; chaque arbre n'avait absolument que le tronc, soutenu par un fort tuteur, et tout autour, des branches à fruit, sans bourgeons à bois.

— Par exemple, dit-il, voilà une chose que je ne m'explique pas. Quel moyen pouvez-vous employer pour faire pousser des poiriers sans branches, et leur faire porter des poires en abondance ?

— J'emploie, dit M. le curé, un procédé très-simple et d'un effet certain. Par une loi générale de la nature, loi qui s'applique à tous les arbres sans exception, les racines font les branches, et réciproquement, les branches font les racines ; mes poiriers en colonne n'ont pas de branches uniquement parce qu'ils n'ont pas de racines. A mesure que leurs racines cherchent à s'étendre, je déchausse les arbres, et je les soumets à une taille périodique des racines dont je ne laisse que les tronçons abondamment garnis de racines chevelues ; cela suffit pour les nourrir parce qu'ils ont été plantés dans un très-bon terrain auquel je ne ménage pas le fumier. Vous comprenez qu'au premier coup de vent, tous mes poiriers seraient renversés, sans l'appui qu'ils trouvent dans des tuteurs assez gros et enfoncés assez avant en terre pour n'avoir rien à craindre des efforts de la tempête.

— Est-ce que les poiriers en colonne soumis régulièrement à la taille des racines peuvent vivre longtemps ?

— Non, mon ami ; ils doivent être renouvelés bien plus souvent que ceux auxquels on laisse toutes leurs racines ; mais, tant qu'ils durent, ils sont très-productifs, et comme j'ai soin d'élever et de greffer moi-même un nombre de jeunes arbres plus que suffisant pour l'entretien de mon jardin fruitier, il ne m'en coûte presque rien pour remplacer les poiriers en colonne, à mesure qu'ils sont épuisés. Je ne vous conseille pas d'introduire les poiriers en colonne dans le jardin de la ferme, où l'espace ne manque pas; ce genre d'arbres ne convient qu'à ceux qui désirent, comme moi, réunir un grand nombre d'espèces d'arbres fruitiers sur un terrain de peu d'étendue.

— Que les raisins de vos vignes en espalier sont avancés pour la saison! Est-ce que vous avez appliqué à vos vignes en espalier la culture forcée?

— Non, mon ami; cela ne se peut que quand on dispose d'une serre. J'ai seulement, dès les premières belles journées de février, suspendu au sommet de la muraille, en avant des ceps de vigne des espèces les plus précoces, de grands châssis garnis de canevas. Cet abri, que j'ai eu soin de laisser en place d'abord jour et nuit, et plus tard pendant la nuit seulement, a suffi pour faire développer de bonne heure les bourgeons de la vigne, et pour les préserver de la gelée; elle a pris ainsi une avance qu'elle conserve, comme vous le voyez; j'aurai des raisins mûrs quinze jours avant tous ceux qui ont abandonné leurs vignes au libre cours de leur végétation ; les miennes ne sont pas forcées, puisque je ne leur ai pas appliqué la chaleur artificielle; elles sont seulement hâtées.

Dans mes voyages en Belgique et en Hollande, j'ai été fort étonné de voir avec quel art réellement admirable, en dépit du climat le moins favorable possible à ce genre de jardinage, les Hollandais et les Belges ont su élever chez eux la culture forcée de la vigne dans des serres immenses, à la hauteur d'une importante industrie dont ils vendent avantageusement les produits sur les marchés de Londres. Il faut que je vous raconte à ce sujet une anecdote dont j'ai été témoin et qui m'a vivement touché.

Un garçon jardinier nommé Van Geert, employé chez

un jardinier principalement adonné à la culture de la vigne forcée, dans un des faubourgs d'Anvers, tomba sérieusement malade, et fut mis à l'hôpital. Pendant sa convalescence, qui fut fort longue, il eut une de ces fantaisies qui, chez certains malades, deviennent un désir irrésistible; il eut une telle envie de manger une grappe de raisin, que ne pouvant satisfaire ce désir, tout autre mets le dégoûtait; en proie à une sorte d'hallucination, s'il fermait les yeux, il se voyait au milieu des serres de son patron, mangeant à discrétion du raisin forcé; car on était à une époque de l'année où il n'y en avait pas d'autre; et d'ailleurs, à Anvers, on ne récolte à l'air libre, en fait de raisin, que du verjus.

Le médecin, étonné de la répugnance qu'il témoignait pour toute espèce d'aliments, finit par lui en faire avouer la cause.

— C'est bien, dit le docteur B : j'ai dans une serre du raisin de Frankental très-mûr; je vous en apporterai une grappe tous les jours; mais comme il m'est impossible d'en donner à tous ceux qui en voudraient, et que cette faveur éveillerait mille jalousies, vous aurez soin de manger votre raisin en cachette.

Van Geert, au bout de huit jours, retourna chez son maître en parfaite santé; il resta toute sa vie persuadé qu'il devait la vie au raisin du bon docteur, auquel il conserva pour ce bienfait une reconaissance qui ne se démentit jamais. Plusieurs années se passèrent, et Van Geert, laborieux et d'une conduite exemplaire, finit par s'établir à son tour; il eut les plus belles serres à forcer le raisin, que j'aie jamais eu occasion de visiter. Or, voici ce qu'il fit la première fois que, dans son nouvel établissement, il récolta du raisin pour la vente. Il en emplit un panier, le prit sous son bras et s'en fut attendre à la porte de l'hôpital d'Anvers l'excellent docteur B., à l'heure où il y venait pour son service. « Monsieur, lui dit-il, me souvenant d'avoir été rappelé à la vie par le raisin que vous m'avez si généreusement apporté quand j'étais malade à l'hôpital, je me suis promis, si jamais je parvenais à m'établir pour mon compte, d'offrir aux convalescents de l'hôpital les prémices de ma récolte de raisin forcé. Afin de ne pas faire du mal en voulant faire du bien, je m'adresse à vous pour que vous veuillez bien m'indiquer ceux des convalescents qui peuvent sans inconvénient manger du raisin.

— Mais, mon ami, dit le docteur, vous n'êtes pas riche, et il me semble que vous apportez là un bien grand panier de raisin forcé qui vaut en ce moment beaucoup d'argent?

— Ah! bah! dit Van Geert, ce qu'on donne à Dieu ne ruine pas! »

Tous les ans, tant qu'il a vécu, Van Geert, qui a fini par conquérir dans sa profession plus que de l'aisance, n'a vendu sa première récolte de raisin forcé qu'apès en avoir vu manger les prémices par les convalescents de l'hôpital d'Anvers; car il se donnait le plaisir de voir ces pauvres gens s'en régaler en sa présence : cela ne lui a pas porté malheur.

CHAPITRE XXVIII

Jardin fruitier (Suite).

Taille des arbres fruitiers. — Taille du pêcher en espalier. — Jeune sujet
de noyau. — Jeune sujet greffé, — forme en palmette simple, — en
palmette double. — Moyen de l'établir. — Petites branches, ou branches
à fruit. — Taille particulière de ces branches. — Branches coursonnes.
— Taille de la vigne. — Analogie de sa végétation avec celle du pêcher.
— Sarments. — Coursons. — Régularité de leur espacement. — Conduite de la vigne en espalier et en contre-espalier, sous la forme à la
Thomery.

—

— Je crois pouvoir, dit le fermier, un jour qu'il sur-
prenait M. le curé occupé à donner à ses arbres fruitiers
leur taille d'hiver, vous rappeler, Monsieur, l'obligeante
promesse que vous m'avez faite de me donner quelques
leçons de taille des arbres fruitiers. J'en ai planté beaucoup d'après vos conseils et sous votre direction; mon
jardin est sous ce rapport sur un très-bon pied; seulement,
si je suis forcé de m'en remettre du soin de les gouverner
à quelque jardinier sans expérience, qui les mutilera sous
prétexte de les tailler, je n'aurai à récolter que des regrets;
le seul moyen d'éviter cette contrariété, et c'en serait une
très-vive pour moi, c'est de tailler mes arbres moi-même;
je viens donc, Monsieur, vous prier de m'apprendre.

— Vous arrivez fort à propos, dit M. le curé; j'ai à tailler des arbres de tout âge et de toute espèce ; nous sommes dans une saison où vos autres occupations ne sont pas excessivement pressantes ; venez tous les matins suivre mes opérations ; munissez-vous d'une serpette et d'un sécateur ; je vous mettrai à la besogne et en peu de temps vous en saurez autant que moi : c'est bien moins difficile que vous ne croyez. Nous allons, sans perdre de temps, commencer par le pêcher, qui a passé longtemps pour le plus difficile à bien tailler de tous les arbres à fruits.

Quelques mots d'explication sont ici nécessaires pour que vous compreniez bien le sens, le principe et le but de la taille que je vais donner à mes pêchers en votre présence, en attendant que vous vous mettiez à en faire autant avec le même succès. Avant tout, je vous rappelle que, sous le climat de la France centrale, le pêcher ne peut être cultivé qu'en espalier ; c'est donc de la taille et de la conduite du pêcher en espalier que j'ai particulièrement à vous entretenir. Je ne compte pas le pêcher de vigne, au fruit âpre recouvert d'un duvet laineux ; ce pêcher ne se taille pas. On cultive dans le département de l'Yonne un pêcher qu'on assure donner de très-bonnes pêches sans le secours de l'espalier ; il a été, dit-on, apporté d'Égypte par un officier de l'armée française, ce qui lui a fait donner le nom de pêcher d'Égypte ; ne l'ayant jamais ni cultivé, ni même vu, car il est encore peu répandu en France, il m'est impossible de rien vous en dire de plus particulier.

S'il vous est arrivé d'observer la végétation naturelle du pêcher des vignes, qu'on laisse aller comme il lui convient, vous avez pu remarquer que la sève de cet arbre tend constamment et avec une force irrésistible, à se porter vers le sommet des branches, en abandonnant leur partie inférieure, qui reste complètement nue. En examinant séparément chaque pousse annuelle, vous reconnaîtriez un

15.

autre fait non moins digne d'attention ; c'est que les fleurs, par conséquent les fruits, naissent exclusivement sur les branches d'un an, jamais ailleurs, et que quand une de ces branches a porté fruit une fois, jamais au-delà, elle ne peut plus ni fleurir, ni fructifier, quelle que soit la prolongation de la durée de l'arbre.

L'art de bien tailler le pêcher repose sur la connaissance de ces deux faits principaux. La taille raisonnée du pêcher doit donc avoir pour but, et lorsqu'elle est bien faite elle a réellement pour effet d'empêcher la sève de s'élancer vers le haut de l'arbre, en laissant le bas dégarni, et de provoquer la formation de jeunes branches qui, tous les ans, donnent des fruits en abondance, et sont remplacées par d'autres également productives. Il s'agit, en outre, de maintenir par la taille dans toutes les parties du pêcher, ce que les jardiniers nomment l'équilibre de végétation, c'est-à-dire, l'égale distribution de la sève entre toutes les branches, de telle sorte que pas une ne puisse grossir avec excès, ou s'emporter aux dépens des autres.

Ces principes ne s'appliquent pas seulement à la taille du pêcher ; chaque arbre a son mode naturel de végétation, ses tendances qu'il faut favoriser ou combattre ; la taille des arbres fruitiers, quels qu'ils soient, n'est raisonnée et n'atteint son but que quand elle est basée, pour chaque arbre, sur l'observation de ces faits et l'application de ces principes. Celui qui a, le premier en France, ramené la taille des arbres fruitiers dans la bonne voie en la tirant hors de l'ornière de la routine, c'est M. le comte Lelieur de Ville-sur-Arce. Pendant que j'achève de tailler ce vieux poirier, après quoi je serai tout à vous pour vous apprendre la taille du pêcher, il faut que je me donne le plaisir de vous raconter, en deux mots, l'histoire du comte

Lelieur. Il y avait à l'école militaire de Brienne, vers la fin du dernier siècle, deux élèves liés d'une étroite amitié; l'un se nommait Lelieur, l'autre Bonaparte. Plusieurs années de suite, le jeune Bonaparte alla passer les vacances dans la famille de son ami, au château de Ville-sur-Arce, en Champagne. Les événements séparèrent les deux jeunes officiers qui se perdirent complétement de vue. A l'époque de la paix d'Amiens, Napoléon, Premier-Consul ayant fait prendre des informations, apprit que le comte Lelieur, son ancien condisciple à Brienne, était arrivé sans ressources aux États-Unis d'Amérique, après la dissolution de l'armée de Condé, dans laquelle il avait servi, et que là, il avait pris le parti de s'établir jardinier, ni plus ni moins, aux portes de New-York, où il trouvait le débouché des produits de son jardin; ses affaires avaient prospéré, et il se proposait de faire un voyage en France, prévoyant que la paix maritime ne serait probablement pas de bien longue durée.

A son arrivée en France, le comte Lelieur reçut une invitation signée Bonaparte, et s'empressa d'aller voir le Premier-Consul. Celui-ci lui fit l'accueil le plus cordial, l'emmena avec lui à Fontainebleau, et retarda, en le fêtant de son mieux, le moment de son départ pour l'Amérique, où le comte avait hâte de rejoindre sa famille. Un matin, en se promenant avec le Premier-Consul, dans les jardins de la Malmaison, qui voit-il, au détour d'une allée? Sa femme et ses enfants, que le Premier-Consul avait envoyé chercher à New-York. Il ne devait plus être question de départ; le comte Lelieur resta en France avec le poste d'intendant des jardins de Fontainebleau et Versailles, poste qu'il conserva sous le règne de Louis XVIII, en qualité d'intendant des jardins de la couronne. C'est pendant qu'il remplissait ces fonctions, qu'il réunit les éléments de

la *Pomone française*, le premier ouvrage écrit en français,
où la taille du pêcher et celle des autres arbres fruitiers
aient été ramenées à leurs véritables principes.

Maintenant, poursuivit M. le curé, regardez bien cet arbre; il doit prendre au printemps prochain sa troisième
feuille; c'est un jeune pêcher venu de noyau. Avant de
le greffer en posant deux écussons en regard l'un de l'autre, je retrancherai tout, à l'exception du bas de la tige
destiné à recevoir la greffe en écusson; néanmoins, remarquez que, dans ce jeune arbre, dont toutes les branches doivent être remplacées par la charpente qui sortira
des greffes, j'ai eu soin de maintenir l'équilibre de la végétation, les branches de chaque côté de la tige sont de
même force et de même longueur. Qu'importe, direz-
vous, puisque vous allez retrancher tout cela? Il importe
si bien que, si j'avais omis ce soin, si l'un des côtés de
l'arbre était, par ma faute devenu plus vigoureux que le
côté opposé, les racines qui ne supportent pas la taille,
et qu'on ne peut, par conséquent, rétablir en bon état
une fois que leur harmonie est détruite, présenteraient la
même irrégularité; mes deux greffes ne pourraient manquer de végéter inégalement, pour cette seule raison, et
jamais peut-être le pêcher ne pourrait se plier à prendre
la forme régulière que je me propose de lui donner.

En voici un autre, greffé de l'an dernier. Devant être
conduit sous la forme en palmette simple, qui consiste en
une seule tige, avec des cordons latéraux, disposés par
étages vis-à-vis les uns des autres, je le rabats sur deux
bons yeux, c'est-à-dire, que je lui retranche la tête, en
laissant au-dessous de la coupe deux yeux bien conformés, dont chacun deviendra l'un des bras de l'étage inférieur de la palmette. A mesure que les bourgeons nés de
ces yeux grandiront, ils seront inclinés à droite et à gau-

che, pour les ramener à une position à peu près horizontale. L'un des yeux du bas de l'une de ces deux branches sera palissé tout droit, pour continuer la flèche, c'est-à-dire le tronc qui, par une taille semblable donnée avec soin tous les ans, fournira successivement les bras latéraux de la charpente, jusqu'à ce que le pêcher ait atteint le sommet du mur. Quant au pêcher que je vais greffer en y posant deux écussons en regard l'un de l'autre, je me propose de le conduire en palmette double, c'est-à-dire, qu'au lieu d'une flèche, j'en ferai naître deux, dont chacune fournira d'un seul côté, les bras de la palmette. Ces deux formes sont actuellement les plus usitées pour les grands pêchers, leur supériorité ayant été généralement admise par tous les jardiniers expérimentés. Ceux qui, comme vous, possèdent assez d'aisance pour ne pas être obligés de procéder avec le plus possible d'économie, peuvent acheter chez les pépiniéristes des pêchers de plusieurs années de greffe, tout dressés sous ces deux formes, prêts à fructifier l'année même où ils sont mis en place.

Pour les pêchers en cordons obliques, simples ou doubles, la taille est encore moins compliquée ; elle se réduit à raccourcir un peu tous les ans la flèche simple ou double qui compose à elle seule toute la charpente de l'arbre, afin de faire développer à droite et à gauche, non pas des branches de charpente, mais des petites branches pour la production du fruit. Ces arbres étant toujours plantés très-près les uns des autres, leurs racines ont peu d'espace pour s'étendre ; il en résulte qu'ils n'ont jamais de disposition à pousser avec un excès de vigueur, et qu'ils sont ainsi les plus faciles de tous à gouverner ; ils ne durent jamais, pour la même raison, aussi longtemps que les grands pêchers en palmette simple ou double.

— Dans ce que vous m'expliquez-là, Monsieur, dit le

fermier, je ne vois que les moyens de former et d'établir les jeunes pêchers; je ne me rends pas compte du procédé que vous avez pu employer pour que les pêches y soient, ainsi que j'ai occasion de l'admirer chaque année, distribuées comme si vous en aviez fait naître à volonté un nombre déterminé par mètre carré de surface des arbres, ni plus ni moins.

— Patience, dit M. le curé; je ne puis vous enseigner toute la taille du pêcher en une seule séance. Toutefois, je vais satisfaire votre curiosité quant aux branches à fruit; en voici une de l'an dernier. Considérez les yeux dont elle est chargée, vous verrez facilement qu'un certain nombre d'entre eux sont des boutons à fleurs, accompagnés d'yeux à bois. En taillant cette branche, je lui laisse un nombre de fleurs proportionné à sa force, avec l'espoir que la plupart de ces fleurs deviendront des fruits. Il naîtra de cette branche, c'est-à-dire, d'un œil placé à sa partie inférieure, lequel s'ouvrira en un bourgeon, une branche à fruit pour l'année suivante. Quant à celle-ci qui, comme je vous l'ai déjà fait observer, une fois qu'elle a porté fruit, ne saurait plus jamais en produire, elle deviendra ce que les jardiniers nomment une branche *coursonne*, productive de petites branches ou branches à fruit. Quand un pêcher est bien établi sous une bonne forme, tout l'art de la taille consiste à tenir les branches de sa charpente suffisamment garnies de coursonnes, dont chacune doit porter un nombre de petites branches qui assure et régularise la production du fruit. Dans la pratique, vous verrez que cela n'a rien d'excessivement difficile. En été, quand les bourgeons me semblent pousser avec trop de vigueur, ce qui a pour résultat d'affaiblir les yeux de leur partie inférieure, qui sont justement ceux que le jardinier doit chercher à fortifier, je pince leur extrémité, ce qui force la sève à refluer vers le bas ; je supprime aussi, sans attendre qu'ils se développent, les bourgeons que je juge inutiles, ou mal placé, afin qu'ils n'absorbent pas une part de la sève qui doit profiter aux bourgeons conservés ; tout cela n'exige que du soin et de l'attention ; votre femme, quand vous l'aurez mise au fait, vous secondera facilement et sans fatigue dans cette partie de la besogne. C'est elle aussi qui, lorsque les pêches commenceront à prendre couleur, enlèvera les feuilles qui leur déroberaient leur part de soleil, et les empêcheraient de prendre ces belles teintes qui les rendent appétissantes.

— Quand un pêcher est épuisé, y a-t-il moyen de le rajeunir, comme on le fait souvent avec succès pour les vieux poiriers et pommiers qui produisent les fruits à cidre ?

— On le peut, dit M. le curé, mais très-difficilement, et le succès du rajeunissement, qui consiste à tenter d'obtenir de jeunes bois en rabattant l'arbre sur les principales branches de sa charpente, est tellement douteux, que l'on y a rarement recours ; il vaut mieux arracher et remplacer un pêcher qui a fait son temps. En voici un, toutefois, dont j'ai réussi à prolonger l'existence, quoique dans un état assez précaire, parce que c'est un présent d'un ami, un pêcher de la variété belge, nommée Triomphe de Saint-Laurent, excellente et peu répandue en France. Ce pêcher, très-vieux, ne me donne tous les ans que quelques pêches ; dans le jardin d'un jardinier de profession, il y a longtemps qu'il aurait été supprimé ; ici, c'est un vieil ami, que je fais vivre tant bien que mal, le plus longtemps possible. C'est seulement en pareil cas et pour de semblables considérations qu'on peut entreprendre de rajeunir les très-vieux pêchers.

— Je comprends, dit le fermier, qu'un amateur de jardinage s'attache aux vieux arbres qu'il a longtemps soignés, et qu'il ne se décide à les sacrifier qu'à la dernière extrémité.

— C'est un chagrin, dit M. le curé, que jamais on n'éprouve avec la vigne généreuse, et pour ainsi dire indestructible. En France, on rajeunit constamment les ceps dans les vignobles par le genre de marcotte qu'on nomme provignage, et quant à ceux qui donnent le raisin de table dans les jardins, on ne peut en citer que quelques-uns d'une respectable antiquité; mais, en Italie, j'en ai vu de très-anciens, et il paraît qu'autrefois ce pays en possédait qui devaient remonter à la plus haute antiquité, car les portes de la cathédrale de Ravenne, dans les états de l'Église, sont faites de bois de vigne d'un diamètre de plus d'un mètre; figurez-vous le temps qu'un cep de vigne a dû vivre pour devenir assez gros pour être scié en madriers d'un mètre de large et d'un décimètre d'épaisseur, dont on a pu faire la grande porte d'une cathédrale.

Dans les jardins, si la vigne meurt, ce n'est jamais que par accident, ou par le froid très-rigoureux des hivers d'une sévérité tout à fait exceptionnelle, comme fut en Europe celui de 1709, où toutes les vignes gelèrent; autrement, celui qui plante dans son jardin un cep de vigne peut compter que sa vigne lui survivra.

— La taille de la vigne, dit le fermier, est-elle aussi délicate que celle du pêcher?

— Elle ne l'est ni plus ni moins, dit M. le curé; elle est exactement la même.

— Voilà qui me semble bien étonnant! J'ai beau considérer un cep de vigne à côté d'un pêcher, il m'est impossible de leur trouver le moindre trait de ressemblance.

— En effet, mon ami, il n'y a pas la plus légère analogie entre la vigne et le pêcher; mais, comme je vous l'ai dit, la taille des arbres fruitiers doit avoir pour base leur mode naturel de végétation, et la vigne, bien que cela ne paraisse pas du tout au premier aspect, suit exactement dans sa végétation la même marche que le pêcher. Le sarment annuel de la vigne, comme la petite branche du pêcher, ne porte fruit qu'une fois seulement ; il faut donc ménager sur le sarment de chaque année des yeux sur lesquels on taille, et qui deviennent des sarments productifs à leur tour, sans quoi l'on n'aurait pas de raisin. Les sarments naissent sur des *coursons* qui ont commencé par n'être que de simples sarments, et qui sont exactement l'équivalent des branches coursonnes du pêcher.

— Je vois, dit le fermier, qu'en effet, la taille de la vigne est la même que celle du pêcher ; c'est l'application du même principe. Mais, comment faites-vous pour que, sur les bras de vos vignes en espalier et en contre-espalier, les coursons soient aussi régulièrement espacés que si vous aviez mesuré au compas les intervalles de l'un à l'autre?

— La vigne, dit M. le curé, espace d'elle-même très-également les yeux qui doivent devenir des sarments, puis des coursons ; il n'y a qu'à la laisser faire, en ayant soin seulement de ne pas lui donner une taille trop longue, et de ne lui laisser prendre, à chaque fois qu'on la taille pour établir ses cordons, qu'un accroissement modéré. Les yeux inégalement espacés se trouvent toujours vers l'extrémité des sarments qui doit être retranchée par la taille. Toutes les vignes de mon jardin sont, comme vous le voyez, conduites sur fil de fer, sous forme de T, c'est-à-dire, sur deux cordons de longueur égale, en regard l'un de l'autre ; c'est la forme qu'on nomme à la Thomery, parce qu'elle est adoptée pour les vignes du village de Thomery, où l'on récolte la plus grande partie du raisin livré à la consommation, sous le nom de chasselas de Fontainebleau.

CHAPITRE XXIX

Le jardin fruitier (Suite).

Éclaircissement des grappes du chasselas. —Effet utile de cette opération. — Taille du poirier. — Marche naturelle de sa végétation. — Lenteur de la formation des boutons à fruit. — Moyen de la hâter. — Branches à fruit du poirier. — Bourses. — Lambourdes. — Brindilles. —Dards.— Conduite du poirier au pyramide. — Cassement des bourgeons annuels du poirier. — Greffe en placage de ses productions fruitières. —Rajeunissement des vieux poiriers. — Taille et conduite du pommier. — Taille de l'abricotier — du prunier — du cerisier — du groseiller — du framboisier.

—

Quand vint l'époque de la maturité du chasselas, il se trouva une différence très-marquée entre la qualité du raisin récolté dans le jardin du presbytère et celle du raisin des treilles de la ferme; c'était bien cependant la même espèce, car M. le curé en avait obligeamment donné au fermier du plant enraciné.

— Il ne me paraît pas, disait le fermier, que cette différence énorme puisse tenir à la nature du terrain; le sol de nos deux jardins est à très-peu de chose près de même qualité, et quant à l'exposition, elle est également favorable. Or, votre chasselas étale au soleil des grappes dorées, dont les grains sont clairs, et tous à peu près de même grosseur; chez moi, les grappes sont serrées; elles ont des grains de toute sorte de dimensions, dont une partie est pourrie à l'intérieur : expliquez-moi, je vous prie, Monsieur, quelle faute j'ai commise dans la culture de ma treille pour aboutir à un semblable mécompte.

— J'ai oublié, dit M. le curé, car on ne pense jamais à tout, de vous recommander d'éclaircir les grappes de chasselas en temps utile : de là tout le mal qui ne se reproduira pas l'année prochaine, si vous faites comme moi. Quand le chasselas de mes treilles était en grains de la grosseur d'un pois, nous nous sommes armés, ma gouvernante et moi, chacun d'une paire de ciseaux pointus, et, dans chaque grappe, nous avons retranché environ un grain sur trois. C'est une besogne minutieuse, que je ne vous engage pas à faire vous-même ; votre femme et vos enfants s'en acquitteront avec d'autant plus de plaisir que, ce sont eux qui doivent principalement profiter du résultat de cette opération. Dans les grappes éclaircies, tous les grains grossissent également ; tous reçoivent également leur part de chaleur et de lumière, et jamais les grains de l'intérieur des grappes ne contractent la pourriture ; le succès, dans toutes les branches du jardinage, dépend ainsi d'une foule de soins de détail, dont un seul négligé suffit pour faire manquer le résultat.

Grâce aux leçons bienveillantes de M. le curé, le fermier devint avec le temps aussi habile que son maître dans la taille des arbres à fruits à pepins. Le poirier, disait M. le curé, est en Europe, le premier des arbres fruitiers ; c'est celui qui donne les fruits les meilleurs, les plus variés, les plus sains et les plus agréables ; il y a des poires de toutes les grosseurs, pour toutes les saisons, appropriées à une foule de destinations diverses, toutes précieuses à divers égards. Le poirier vit longtemps en conservant jusqu'à la fin sa fécondité ; les poires des meilleures espèces se conservent aisément en bon état d'une année à l'autre, et ceux

qui cultivent le poirier dans le but d'en vendre les fruits,
ne peuvent jamais en produire en proportion des demandes. Toutes ces considérations donnent une grande importance à la taille du poirier qui, sans les soins de l'homme,
donnerait une petite quantité de fruits acerbes et sans
valeur.

La taille du poirier repose comme celle du pêcher et de la
vigne, sur la marche naturellement suivie par la végétation de cet arbre qui se met de lui-même très-lentement
à fruit.

Regardez de près un bourgeon de poirier de l'année dernière ; c'est une longue baguette droite, sur laquelle tous
les yeux dont chacun est protégé par une seule feuille, sont
des yeux à bois. Sur le bois de deux et même de trois ans,
il n'y a pas encore apparence de boutons à fruit; on remarque seulement des yeux un peu plus gros que les autres,
environnés de deux ou de trois feuilles; ces yeux ne s'ou-
vrent pas chaque année pour donner naissance à des bourgeons, comme le font les yeux à bois ; ils grossissent très-
lentement ; le nombre des feuilles qui les accompagnent
augmente tous les ans ; ils finissent par devenir des boutons à fruit, dont le support conserve la cicatrice de toutes
les feuilles dont il a été successivement garni. On peut se
faire une idée de l'extrême lenteur avec laquelle s'opère la
transformation d'une partie des yeux à bois du poirier,
en boutons à fruit, par ce seul fait qu'un poirier, né
d'un pepin, montre rarement sa première poire avant sa
quinzième ou sa seizième année. La taille a pour but de
supprimer, dans chaque bourgeon annuel, les yeux à bois
superflus, et de faire refluer la sève sur ceux du bas du
bourgeon, afin de hâter le moment où ces yeux deviendront des boutons à fruit.

Voici un poirier tout formé en plein rapport ; vous y pouvez remarquer des boutons à fruit qui fleuriront l'année prochaine, d'autres à divers degrés de développement ; des branches courtes, toutes chargées de boutons à fruit : ce sont des *bourses ;* d'autres plus longues, très-riches en boutons à fruit isolés les uns des autres ; ce sont des *lambourdes* ; d'autres plus minces, également riches en productions fruitières : ce sont des *brindilles ;* enfin, sur les principales branches, de petits rameaux très-courts, terminés par un œil très-pointu : ce sont des *dards.* Les lambourdes ne se taillent point, non plus que les brindilles, à moins que celles-ci ne semblent trop longues et trop faibles, auquel cas on peut les raccourcir avec ménagement. Les bourses sont ménagées comme les plus précieuses des productions fruitières du poirier. S'il arrive qu'il s'y forme un œil à bois, on peut sacrifier une partie de la bourse pour tailler sur cet œil dans l'espoir d'en obtenir un bourgeon capable d'attirer la sève, et de prolonger par là la durée et la fécondité de la bourse qui finit toujours par s'épuiser.

Les principes applicables à la formation du poirier en espalier ou en contre-espalier sont les mèmes qui président à la formation du pècher, et que je vous ai précédemment expliqués ; c'est aussi pour cet arbre la forme en palmette qui est de beaucoup la meilleure et la plus usitée. Les poiriers en pyramide se commencent en taillant sur un bon œil la flèche d'un poirier greffé l'année précédente. L'œil à bois sur lequel on a taillé devient la nouvelle flèche, autour de laquelle on fait naître des branches latérales, en commençant par celles du bas, qui doivent ètre bien établies et solidement constituées avant de laisser la flèche s'allonger, et d'y faire naître les branches supérieures de la pyramide. Pendant longtemps, il a été de mode de laisser prendre au poirier sous cette forme une très-grande élévation; on formait ainsi de très-beaux arbres dont chacun, dans les années favorables, pouvait porter une charge énorme de poires. Mais on a fini par se dégoûter de ces pyramides géantes, parce que, malgré tous les soins et tous les efforts du jardinier pour maintenir l'équilibre de la végétation, la sève, toujours attirée vers le haut de l'arbre, y faisait naître chaque année la plus grande partie de la récolte. Les poires, aux approches de la maturité, tombaient de si haut qu'elles s'aplatissaient sur le sol, ce qui donnait lieu à une perte considérable. On évite cette cause de perte en modérant par la taille la hauteur des poiriers en pyramide, qui n'en sont pas moins productifs. La pyramide est la forme qui convient le mieux à la plupart des espèces de poiriers, dans les jardins de grandeur moyenne, pour ceux de petite dimension, vous avez vu quel parti il est possible de tirer des poiriers taillés en colonne, et soumis à la taille régulière des racines. Vous viendrez de temps en temps me donner un coup de main pour la taille d'hiver de mes poiriers; j'irai quelquefois vous voir tailler les vôtres, pour empêcher qu'au début vous ne fassiez trop de sottises, et dans un an ou deux, vous saurez cette partie du jardinage de manière à en pouvoir vous-même donner leçon au besoin.

Après le second mouvement de la sève, que les jardiniers nomment la sève d'août, le fermier trouva M. le curé occupé dans le jardin du Presbytère, à casser, les uns après les autres, aux trois quarts de leur longueur, les bourgeons annuels de quelques-uns de ses poiriers : il lui en demanda la raison.

— J'ai recours au cassement, dit M. le curé, parce que ces arbres, dont les racines ont apparemment rencontré une veine de terrain très-riche, poussent trop de bois, et ne veulent pas se mettre à fruit. Si je me bornais, ainsi que je l'ai**f**fait l'an passé, à couper ces bourgeons, cela ne suffirait pas ; l'œil, placé au-dessous de la coupe, reparti- rait en faux bourgeon, et je n'y gagnerais rien ; la preuve en est dans les boutons qui se montrent en grand nombre, au bas des rameaux ; mais en raison de l'excès de vigueur des bourgeons, la sève passe à côté d'eux sans s'y arrêter, et ils restent stationnaires, sans avancer ni reculer, ce qui ne fait pas du tout mon compte ; par le cassement, j'ob- tiens dans la marche de la seconde sève un temps d'arrêt assez prolongé, pour que les boutons en aient leur juste part ; vous verrez comme ils fleuriront l'an prochain.

— S'ils fleurissent tous, dit le fermier, je crains bien que vos poiriers, tout robustes qu'ils sont, ne puissent porter une pareille charge : il me semble qu'il y en aura moitié trop.

— C'est bien ce qu'il me faut, dit M. le curé. Si, comme je l'espère, ce que vous prévoyez arrive, quand je verrai au printemps de l'année prochaine les branches de ces poiriers, couvertes de boutons décidément prêts à fleurir, j'en enlèverai une bonne moitié avec leur support, et au moment de la première ascension de la sève, je les gref- ferai en placage sur les branches à demi-épuisées de mes plus anciens poiriers, et aussi sur celles de quelques autres qui ne donnent pas assez de fruit. Ces greffes qui, lors- qu'elles sont posées avec soin et en temps convenable ne manquent pour ainsi dire, jamais, ont le double avantage d'appeler la sève sur des branches fatiguées en leur don- nant une nouvelle vigueur, et d'utiliser des boutons qui, par leur profusion même deviendraient stériles sur l'arbre où je les fais naître en trop grand nombre, mais qui, greffés sur un autre arbre, y produisent d'excellents fruits.

— Si j'en juge par mes vieux poiriers à cidre, dit le fermier, il ne doit pas être bien difficile de rajeunir un vieux poirier de jardin, pourvu qu'on n'attende pas qu'il ait perdu toute sa force et qu'il soit complétement épuisé?

— Le procédé est le même que pour les poiriers des grands vergers ; on peut commencer per rabattre sur les branches principales de la charpente, et voir si l'arbre pourra se refaire par ses propres ressources; mais, il vaut mieux, sans perte de temps, recourir immédiatement à la greffe en couronne qui réussit toujours et fait attendre moins longtemps la mise à fruit de l'arbre rajeuni.

— Si j'ai bien suivi vos instructions et vos opérations, monsieur, j'ai, je crois, peu de chose à vous demander quant à la manière de tailler et de diriger les pommiers dans le jardin fruitier. La marche de la végétation dans le pommier me paraît en tout semblable à celle du poirier, et tout ce qui s'applique à l'un de ces arbres, me semble pouvoir également s'appliquer à l'autre.

— Vous avez très-bien observé ; aussi n'ai-je ancune instruction particulière à vous donner sur la taille et la conduite du pommier; tout se borne à quelques remarques qui ont pourtant leur importance. J'obtiens des pommiers tout af ait nains, donnant peu de bois et beaucoup de fruits, en les greffant sur des sujets d une espèce particulière, bien connue sous le nom de *Paradis ;* j'en ai d'autres, de taille moyenne, sur des sujets d'une autre àspèce nommés *Doucins.* On n'admet généralement dans les jardins frui-tiers que les pommiers sur paradis et sur doucin. Ces der-niers conduits soit en pyramide, soit en cordons horizou-taux, sont très-productifs. Vous voyez que je cultive en espalier deux pommiers seulement; l'un des deux produit l'excellente pomme hâtive connue sous le nom de pomme fraise, qui mûrit dès le le mois d'août, et dont l'odeur, lorsqu'elle est bien mûre, rappelle celle de la fraise des

bois; l'uutre est un calville blanc à côtes. Les autres pommiers donnent de si beaux produits sous toutes les autres
formes, qu'on leur accorde rarement une place sur les
murs bien exposés, réservés pour le pêcher, la vigne,
l'abricotier ou le cerisier hâtif.

— Je ne vous ai pas demandé, Monsieur, d'instructions
spéciales sur la taille de l'abricotier, du prunier et du cerisier. J'ai cru remarquer que vous les taillez très-peu.

— En effet, dit monsieur le curé; j'ai pu me convaincre
par expérience que tous ces arbres à bois très-gommeux
veulent être taillés le moins possible, et que les jardiniers
ont raison de dire que ce sont des arbres qui n'aiment pas
le fer. L'abricotier ne donne des fruits réellement bons
que quand il est cultivé en plein vent et que les abricots
reçoivent l'air et la lumière de tous les côtés; le premier
est exactement dans le même cas. Si l'on accorde toujours
une petite place sur le mur bien exposé à l'abricotier en
espalier, c'est que, sous le climat du nord et du centre de
la France, les fruits de l'abricotier en plein vent manquent
quatre ans sur cinq; à l'espalier, on a tous les ans des
abricots, de qualité inférieure, il est vrai; mais enfin, ce
sont des abricots, et sans la culture de l'abricotier en espalier, on n'en aurait pas du tout. L'abricotier en espalier se
prête difficilement à la taille en palmette; on le conduit
habituellement sous la forme en éventail, en faisant diver-
ger ses branches principales, à partir de la naissance du
tronc. Mais, il est si sujet à perdre de grosses branches,
frappées de mort subite en pleine végétation, par engor-
gement de gomme, qu'il ne conserve jamais bien longtemps
sa forme régulière, ce qui ne l'empêche pas de vivre longues années en conservant sa fécondité, parce qu'il répare
mieux que tout autre arbre ses pertes accident.lles, en
donnant de jeunes pousses de remplacement. Les abrico-

tiers, pruniers et cerisiers, cultivés en plein vent dans le jardin fruitier, ne réclament ni taille périodique, ni soins particuliers de culture ; une fois que leur tête est bien établie sur trois ou quatre bonnes branches, on peut les livrer au cours naturel de leur végétation, et se borner à supprimer par l'élagage les branches mortes ou malades, comme on le fait pour les mêmes arbres dans les grands vergers. Vous voyez que j'ai admis le long de mon mur exposé au midi un seul cerisier ; il appartient à l'espèce anglaise nommée *Cherry Duke*, l'une des meilleures et des plus précoces entre toutes les cerises de ma connaissance. Au moyen de mes châssis économiques posés devant ce cerisier un peu avant sa floraison, j'assure la récolte, quelque temps qu'il fasse, et j'ai des cerises mûres à offrir aux convalescents douze ou quinze jours avant qu'il y en ait à cueillir dans les autres jardins. Si j'en voulais vendre les produits, ce serait de mes arbres en espalier celui qui rapporterait le plus d'argent ; car, à Paris, où grâce aux chemins de fer, on fait venir tous les ans de grandes quantités de cerises de nos départements du midi, au moment où les miennes sont mûres, elles ne vaudraient pas moins de 2 francs le kilogramme.

En visitant le jardin de la ferme, M. le curé remarqua l'état négligé du carré consacré aux groseillers et aux framboisiers. « Vous avez grand tort, dit-il au fermier, de négliger ces excellents fruits rouges, dont vos enfants font si grand cas ; ce n'est pas seulement pour eux, comme vous semblez le croire, une affaire de gastronomie ; rien n'est plus utile à leur santé que de pouvoir, pendant la saison, manger à discrétion des groseilles et des framboises, qui ne sauraient les incommoder, et ne peuvent leur faire que du bien ; demandez-leur ce qu'ils en pensent, ils ne vous diront pas le contraire, j'en suis sûr. Et puis, mon ami, je tiens à honneur, moi, votre professeur en fait de jardinage, qu'il n'y ait, dans le jardin de la ferme, aucune culture négligée, pas plus celle du groseiller et du framboisier que celle des plus précieux de vos arbres à fruits. Je vous ai donné des boutures de groseillers dont le fruit, désigné à juste titre sous le nom de groseille-cerise, est aussi volumineux que délicat ; vous avez laissé ces arbres s'encombrer de vieux bois, et ils ne donnent presque plus rien ; retranchez toutes les branches épuisées, et, à l'avenir, n'y laissez jamais que du bois de deux et de trois ans ; rien n'est plus facile, car le groseiller donne toujours de lui-même du jeune bois en surabondance ; cela suffira pour que votre famille récolte ici à profusion les plus belles et les meilleures groseilles de tout le pays. Quant aux framboisiers, ils donnent peu, et leurs fruits ont à peine la moitié du volume normal de leur espèce, uniquement parce que vous ne les taillez pas. »

— Et quelle taille, dit le fermier, peut-on donner au framboisier ? C'est une véritable ronce, qui se renouvelle d'elle-même, comme la ronce des bois et des haies, par ses rejetons annuels ; je ne vois réellement pas en quoi une taille quelconque peut lui profiter.

— C'est, dit M. le curé, que vous n'avez jamais eu apparemment l'occasion de voir ce que produisent des framboisiers bien taillés. La taille consiste à supprimer vers la fin de l'hiver le tiers de la longueur des rejetons annuels qui doivent porter la récolte. En leur laissant moins d'yeux à nourrir, vous concentrez la sève sur ceux que vous réservez ; vous en obtenez des fruits plus nombreux et plus beaux que si vous laissiez se développer toutes les fleurs, dont une partie resterait stérile. La framboise est si bonne et surtout si salubre pour les enfants, qu'il faudra que je vous donne quelques touffes de mes frambroisiers remontants. Cette variété donne en automne une seconde récolte de framboises moins abondantes, mais aussi bonnes et aussi parfumées que celles de la première récolte.

CHAPITRE XXX

Le parterre.

Parterre. — Utilité du goût des fleurs.—Les fleurs pour le mois de Marie. — Les fleurs pour la Fête-Dieu. — Jacinthes. — Anémones. — Les anémones du président de Dijon. — Renoncules.— Griffes reposées. — Pensées anglaises. — Époque où il faut les semer. — Œillets de jardin. — Œillet flamand. — Procédé pour le marcotter. — Rosier cent feuilles. — Rosier d'York. — Rosiers grimpants pour couvrir les berceaux. — Collections de rosiers greffés sur églantier à haute tige.

—

En donnant à ses paroissiens le spectacle continuel de son parterre garni de fleurs en toute saison, sans même en excepter les plus mauvais jours de l'hiver, M. le curé avait propagé parmi eux le goût des fleurs, goût qu'il se plaisait à favoriser de tout son pouvoir, car les plaisirs que ce goût procure sont au nombre de ceux dont on jouit en famille, qu'on fait partager à ses voisins, et qui ne laissent après eux aucune ombre de regrets. Les cabarets y perdaient peut-être un peu; la morale y gagnait beaucoup. L'église du village, pendant le mois de Marie, était resplendissante de fleurs, tellement que des paroisses voisines, on y venait tout exprès pour jouir de la beauté du coup d'œil. A la Fête Dieu, la fête où la profusion des fleurs est tout à fait de circonstance, c'était à qui apporterait les plus

16.

beaux bouquets, les plus belles guirlandes, les vases les mieux ornés, pour parer les reposoirs : l'émulation à cet égard était générale, et les enfants, au lieu de se livrer, comme dans beaucoup de paroisses, au vagabondage, quand il n'y a pas de travail à leur donner, se plaisaient à aider leurs parents dans les soins qu'ils donnaient aux fleurs de leurs modestes jardins, rien que pour avoir à cueillir le plus possible de belles fleurs aux approches de la Fête-Dieu.

Le mouvement dans le sens de la floriculture avait eu pour point de départ le jardin de la ferme à laquelle M. le curé prenait un vif intérêt, parce qu'il regardait la perfection de toutes ces cultures, y compris celle du jardin, comme son propre ouvrage.

— Il faut que j'aie pour vous une bien sincère amitié, disait au fermier M. le curé, pour que je consente à vous livrer, comme je le fais, tous mes petits secrets, et à vous mettre en mesure de rivaliser de luxe dans votre jardin avec celui du Presbytère ! Je n'ai pas encore rendu visite à vos jacinthes ; promettent-elles cette année une belle floraison ?

— Très-belle, Monsieur, parce que vous m'avez averti à temps de ne pas renouveler cette année la sottise que j'avais faite l'année dernière, et qui avait fait manquer la floraison des jacinthes, dont le jardinier du château m'avait fait présent.

— Ah ! oui, dit M. le curé, je m'en souviens. Ce brave garçon a, comme tous ceux qui savent bien une chose, la manie de se persuader que tout le monde doit la savoir. En vous gratifiant d'une centaine de très-bons oignons de jacinthe, il n'a pas même pensé à vous dire que cette plante, si belle et si parfumée, ne supporte pas le contact du fumier. Vous, vous n'avez pas manqué de planter vos oignons de jacinthe dans un carré de jardin, fumé comme s'il s'était agi d'y planter des pommes de terre ; de plus, aux approches de l'hiver, vous avez posé par-dessus, pour les préserver des atteintes du froid, une épaisse couverture du fumier le plus chaud possible. D'où il est résulté que la moitié de vos oignons de jacinthe a pourri en terre, et que l'autre moitié, qui, si elle n'était pas morte, n'en valait guère mieux, n'a donné qu'une floraison misérable. Alors seulement, vous avez fini par où il aurait fallu commencer ; vous êtes venu me demander comment il fallait cultiver les jacinthes, et pourquoi les vôtres étaient perdues. Cette année, le jardinier du château, reconnaissant le tort qu'il avait eu de ne pas vous avertir l'année dernière, a renouvelé votre carré de jacinthes ; vous avez planté les oignons dans une terre, non pas fumée, mais amendée seulement avec de bon terreau provenant de votre melonière de l'an passé ; pendant l'hiver, vous avez couvert vos jacinthes de paille longue, sans mélange de fumier, et les voilà qui vont fleurir admirablement, mieux que les miennes, et je n'en serai pas jaloux.

— J'aimerais mille fois mieux, Monsieur, dit le fermier, renoncer à mes jacinthes que de vous causer le plus léger sentiment de rivalité. Cela me contrarierait d'autant plus en ce moment, que je viens tout exprès pour vous demander, s'il vous est possible de m'en accorder, un peu de graine de vos anémones et de vos renoncules.

— Je ferai mieux, mon ami ; je vous donnerai, non pas des graines, mais des griffes de ces deux plantes, afin que vous ayez la satisfaction de les voir fleurir immédiatement. L'anémone, une de mes fleurs favorites à cause des grâces de ses formes et de la vivacité de ses couleurs, est un exemple des caprices de la mode qui étend son empire jusque sur les fleurs. Durant tout le dernier siècle,

l'anémone était en faveur en France au même degré que
la tulipe en Hollande. L'amateur qui parvenait à conqué
rir quelques nouvelles variétés réunissant les conditions
exigées pour l'admission des plantes dans les collections
d'élite, n'en voulait céder à aucun prix. On citait comme
l'une des plus riches de France, la collection d'un président
au parlement de Dijon, qui n'aurait pas voulu, pour tout l'or
du monde, en donner à qui que ce fût. Un avocat du barreau
de Dijon, amateur d'anémones, non moins passionné que
le président lui-même, s'y était pris de toutes les manières
pour arriver à rendre sa collection aussi belle que celle de
son rival, et il n'avait pu y réussir. Enfin, l'envie déme-
surée qu'il avait de posséder des graines des anémones du
président, lui suggéra une ruse qui réussit complétement.
Au moment de la maturité des graines d'anémones qui,
comme vous le savez, sont hérissées de piquants en forme
de crochets, il alla au sortir du palais, rendre visite au
président, certain de le rencontrer dans son parterre. L'avocat venant de plaider avait conservé sa robe longue et trai-
nante. Tout en causant d'une affaire très-grave dont il
était chargé ; il laissa traîner sa robe sur le bord de la
planche d'anémones, et prit congé tout aussitôt. De retour
chez lui, il visita les plis de sa robe, enleva une à une avec
un plaisir qu'un amateur seul peut comprendre, les graines qui s'y étaient accrochées, et qui étaient à ses yeux
d'une inappréciable valeur ; il les sema et cultiva avec des
soins assidus, mais dans le plus grand secret, les plantes
qu'il en obtint. Ces plantes fleurirent enfin ! Toutes les
plus belles variétés de la collection du président s'y trouvaient reproduites. Alors, il invita celui-ci à honorer ses
anémones d'une visite, politesse qu'on ne se refuse jamais
entre amateurs. Le président demeura stupéfait en voyant
épanouies, dans le jardin de l'avocat, des fleurs qu'il

croyait posséder seul en Europe, et qui tiraient de cette circonstance leur principale valeur à ses yeux. L'avocat avoua son stratagème au président, qui lui dit avec bonhomie : « Je comprends votre passion, puisque je la partage, et je n'ai pas le courage de vous en vouloir. »

— Si je vous fais part de mes anémones et de mes renoncules, poursuivit M. le curé, c'est avec l'espoir que vous les cultiverez comme je les aurais cultivées moi-même ; le point capital, c'est de leur donner une terre très-douce, exempte de pierres, et labourée avec le plus grand soin, à 35 ou 40 centimètres de profondeur. Il faudra ensuite, en cas de sécheresse, les arroser à fond deux et même trois fois par jour, si vous voulez qu'elles fleurissent dans votre jardin comme dans celui du presbytère.

— Je comprends très-bien, dit le fermier, la nécessité des arrosages ; mais à quoi peut servir de défoncer la terre à 40 centimètres pour planter des griffes qui ne sont pas à plus de 5 à 6 centimètres sous terre? C'est ce que je ne comprends pas.

— C'est que vous prenez les griffes pour des racines, tandis que ce sont seulement des tubercules. Quand vous avez mis en terre des griffes d'anémones ou de renoncules, ce ne sont pas ces griffes qui font croître et fleurir les plantes; ce sont les racines qui partent d'entre les doigts des griffes; or, ces racines fibreuses pénètrent dans le sol d'autant plus avant qu'il est mieux ameubli, et les plantes fleurissent d'autant mieux qu'elles ont à leur service plus de racines établies dans une bonne terre bien divisée.

Indépendamment des griffes dont je me fais un plaisir de vous gratifier, voici des graines d'anémones et des graines de renoncules· Vous les sèmerez dans de la bouse de vache désséchée et pulvérisée, conservée sèche jusqu'au moment des semis, et tenue légèrement humide à partir du jour où vous lui aurez confié les graines de ces deux plantes, dans deux terrines séparées. Dès que vous verrez jaunir les feuilles des jeunes plantes nées de ces semis, vous cesserez de les arroser, et quand le contenu des terrines sera parfaitement sec, après l'avoir émietté avec précaution, vous le passerez dans un tamis de fil de fer; les jeunes griffes resteront sur le tamis; vous les planterez une à une dans une plate-bande bien garnie de terreau; elles fleuriront très-bien dès la première année. Il importe de renouveler assez souvent les semis pour avoir toujours une ample provision de griffes, afin de pouvoir n'en planter chaque année que la moitié seulement. Les griffes d'anémones et de renoncules n'ont pas le même tempérament que les oignons de jacinthes ou de tulipes, qu'il faut bien planter tous les ans, parce que, plantés ou non, ils entrent en végétation au printemps, et s'épuisent s'ils ne sont pas plantés. Les griffes au contraire peuvent se reposer un an sur deux; leur floraison n'en est que plus belle l'année où elles sont mises en terre.

— Je suis encore si novice dans le métier de jardinier-fleuriste, dit le fermier, que je suis obligé d'avoir recours à vous pour les cultures les plus simples. En me donnant des graines de pensées anglaises, vous m'aviez dit de les semer tout simplement dans une plate-bande du jardin de la ferme, et qu'elles fleuriraient sans aucun soin particulier de culture : c'est ce qui n'est point arrivé. Le plant de pensées provenant de graine semée en mars a donné seulement quelques fleurs; puis, les fortes chaleurs sont venues un peu plus tôt que de coutume, et mes pensées ont pris la maladie du blanc; les fleurs ont tellement dégénéré qu'elles étaient méconnaissables. Il y avait sans doute à leur donner quelque soin que je ne connais pas.

— Il fallait, dit M. le curé, et j'ai oublié de vous en

prévenir, ne semer la graine de pensées qu'au mois d'août. Le plant aurait montré sa fleur avant la fin de la belle saison, ce qui vous aurait permis de ne conserver que les plus parfaites de formes et de couleur, et d'éliminer les autres. A l'entrée de l'hiver, le plant garanti par une légère couverture de paille déplacée dans les intervalles entre les gelées, aurait très-bien hiverné à l'air libre ; à partir du printemps suivant, il vous aurait donné une très-belle floraison l'an prochain. J'ai oublié que ces particularités pouvaient ne pas vous être connues : c'est à recommencer.

De toutes les fleurs dont M. le curé lui avait enseigné la culture, celle que le fermier affectionnait le plus était l'œillet, également agréable pour sa forme, son coloris et son parfum. Longtemps il se borna à cultiver les belles variétés de l'œillet de jardin, le rouge ou œillet à ratafia, le blanc pur, le jaune nankin bordé de rouge ou œillet de Condé, et l'œillet rouge et blanc ou œillet Joseph. Avec une légère couverture de paille en hiver, ses œillets, d'une grande rusticité de tempérament, hivernaient sans difficulté, et par le procédé du marcottage pratiqué avec intelligence, il les multipliait si facilement qu'il pouvait en distribuer à tous ses voisins. Mais, la collection d'œillets flamands de M. le curé était si merveilleusement belle qu'elle excitait son envie, et qu'il finit par lui en demander des marcottes.

— J'y consens, dit M. le curé ; mais vous voyez que les œillets flamands ne sont pas de ceux qui, comme les œillets de jardin, produisent tous les ans à leur base plus de rejetons qu'il n'en faut pour les multiplier ; ils donnent rarement quelques pousses, jamais au pied, toujours le long de la tiges, de sorte que, pour les marcotter, il faut attacher au tuteur qui soutient la tige florale de l'œillet, un pot fendu latéralement, ou un cornet en zinc, rempli de terre légère, dans laquelle on introduit la jeune pousse de l'œillet dont on espère une marcotte. Je ne puis, en conséquence, vous offrir au-de-là de quatre marcottes enracinées pour commencer votre collection.

— Quatre, dit le fermier! Ce n'est pas beaucoup; mais, je ne vous en suis pas moins reconnaissant; vous me direz ce que je dois faire pour arriver à posséder une collection présentable.

— Vous ferez, mon ami, comme j'ai fait moi même; car, j'ai débuté par n'en pas avoir plus que je ne vous en donne en ce moment. Comme les quatre œillets dont un de mes confrères, grand amateur m'avait fait présent, étaient des variétés les plus estimées, en m'appliquant avec persévérance à les marcotter, j'ai fini par en avoir un nombre assez considérable à offrir à ceux qui en avaient des variétés différentes des miennes; toute ma collection, devenue aussi complète que je puis le désirer, s'est ainsi formée par échanges : il ne tient qu'à vous d'arriver au même résultat en suivant la même voie. C'est le même procédé que vous devez employer si vous désirez compléter votre collection de rosiers greffés sur églantier à haute tige. Vos mains robustes, peu exercées aux opérations délicates, ont échoué souvent en essayant de greffer en écusson des rosiers pour votre jardin; vous avez abandonné cette partie minutieuse du jardinage à votre femme plus exercée que vous aux ouvrages qui demandent moins de force que d'adresse, et vous avez très-bien fait ; j'ai vu avec plaisir que presque toutes ses greffes de rosiers de cette année ont très-bien réussi; je lui promets, non-seulement des greffes de tous mes rosiers, mais encore des greffes des meilleures espèces qui manquent à ma collection.

— Est-ce qu'il en existe beaucoup plus que vous n'en avez?

— Je le crois bien ! J'en ai une cinquantaine en tout ; les collections qui ont la prétention d'être complètes en comptent quinze cents ! Je suis loin de compte. Une collection de 700 à 800 rosiers renferme à peu près tout ce qu'il y a de plus recommandable, vous ne pouvez raisonnablement aspirer à réunir 700 à 800 rosiers dans le jardin de la ferme, Mais, sur le bord de vos massifs de lilas, vous placerez de gros buissons de rosiers à cent feuilles et de rosiers d'York, qui vous donneront une profusion de ravissantes roses blanches au cœur couleur de chair. Pour contribuer à garnir le berceau sous lequel toute votre famille aime à se reposer un instant pendant les belles soirées d'été, vous associerez au jasmin blanc, à la clématite et au chèvrefeuille, les rosiers grimpants de Boursault et de Bougainville ; vous n'oublierez pas dans le parterre la rose du Bengale, à floraison perpétuelle, la charmante petite rose nacarat de la Chine, la rose jaune de Perse, et la rose semi-double de Provins ; puis, vous composerez un très-beau massif de rosiers de Portland et de l'Ile Bourbon, greffés à haute tige, au nombre d'une centaine, pris parmi celles d'un mérite incontestable, comme le Génie de Chateaubriand, Paul-Joseph et la Duchesse de Sutherland ; vous aurez ainsi tout ce qu'un amateur doit posséder en fait de rosiers, quand il n'a, comme vous et moi, ni assez de fortune, ni assez de loisir, pour aspirer à se créer une collection et a la maintenir au grand complet.

CHAPITRE XXXI

Le parterre (Suite).

Floraison des dahlias. — Nécessité de la hâter. — Mise des tubercules au germoir. — Moyen de préserver les dahlias des atteintes des limaçons. — Floraison tardive des Chrysanthèmes. — Ses avantages. — Rocailles. Pans de murs. — Plantes d'ornement pour les garnir. — Arbustes de terre de bruyère. — Rhododendrons. — Azalées. — Cuphéa. — Lobélia bleue. — La fête du pauvre homme. — Semis de plantes bisannuelles. — Fleurs précoces de printemps. — Dernières fleurs d'automne. — Emploi charitable de ces fleurs.

—

Pendant tout l'été, M. le curé, soit par le dédoublement de ses touffes de phlox, de campanules, d'aconits et d'autres plantes vivaces, soit par les semis de graines de plantes annuelles d'ornement, armi lesquelles les pavots, les coréopsis, les reines Marguerite, les pétunias et les balsamines tenaient le premier rang, procura au fermier les moyens d'avoir sans interruption une succession de belles plantes fleuries dans son jardin, qui faisait les délices de sa femme et de ses enfants, et où lui-même passait les heures les plus agréables de toutes celles qu'il pouvait dérober aux travaux de sa profession. Quand vint le déclin de l'automne, le jardin de M. le curé se trouva plus riche que jamais en plantes fleuries, tandis que celui de la ferme en était presque complétement dégarni.

— Je ne puis, disait le fermier, m'expliquer la cause de la mauvaise volonté des dahlias, dont vous m'avez donné des tubercules en nombre plus que suffisant par rapport à l'étendue de mon parterre. Les vôtres sont depuis quinze jours en pleine fleur; les miens sont à peine en boutons ?

— Cela n'a rien d'étonnant, dit M. le curé. Moi, j'ai placé, dès le mois d'avril, les tubercules de mes dahlias dans une caisse remplie de terre douce, légèrement humide, que j'ai mise dans le cellier, bien à l'abri du froid. Ils ont tout doucement commencé à pousser, et quand, vers le milieu de mai, la température m'a permis de les planter en pleine terre, ils avaient déjà des pousses d'un décimètre, qui ont pris, en peu de jours, un rapide accroissement. Leur végétation ainsi avancée leur a permis de former leurs boutons, dès la fin de l'été, et de fleurir dès les premiers jours de l'automne. Vous, quand en vous donnant des tubercules de dahlia, j'ai offert de vous indiquer la marche à suivre pour les bien cultiver, vous m'avez dit que vous la connaissiez : j'ai dû le croire, et je vois que, sans vous flatter, vous n'y entendiez pas grand' chose. Vos dahlias mis en terre en mai, sans avoir été, comme les miens, mis *au germoir*, sont en arrière de trois semaines; c'est un mal sans remède ; les premières gelées vont les emporter tout chargés de boutons : vous n'en aurez seulement pas vu la couleur. Vous savez maintenant comment il faudra vous y prendre pour mieux réussir l'année prochaine.

Le fermier reconnut son erreur et prit note des indications de M. le curé, se promettant bien d'avoir l'année suivante des dahlias aussi bien fleuris que ceux du jardin du presbytère. En effet, leur floraison fut très-belle ; néanmoins les limaçons, tout particulièrement amateurs de dahlias en boutons, lui en dévorèrent une partie, en dépit du soin que prirent sa femme et ses enfants de leur faire une chasse assidue.

— Comment faites-vous, dit-il à M. le curé, pour que les limaçons respectent vos dahlias, tandis qu'ils ont rongé la moitié des boutons des miens?

— J'ai fait apporter par un de mes voisins, dit M. le curé, un panier d'écailles d'huîtres, ramassées au coin d'une borne, à la ville voisine. Au moyen de quelques coups du gros bout de mon merlin à fendre le bois, j'ai pilé grossièrement ces écailles en les réduisant, non pas en poudre, mais en fragments tranchants comme des lames de couteau. Au pied de chacune de mes belles touffes de dahlias en boutons, j'ai formé un cercle de mes fragments de coquilles d'huîtres. Les limaçons, qui ne se déplacent qu'en rampant sur le ventre, ne peuvent, sans se blesser, passer par-dessus ce cercle; c'est pour eux un obstacle infranchissable, et il leur est défendu d'empêcher mes dahlias de fleurir. Et vos chrysanthèmes, où en sont-ils?

— J'ai bien peur, dit le fermier, qu'il n'en soit de mes chrysanthèmes comme de mes dahlias de l'an passé, et que, selon votre expression, je n'en voie pas la couleur; la saison est déjà fort avancée; ils sont en boutons depuis je ne sais combien, et n'ont pas l'air plus avancés un jour que l'autre.

— Il n'y a pas lieu, dit M. le curé, de désespérer pour cela de leur floraison. C'est la première année où vous cultivez les chrysanthèmes, et vous ne pouvez pas encore bien connaître leur tempérament. Cette plante n'est pas, comme le dahlia, originaire d'un climat excessivement chaud, incapable, par conséquent, de résister au moindre froid; elle fleurit très-tard, sans que les petites

gelées du commencement de l'hiver arrêtent sa floraison;
c'est pour le chrysanthème un mérite plutôt qu'un défaut.
Quand le froid aura emporté les dahlias et tout ce qui
pourra rester de fleurs dans le parterre, à l'exception du
réséda, qui tient l'un des derniers, les chrysanthèmes seront
dans toute leur beauté, et s'il survient quelques heures de
beau temps, malgré la mauvaise réputation du mois crotté
de décembre, vous aurez encore du plaisir à visiter dans
le jardin les touffes de chrysanthème en fleur, dont les
couleurs éclatantes et fraîches, alors que les arbres sont
dépouillés de leurs feuilles, se mêlent agréablement à la
verdure pâle d'un feuillage élégant et parfumé.

— Est-ce que les chrysanthèmes sont tout à fait insen-
sibles au froid ?

— Non, certes; les froids un peu sévères ne les respec-
teraient pas plus qu'ils n'épargnent les dernières fleurs
d'automne; il faut vous y attendre, et c'est pourquoi je vous
ai conseillé d'en bouturer quelques-unes des plus belles
espèces dans des pots, afin de pouvoir les rentrer avant
les fortes gelées; votre femme pourra les placer sur le rebord de son buffet; ils égaieront sa chambre où, pourvu
qu'elle ait soin de les bien arroser, leur floraison se pro-
longera pendant une partie de l'hiver.

— Je vois, Monsieur, que le métier de jardinier-fleuriste, que d'abord je croyais si facile, exige un long apprentissage; depuis plus de deux ans que je m'en occupe sous
votre direction, il n'y a pas de jour où je ne voie combien
il me reste de choses à apprendre.

— Et vous vous en plaignez? Mais, mon ami, c'est un
des plaisirs du jardinage, chaque fois qu'on a fait fausse
route, de chercher le moyen d'éviter ses fautes précéden-
tes, et de le trouver; le succès en devient dix fois plus
agréable que si l'on avait réussi du premier coup, surtout

lorsque, comme vous, on cultive les plantes d'ornement, non pour la vente, mais à titre de simple délassement.

Il y a, dans le fond de votre jardin, un tas de vieilles pierres meulières provenant d'une ancienne démolition; elles sont amoncelées au pied du pignon du bâtiment d'habitation, un grand vilain mur, entièrement nu; il faut tirer parti de tout cela.

— Et quel parti est-il possible d'en tirer ?

— Comment, quel parti? Mais ce coin en désordre et cette muraille grise peuvent, si vous le voulez, et il faut le vouloir, devenir l'une des parties les plus agréables de votre jardin. D'abord, je vais vous donner du lierre d'Irlande, à larges feuilles, d'un vert moins sombre et d'une croissance plus rapide que le lierre commun. Nous y joindrons deux ou trois pieds de glycine de la Chine, à fleurs d'un bleu améthyste, et autant de bignone ou jasmin de Virginie, à grandes fleurs terminales d'un très-beau rouge; j'en ai; je vous en donnerai des rejetons. Vous pouvez voir d'ici, dans quelques années, le bel effet pittoresque du mur ainsi tapissé. Quant au tas de pierres, avec un peu de goût dans son arrangement, nous en ferons un réduit entouré et surmonté de rocailles, dans les intervalles desquelles, au moyen de quelques poignées de bonne terre, nous logerons une grande variété de jolies plantes, telles que l'alyssum ou corbeille d'or et toute la tribu des saxifrages. La partie inférieure sera garnie de pervenche et d'hypéricum à grandes fleurs ; l'effet de l'ensemble sera des plus gracieux ; il ne vous en aura rien coûté, et quand les cultures que je vous propose ne réussiraient qu'à moitié, ne voyez-vous pas que cela vaudra toujours mille fois mieux que l'état actuel de cette partie de votre jardin? Ecoutez donc, mon ami, j'ai mon amour-propre comme un autre, en fait de jardinage surtout; je ne prétends pas que vous qui êtes mon élève en floriculture, personne ne l'ignore dans le pays, vous laissiez le jardin de la ferme dans un état qui ferait peu d'honneur à votre maître.

L'année suivante, dès les premiers jours de temps supportable du mois de février, M. le curé dit au fermier :

—Vous voilà, mon ami, en fait de connaissances en jardinage, au point où je vous ai longtemps désiré ; toute votre famille aime les fleurs et m'aide à en répandre le goût, moyen puissant de combattre et d'affaiblir le goût de beaucoup de mes paroissiens pour mes deux ennemis jurés, le billard et le cabaret. Votre femme et vos enfants ont fait hier, il faut que je vous le dise, une chose qui m'a été au cœur. Vous avez donné asile chez vous, par reconnaissance envers Dieu qui a béni vos travaux et votre ménage, à un pauvre vieillard infirme, réduit à la mendicité par des malheurs qu'il n'a pas mérités, et qu'il supporte avec la résignation d'un chrétien ; c'est une bonne action qui est enregistrée quelque part. Or, hier, c'était la fête du saint patron de ce brave homme. Votre femme et vos enfants, sachant qu'il aime les fleurs, lui ont offert chacun une plante fleurie : l'un, une giroflée, un autre, un pot de violette double, votre fille aînée, deux belles jacinthes foncées, qu'elle tenait de moi, et votre femme, un beau rosier de Bengale, tout en boutons. C'est bien mieux qu'une aumône ! Celui qui vieillit en compagnie de la misère ne rencontre pas souvent, sur la fin de sa route, de ces choses qui viennent du cœur ; le pauvre homme en a eu les larmes aux yeux ; il y a longtemps qu'il n'avait pleuré ! Pour moi, mon ami, cet incident qui n'est rien en lui-même, m'a fait un bien grand plaisir ; dites cela à votre femme et à vos enfants, de ma part.

Maintenant, parlons d'affaires. Le potager est en bonne tenue ; les arbres fruitiers sont bien conduits ; vos fruits de cette année ont été aussi beaux qu'abondants, et plus d'un pauvre ménage en a eu sa part ; merci ! Il ne reste de grands progrès à faire que dans le parterre ; le reste a passé et devait passer en première ligne ; cette année, il s'agit de mettre le jardin fleuriste à la hauteur des autres divisions du jardin de la ferme. Pour cela, il faut faire de la multiplication de semis, de boutures, de marcottes, de toutes les façons, afin que le parterre ne soit jamais dégarni comme il l'a été jusqu'ici trop souvent. Ne m'objectez pas que le temps vous manque ; votre femme, retenue à la maison par les soins du ménage, peut faire faire tout cela par vos plus jeunes enfants, qui sont déjà à moitié au fait, sans que pas une partie de la besogne plus utile puisse en souffrir. Ainsi, par exemple, vous n'avez presque pas de roses trémières, presque pas de campanules, presque pas d'œillets de poëte. Semez-en à profusion cette année pour l'an prochain ; ce que vous aurez de trop, vous en ferez des générosités. Il y a, pour la culture ultérieure des plantes d'ornement, un élément de succès qu'il faut préparer, sans retard ; c'est la terre de bruyère : cette terre abonde dans nos environs ; je vous montrerai les meilleures places où vous en ferez lever des gazons que vos enfants auront soin d'émietter ; puis, ils les passeront à la claie, et vous en remplirez des fosses ouvertes sur les parties les plus ombragées de votre jardin, où les plantes florifères ne réussissent pas, faute de soleil. Dans la terre de bruyère, à laquelle, pour la rendre plus substantielle, vous pourrez ajouter de la bonne terre légère de jardin, dans la proportion d'un cinquième à un quart, vous formerez des massifs de rhododendrons et d'azalées, deux charmantes séries d'arbustes qui fleurissent bien à l'ombre, et que je multiplie de semis tous les ans, afin d'en pouvoir distribuer du plant prêt à fleurir. Tout autour des massifs d'arbustes de terre de bruyère, vous ferez alterner, sous forme de bordures, des touffes très-rapprochées les unes des autres, de cuphea à fleur écarlate bordée de blanc, et des lobelias de Surinam à fleurs d'un bleu céleste: ces plantes fleurissent tout l'été, sans interruption; elles ne sont pas plus difficiles à cultiver que les autres plantes annuelles et bisannuelles de parterre, pourvu qu'on puisse les planter dans la terre de bruyère, hors de laquelle elles ne sauraient prospérer; ce sera quelque chose de charmant ajouté au parterre du jardin de la ferme.

— J'en serai d'autant plus heureux, Monsieur, dit le fermier, que, pour mon jardin, le printemps n'est pas l'époque de l'année la plus brillante par la profusion des fleurs.

— C'est votre faute, reprit M. le curé, entièrement votre faute; vous êtes en mesure, si vous le voulez, d'avoir des fleurs, beaucoup de fleurs, dans votre parterre, dès février et mars. N'avez-vous pas, outre la violette simple et double qui fleurit abondamment au pied du mur faisant face au sud, les pensées des semis de l'année dernière, toute la tribu des primevères, les perce-neiges qui achèvent de fleurir, les narcisses de Constantinople qui commencent leur floraison, les hépatiques bleues et roses, simples et doubles, déja prêtes à s'épanouir? Et le tussilage-vanille, d'une odeur si suave, et les paquerettes doubles d'un rouge si vif, et les crocus jaune d'or, blanc de lait, violet clair rayé de blanc, et les tulipes Duc de Tholl, rouge vif bordé de jaune? Et je n'en ai pas nommé la moitié; et mes buissons de coignassier du Japon, les uns à fleur rouge de feu, les autres couleur de chair, que j'ai généreusement partagés avec vous, les comptez-vous pour rien? Ah! vous n'avez pas assez de fleurs au premier sourire du printemps, entre les dernières gelées de février et les

17.

premières giboulées de mars? C'est-à-dire, tout simplement, que l'an passé, vous ne vous êtes pas mis en peine de multiplier suffisamment les plantes d'ornement à floraison très précoce, de sorte qu'en effet, celles que vous avez sont si peu nombreuses que, dans un grand jardin comme le vôtre, elles ont l'air de courir l'une après l'autre et ne produisent presque pas d'effet; mais il ne tenait qu'à vous de vous y prendre autrement. Règle générale : cultivez toujours pendant une saison, en vue de la saison suivante.

— Mais, Monsieur, dit le fermier, si je remplis tout mon parterre des premières fleurs du printemps, quelle place me restera-t-il pour celles qui doivent leur succéder ?

— En êtes-vous là du jardinage? dit M. le curé. Je vous croyais plus fort ! Réservez un carré pour mettre en reserve à l'écart les plantes qui ont fleuri et qui refleuriront l'an prochain; prenez au fur et à mesure des besoins, dans votre pépinière de plantes d'ornement, de quoi les remplacer par d'autres prêtes à fleurir; il vous restera encore bien assez d'espace disponible pour les plantes vivaces, et pour les semis en place de plantes annuelles.

— Je ne sais pas pourquoi, Monsieur, mes semis de graines de Reine Marguerite, de balsamines, de coréopsis et de pétunias en pépinière, bien que je les aie faits avec beaucoup de soin, dans une bonne terre très-bien fumée, n'ont pas donné des plantes à beaucoup près aussi belles que les vôtres de même espèce, provenant des mêmes graines.

— Je le sais bien, moi, dit M. le curé. Ce n'est pas de la terre qu'il fallait consacrer à ces semis, c'est du terreau. Dans le terreau, les racines de ces plantes auraient formé beaucoup de chevelu; en les arrachant avec précaution au moment de la mise en place, elles auraient retenu entre leurs racines une bonne poignée de terreau; c'est ce qui a lieu pour les miennes; aussi, moyennant des arrosages abondants, j'ai la satisfaction de les voir reprendre dans leur nouvelle position, comme si elles avaient été levées en mottes. Si vous aviez bien regardé comment j'opère, vous en auriez fait autant: cela n'est pas bien difficile, comme vous le voyez, et c'est ainsi que mes semis de plantes annuelles d'ornement donnent des résultats si différents des vôtres.

J'espère bien que cette année, le jardin de la ferme restera bien approvisionné de fleurs jusqu'à la fin de l'automne; il faut prendre vos mesures en conséquence; en été et pendant la première moitié de l'automne, vous aurez toujours assez de fleurs.

—Quelles plantes me conseillez-vous de multiplier principalement pour cette destination ?

— Vous sèmerez en quantité du plant d'immortelles jaune, et vous multiplierez de bouture deux plantes d'une grande richesse de floraison, qui toutes les deux tiennent bien jusqu'aux gelées, la véronique d'Henderson et l'Agérat céleste ou Eupatoire du Mexique. A mesure que les Reine Marguerite, les pétunias, les balsamines, que le premier froid grille comme si le feu y avait passé, auront épuisé leur floraison, vous remplirez les vides avec des touffes de grande verveine et d'Agérat; ces touffes tiendront compagnie aux chrysanthèmes, et l'humble réséda remplira les intervalles, jusqu'à ce que le froid vienne emporter vos dernières fleurs de pleine terre.

— C'est tous les ans un crève-cœur pour ma femme et pour moi de voir en une seule nuit ce qui nous restait de fleurs enlevé par quelques degrés de froid.

— Il y a, dans ce cas, quelque chose à faire de vos dernières fleurs, quelque chose de si simple que je m'étonne que vous n'y ayez pas pensé. Quand le vent du Nord se met à souffler par pleine ou par nouvelle lune, et que la gelée n'est pas loin, sacrifiez d'un coup toutes vos dernières fleurs; vos filles ont de l'adresse et du goût; avec des immortelles jaunes, des agérats bleu clair, des verveines lilas et des chrysanthèmes de toute couleur, elles feront de très-élégants bouquets, entourés de belles bruyères violettes que leurs frères iront leur chercher dans les bois. Donnez ces bouquets aux enfants de la pauvre veuve qui demeure à votre porte; ils auront bientôt fait un trajet de 8 à 10 kilomètres pour attendre la prochaine station du chemin de fer, où le train de Lyon a justement un temps d'arrêt de dix minutes; c'est plus qu'il n'en faut pour avoir le débit de leurs bouquets près des voyageuses de première classe. De cette manière, vos dernières fleurs ne seront pas perdues; vous en aurez joui aussi longtemps que possible, et vous aurez fini par vous en servir pour honorer Dieu en faisant à une très-pauvre famille une charité très bien placée.

— On s'en souviendra, dit le fermier. Il n'y a que vous, Monsieur, pour penser à toutes les choses de ce genre.

— C'est mon état, répondit en souriant M. le curé.

CHAPITRE XXXII

Des Abeilles.

Les abeilles. — Caractère particulier des avantages qu'elles procurent. — Formation d'un rucher. — Les piqûres des abeilles. — Moyen de les éviter. — Choix de l'emplacement d'un rucher. — Emplacement que choisissent les abeilles sauvages. — Choix des essaims. — Epoque des achats. — Moyens d'appréciation. — Poids des paniers. — Nombre d'abeilles contenues dans un kilogramme. — Indices tirés de l'inspection de leurs ailes, — du volume moyen des abeilles. — Moyen d'empêcher les abeilles achetées de retourner chez le marchand.

—

Ne me remerciez pas tant, disait M. le curé au fermier, de mes conseils qui ne vous ont pas été inutiles en agriculture, et de mes leçons de jardinage qui ont fait de vous, avec le temps, un parfait jardinier ; tout cela, mon cher ami, n'était pas aussi complétement désintéressé que vous pourriez le croire. J'ai toujours pensé que vous saisiriez les occasions de m'être agréable, par réciprocité ; je viens aujourd'hui mettre votre bonne volonté à l'épreuve. Vous savez avec quelle sollicitude je recherche tout ce qui peut contribuer à fournir aux moins aisés de mes paroissiens quelques ressources supplémentaires ; l'un des moyens les plus efficaces pour atteindre ce but, ce serait assurément la propagation de l'industrie peu coûteuse, quoique très-

profitable, de l'éducation des abeilles. J'ai quelques ru-
ches qui produisent beaucoup; j'en fais grand cas, uniquement parce qu'elles sont une démonstration frappante du profit qu'on en peut retirer. Quand quelque pauvre ménage de la paroisse consent à suivre mes conseils, je me garde bien de lui donner pour commencer une ou deux ruches garnies de leurs essaims ; en pareil cas, donner, ce serait perdre, et il ne faut jamais rien perdre de ce qui peut servir utilement à pratiquer la charité. Je ne donne pas mes jeunes essaims obtenus chaque année; je les prête, afin que l'idée de la nécessité d'une restitution que, vous le comprenez, je n'exige jamais avec une bien grande rigueur, empêche de négliger les ruches, et oblige ceux à qui je les confie à tâcher d'en retirer tout le profit possible.

— En quoi, Monsieur, puis-je vous seconder dans l'accomplissement de ce dessein charitable?

— En faisant comme moi, mon ami, en ayant un rucher, en le soignant de votre mieux, en adressant, quand vous aurez réussi, un rapport au Comice agricole sur vos succès dans l'éducation des abeilles ; enfin, en confiant, quand je vous en prierai, une ou deux ruches à quelque pauvre ménage, quand même vous ne seriez pas bien assuré qu'elles vous seront rendues.

Le grand, l'inappréciable avantage de l'éducation des abeilles, c'est que ces industrieux insectes changent en produits d'une grande valeur des substances qui, sans leur travail, ne seraient pas utilisées; c'est que, pour créer ces valeurs, les abeilles n'enlèvent rien à aucune des récoltes objet des soins du cultivateur. Aujourd'hui que, dans tout le canton, à commencer par votre ferme, les trèfles, les sainfoins, les luzernes, les colzas, tiennent une si grande place parmi les cultures le plus communément pratiquées, la floraison de toutes ces plantes s'enchaîne à celle des arbres fruitiers, sans interruption à partir des premiers beaux jours. Il y a donc toujours dans les champs ou dans les vergers, assez de matières premières pour les travaux des abeilles, sans compter les genêts, les ajoncs et les bruyères qui fleurissent une partie de l'année sur nos terres incultes. Ainsi, l'argent qui provient de la vente du miel, de la cire et des essaims dont le placement est toujours facile, c'est de l'argent trouvé ; sauf la dépense peu considérable du premier établissement, un rucher qu'on peut commencer en petit et augmenter indéfiniment avec ses propres produits, n'a réellement rien coûté; je ne connais pas de procédé plus efficace pour améliorer immédiatement, à peu de frais et d'une manière durable, la situation d'un pauvre ménage à la campagne. Je commencerai donc par vous mettre en mesure de me seconder efficacement dans la propagation de l'apiculture, c'est-à-dire, de l'art de bien soigner les abeilles et de les faire multiplier et travailler, avec bénéfice; car, mon ami, ainsi que je vous le disais il y a longtemps déjà, quand vous avez pris possession de votre exploitation, pour qu'on vous imite, il faut réussir ; et j'entends par réussir, qu'il faut pouvoir dire à tous vos voisins : mon rucher, bien gouverné, me rapporte une somme de..., en voici la preuve.

— Je n'ai, Monsieur, dit le fermier, qu'une objection à élever, et je la soumets bien vite à votre appréciation, prêt à me rendre à la réponse que vous tenez sans doute toute prête. L'abeille pique, et sans être dangereuse, la piqûre de l'abeille est fort douloureuse. Ma femme et mes enfants en ont peur ; moi, je n'ai pas, vous le savez, le loisir de m'occuper personnellement des abeilles ; si personne ne s'en mêle, j'ai bien peur que le but ne soit pas atteint.

— Si ce n'est que cela qui vous arrête, dit M. le curé,

allez toujours. D'abord, l'abeille par elle-même n'est pas agressive ; elle ne demande qu'une chose, c'est qu'on la laisse tranquille. Rien n'est plus aisé que de choisir pour le rucher un emplacement convenable, entouré d'une barrière, dont personne n'approche sans nécessité, et où néanmoins elles puissent s'habituer à voir du monde aller et venir aux environs de leur domicile, ce qui les apprivoise en quelque sorte, ou, du moins, les dispose sensiblement à la sociabilité. Il y a, sans doute, pour les soins que réclament les abeilles, aussi bien que pour la récolte de leurs produits en cire, miel et essaims, nécessité de les approcher assez fréquemment ; il faut que la même personne en soit constamment chargée ; les abeilles alors s'habituent à la voir, et ne songent jamais à la piquer. Le jeune garçon fort intelligent que j'ai mis au fait de cette besogne, et qui a, sous ma direction, le gouvernement de mes abeilles, prendra, si vous le voulez, les rênes du gouvernement des vôtres ; de ce côté, pas de difficulté. Quand vous aurez pris votre résolution, nous irons ensemble acheter les premiers essaims pour commencer votre rucher ; le reste ira tout seul. Voyons où vous pouvez loger vos ruches afin de proportionner nos achats à l'espace disponible ; cela me fournira l'occasion de vous donner votre première leçon d'apiculture.

— Voici, dit le fermier, en parcourant avec M. le curé les environs de la ferme, un emplacement en plein midi, bien abrité dans toutes les directions ; il est aussi tranquille que possible ; ne vous paraît-il pas convenable pour les abeilles ?

— Non, mon ami. Cette exposition est beaucoup trop chaude. Lorsqu'un rucher est exposé en plein soleil, les essaims partent de très-bonne heure ; chaque ruche en donne toujours au moins deux par an.

— Cela n'est-il donc pas un avantage ?

— En apparence, oui ; en réalité, non. Les ruches s'é-
puisent par une production forcée ; elles se dépeuplent et
se ruinent, et les essaims qu'elles ont donnés coup sur
coup sont faibles et n'ont pas d'avenir. Si vous aviez eu
comme moi l'occasion d'observer dans les bois des abeilles
sauvages naturellement, ou redevenues sauvages, parce
qu'elle se sont échappées des ruches où elles ont pris naissance, vous auriez vu qu'elles ont soin de se loger dans un
arbre creux, à l'exposition du midi, mais jamais sur la lisière de la forêt, toujours à une petite distance dans son
intérieur ; c'est une indication qu'il faut suivre. Vous ins-
tallerez en conséquence votre rucher sous ces grands arbres, à l'abri des vents froids, mais aussi à l'abri des
premières chaleurs qui leur feraient donner des essaims
prématurément.

— Quelques jours après, M. le curé accompagnait le
fermier chez un apiculteur de sa connaissance, qui avait
un assez grand nombre de ruches à vendre. Chemin faisant
il lui donna quelques instructions sur les conditions dans
lesquelles on doit acheter des essaims. Il y a, lui dit-il, trois
époques pour la vente; l'une à l'issue de l'hiver, comme en
ce moment ; l'autre, au moment où les ruches viennent d'essaimer, la troisième, avant l'hivernage ; chacune de ces trois
époques a ses avantages et ses inconvénients. A mon avis,
il vaut toujours mieux faire ce genre d'acquisition au printemps ; il est vrai qu'alors le prix des ruches ou des *paniers*, selon l'expression usitée dans ce pays, est un peu
plus élevé qu'en tout autre temps ; mais cette cherté a ses
motifs très-bien fondés. L'apiculteur ayant couru seul les
risques de mortalité pendant l'hivernage, vend avec raison
ses paniers un peu plus cher, parce que celui qui les
achète n'a pas ces mêmes risques à courir, il n'est pas exposé notamment à perdre une partie des abeilles mères en

hiver, ce qui amène le prompt dépeuplement des ruches. Lorsqu'on achète les jeunes essaims, *sur la branche*, c'est-à-dire au moment où les colonies nouvelles viennent de se séparer des anciennes, c'est le moment de l'année où on peut les payer au plus bas prix. Mais aussi, c'est agir tout à fait au hasard. Si le reste de la belle saison est favorable, si les fleurs des plantes cultivées ou sauvages ne manquent pas, et qu'il ne survienne pas de sécheresse extraordinaire, on peut se trouver à la fin de l'année avec des ruches en très-bon état, achetées à très-bon marché; il peut arriver aussi, et c'est ce qui a lieu très-souvent, que les essaims achetés sur la branche dépérissent, ne soient pas en état de supporter l'hiver, et qu'il n'en reste rien au printemps de l'année suivante. C'est aussi à quoi l'on est plus ou moins exposé quand on achète des essaims avant l'hivernage; on peut s'assurer qu'ils sont bien peuplés, bien approvisionnés, dans de bonnes conditions; on ne peut prévoir comment l'hiver se comportera; s'il est doux, et suivi d'un printemps froid et tardif, on peut tout perdre.

Ainsi, tout bien considéré, le plus sûr, sauf à payer un peu plus cher, c'est encore d'acheter au printemps, quand les chances défavorables de l'hivernage sont passées.

— Quels sont, lorsqu'on achète des essaims, les meilleurs moyens pour en apprécier la valeur?

—Avant tout, dit M. le curé, il faut, comme nous allons le faire, s'adresser à un vendeur digne de confiance, qui a visité ses ruches aussitôt après les derniers froids de l'hiver, qui s'est rendu compte exactement de leur état intérieur, et qui fixe ses prix en conséquence. Il faut ensuite avoir égard au poids des ruches, à l'âge des abeilles, et à leur état de santé.

Le poids, indice de la force des essaims, varie selon les pays.

Si, comme je vous le conseille, vous n'achetez que des essaims du premier essaimage de l'année dernière, et que ces essaims soient contenus dans des ruches d'une capacité moyenne de 4 litres , ce sont les plus usitées dans ce pays, elles devront contenir 3 kil. d'abeilles au moins, et 5 kil. au plus. En avançant du centre vers le nord, le poids des essaims diminue; il n'est déjà plus que de 2 à 3 kil. sous le climat de Paris, et de 1 kil. 1/2 à 2 kil. sur notre frontière du nord. En avançant vers le midi, le poids des essaims augmente ; dans nos départements les plus méridionaux , il atteint assez souvent 5 kilog., poids maximum, qui n'est presque jamais dépassé.

— Quelle idée, je vous prie, le poids d'un essaim peut-il donner du nombre des abeilles dont il se compose ?

— Cela dépend beaucoup de l'état dans lequel se trouve un essaim au moment où il est pesé. Si, par exemple, on pèse des abeilles nouvellement séparées de leur ruche-mère, elles ont ordinairement emporté avec elles pour trois jours de vivres que chaque abeille porte sur elle; en cet état, 10, 000 abeilles, pèsent un kilo. ; si les abeilles sont pesées en tout autre temps, il en faut environ 11, 000 pour former un kilo. Dans des expériences qui offrent toutes les garanties de l'authenticité, faites à Paris par un apiculteur dist' gué, M. Collin, la moyenne des pesées faites en mars, c'est-à-dire, à une époque où les abeilles, après l'hivernage, n'ont pas encore recommencé leur travail,ont donné les résultats suivants :

Poids brut			8 kil.	300 gr.
Ruche vide	2 kil.	500 gr.		
Abeilles	1		4	300
Gâteaux	»	500		
Couvain	»	300		
Miel			4	»

En général, quand les ruches sont dans un état satisfaisant, le poids des abeilles étant doublé ou triplé, les proportions restent à très peu près les mêmes.

En arrivant chez le marchand d'abeilles, M. le curé dit au fermier, qui avait résolu d'avance de s'en rapporter entièrement à lui : Voici une demi-douzaine de paniers que je vous conseille de prendre ; ils me paraissent être dans les meilleures conditions pour bien constituer votre rucher.

— Je m'en remets entièrement à vous, Monsieur, dit le fermier, puisque je ne m'y connais pas ; mais, s'il fallait les apprécier au poids, en voici deux assurément que je ne prendrais pas, car ils sont beaucoup moins lourds que les quatre autres. Pour mon instruction, faites-moi connaître, je vous prie, ce qui vous a déterminé à les choisir.

— Vous avez sans doute remarqué, dit M. le curé, que j'ai examiné à la loupe quelques abeilles de chacune des ruches que vous aviez dessein d'acheter. Vos jeunes yeux verront sans le secours de ce verre grossissant ce qu'il m'a permis de distinguer, malgré ma vue déjà un peu affaiblie par l'âge. Voyez ; les ailes des abeilles des essaims que j'ai rejetés, bien qu'ils fussent assez lourds, sont comme des vêtements qui ont fait beaucoup de service ; elles ont un aspect terne et frippé ; leurs bords sont plus ou moins frangés, au lieu d'être unis ; ce sont des abei ˮs anciennes, fatiguées, et dont on ne peut pas espérer de bﻮ s résultats.

— Et celles-ci ? dit le fermier. Bien qu'elles soient au nombre de celles que vous avez rejetées, je ne vois, ni à l'œil nu ni avec l'aide de la loupe de franges à leurs ailes ?

— Il est vrai, dit M. le curé, mais vous pouvez remarquer que les abeilles de ces essaims, bien qu'elles soient agiles, luisantes, très-bien portantes et pourvues d'ailes bien entières, sont très-sensiblement plus petites que les autres ; c'est ce qui m'a engagé à les éliminer.

—Est-ce que les petites abeilles valent moins que les autres?

—Pas précisement, mon ami; seulement, la réduction de leur taille est l'indice certain d'un fait dont il est bon que vous soyez instruit. Chaque fois que les cellules ou alvéoles dont se composent les gâteaux d'une ruche ont servi à élever les vers ou larves qui finissent par devenir des abeilles, et que ces abeilles en sont sorties à l'état d'insectes parfaits, les ouvrières s'empressent de les nettoyer de leur mieux, ce qu'elles font avec beaucoup de soin et d'adresse, afin que la Reine, ou abeille-mère, puisse recommencer à y déposer ses œufs, qui seront des abeilles à leur tour. Malheureusement, il leur est impossible d'enlever, à chaque nettoyage, un tissu de soie d'une extrême finesse, dont, avant de subir sa dernière transformation, l'abeille à l'état de larve a tapissé l'intérieur de sa cellule. Il en résulte que les cellules dans lesquelles ont été élevées successivement plusieurs générations d'abeilles, contiennent plusieurs de ces tissus appliqués l'un sur l'autre, ce qui diminue d'autant leur capacité. Ainsi, en rejetant les abeilles dont les dimensions sont au-dessous de la moyenne de leur espèce, je suis déterminé par la certitude que l'essaim dont elles font partie est né dans des alvéoles qui ont servi à élever plusieurs générations d'abeilles; en choisissant les abeilles de même espèce plus volumineūses, je sais qu'elles sont jeunes et que les alvéoles où elles ont été nouries n'ont encore servi que pour une génération seulement. Vous voyez, mon ami, que le poids des essaims; bien qu'il soit fort a considérer, ne doit pas être la seule raison déterminante pour l'acheteur; il doit avoir égard aussi, comme gage de succès, surtout quand les achats ont pour but la création d'un rucher, à l'âge des abeilles, indiqué par l'intégrité de leurs ailes, et a leur volume, indice certain de l'âge des ruches.

— Monsieur, dit le fermier, en s'en retournant dans sa carriole avec M. le curé, emportant les ruches dont il venait de faire l'acquisition, avez-vous eu un motif particulier pour venir me guider dans mes achats chez ce marchand d'abeilles plutôt que chez d'autres qui demeurent beaucoup plus près de notre commune ?

— J'en ai eu un, dit M. le curé, un très-grave, que je vous engage à prendre en très-sérieuse considération en pareille circonstance. Pour venir ici, nous avons traversé sur un pont une large rivière, et, avant d'arriver chez le marchand d'abeilles, 4 à 5 kilomètres de forêt. Les autres marchands à qui vous pouviez vous adresser sont aux extrêmités de la plaine dont les terres de votre exploitation font partie. L'an dernier, les abeilles de toutes leurs ruches ont butiné dans cette plaine; elles la savent par cœur; rien ne les empêcherait de retourner à leur premier domicile, de sorte que le vendeur aurait, comme on dit, l'argent et la marchandise. Les essaims que vous venez d'acheter ne songeront pas à s'en retourner, ayant à rencontrer une forêt toute peuplée d'oiseaux qui sont naturellement leurs ennemis, et une grande rivière dont les bords sont couverts d'hirondelles, avides d'abeilles comme de tous les genres d'insectes; retenues par de tels obstacles, vos abeilles, pourvu qu'elles se trouvent bien dans leur nouveau domicile, s'y fixeront volontiers; elles oublieront le lieu de leur naissance et vous resteront; vous avez donc très bien fait de ne pas les acheter assez près de leur rucher natal pour qu'elles soient tentées d'y retourner.

CHAPITRE XXXIII

Les abeilles (Suite).

Abreuvoirs pour les abeilles. — Essaimage naturel.—Causes de l'essaimage. — Chant de la Reine. — Départ manqué. — Ce qui reste dans la ruche après l'essaimage. — Comment naît une nouvelle reine. — Durée de la vie des reines, — des faux-bourdons, — des ouvrières. — Essaimage artificiel. — Ses avantages. — Manière d'opérer. — Charivari pour faire poser les essaims naturels.—Origine de cet usage.—Manière de recueillir les essaims. — Essaim fugitif. — Moyen d'en reconnaître le vrai propriétaire.

—

Le rudiment de rucher de la ferme, commodément installé dans la situation indiquée par M. le curé, prospérait visiblement. Les bords du ruisseau qui passait à peu de distance, étaient nus et escarpés. M. le curé les fit garnir de cresson et de ménianthe, ou trèfle d'eau.

— Ces plantes, dit le fermier, sont-elles spécialement favorables aux abeilles?

— Pas directement, dit le curé; mais, à l'époque de leur plus grande activité, les abeilles ont très-souvent besoin de boire; les feuilles du cresson et celles du trèfle d'eau flottant à la surface du courant sont comme autant de promontoires où les abeilles, sans risquer de se noyer, sans mouiller leurs ailes, que le contact de l'eau mettrait promptement hors de service, peuvent se désaltérer en toute sûreté.

Voici la saison où vos ruches vont donner leurs essaims ; c'en est le produit le plus précieux, pour vous surtout qui désirez pouvoir donner à votre rucher le plus d'extension possible, au moyen de ses propres ressources. Recueillez soigneusement tous les essaims ; sur l'argent qui vous rentrera par la vente du miel et de la cire, reprenez ce que les frais d'installation du rucher vous auront coûté ; consacrez tout le surplus à acheter de nouveaux essaims ; vous serez surpris vous-même de la rapidité avec laquelle votre rucher s'accroîtra, et des moyens que vous pourrez y puiser pour faire le bien sans vous imposer aucune gêne, car le revenu provenant du rucher, parvenu au degré d'importance qu'il vous convient de lui donner, sera véritablement, ainsi que je vous l'ai déjà fait observer, un don gratuit de ces braves insectes. Avant que toute votre attention soit absorbée par le soin de guetter entre dix heures et midi, par un beau soleil de mai, la sortie des essaims, je vous dirai deux mots, qui ne vous seront pas inutiles, sur l'*essaimage*, c'est le terme consacré par le langage des apiculteurs. L'essaimage peut être naturel ou artificiel.

— Je n'ai jamais entendu parler que de l'essaimage naturel ; je ne comprends pas en quoi peut consister l'essaimage artificiel. Est-ce qu'il est possible de forcer les abeilles à multiplier à volonté ?

— Non, assurément ; aussi, cet insecte n'est-il soumis à l'homme qu'a moitié ; l'homme peut seulement, comme vous le faites, placer les abeilles dans des conditions favorables à leur multiplication. Il peut aussi, au moment où il remaque les premiers symptômes de l'essaimage naturel, empêcher qu'il n'ait lieu, et d'une ruche trop peuplée en faire deux sans grande difficulté, par des moyens que je vous ferai connaître ; c'est la ce qu'on nomme l'essaimage artificiel. L'époque du départ des essaims, par l'essaimage naturel, varie selon les climats ; les essaims partent, dans le midi, d'avril en mai, et, sous le climat du centre de la France, de mai en juin.

—J'ai souvent vu des abeilles partir ; ce singulier phénomène du dédoublement des ruches m'a toujours étonné, et ce qu'on en dit vulgairement ne m'a satisfait qu'à moitié. Quelle en est, je vous prie, Monsieur, la véritable cause ?

— La nécessité, mon ami. Quand, par suite de la multiplication de sa postérité, l'abeille-mère voit sa ruche occupée par plus d'abeilles qu'elle n'en peut loger, elle prend son parti, et donne par un bruissement particulier, bien connu des apiculteurs sous le nom de *chant de la reine*, le signal du départ. Alors, l'essaim, après avoir dès la veille manifesté son intention de partir par un état d'agitation, auquel l'observateur ne peut pas se tromper, prend son essor, non pas guidé par la reine, comme on le croit communément, mais suivi par elle, car la reine ne sort de la ruche que quand tout le monde est parti. S'il ne lui convient pas de sortir, l'essaim après avoir tourbillonné quelques instants autour de la ruche, finit par y rentrer jusqu'au lendemain. L'un des motifs déterminants du départ définitif de l'essaim paraît être la présence dans la ruche de deux reines dont la plus âgée cède la place a la plus jeune, car c'est toujours la plus âgée qui accompagne la nouvelle colonie, et la plus jeune qui lui succède dans le gouvernement de la ruche qui vient de donner un essaim.

— Si tout le monde est parti avec la vieille reine, que reste-t-il à la jeune ?

— Il lui reste, mon ami, plus de sujettes que vous ne semblez le croire, et il ne peut en être différemment. L'essaimage a lieu vers onze heures du matin ; à ce moment de la journée, une grande partie de la population de la ruche est allée aux provisions, car le travail n'est pas interrompu par le projet de départ; il ne faut pas laisser passer la saison des fleurs, et puis, il y a le couvain à soigner. Vous savez qu'on nomme couvain les vers ou larves destinés à devenir des abeilles. Une ruche en contient toujours des milliers à divers degrés de développement; les abeilles ouvrières savent parfaitement que c'est leur métier, leur premier devoir, de nourrir ces larves et d'en avoir soin, jusqu'à ce qu'elles aient subi leur dernière transformation. Aussi, d'une part, au moment où la vieille reine s'en va, il reste toujours quelques abeilles pour prendre soin du couvain; de l'autre, il y a toutes les abeilles qui sont allées aux champs comme si elles étaient exceptées de l'ordre de départ et désignées pour former provisoirement à la jeune reine un peuple qui grossit de jour en jour, par la naissance des nouvelles abeilles. C'est parce qu'à cette époque de l'année, le nombre des naissances l'a emporté de beaucoup sur celui des morts naturelles ou accidentelles que la ruche a été forcée d'essaimer.

— Connaît-on avec précision la durée de la vie des abeilles?

— Pas exactement, malgré de nombreuses observations dont il est assez difficile de contrôler les résultats. Selon l'opinion la plus répandue parmi les naturalistes et les apiculteurs, lesquels, par parenthèse, ne sont pas toujours parfaitement d'accord entre eux, l'abeille-mère ou reine vit de quatre à cinq ans, pendant lesquels elle peut pondre la prodigieuse quantité de 300,000 œufs; mais, il n'est pas avantageux de la conserver au-delà de trois ans. Les mâles ou faux-bourdons, qui doivent leur surnom au bruit qu'ils font en volant, ne vivent pas plus de trois mois. Il n'est pas bien parfaitement constaté, comme une foule d'auteurs l'ont répété, et comme on le croit généralement, que les mâles sont tués à cet âge, par les abeilles ouvrières ; il est très-possible que ce soit là le terme de la durée de leur existence, et qu'ils doivent mourir à trois mois de mort naturelle. Les ouvrières paraissent ne pas vivre au-delà d'un an ; néanmoins, plusieurs observateurs affirment que leur vie est beaucoup plus longue. Ne vous étonnez pas, mon ami, que des faits d'un si haut intérêt et qui semblent si faciles à vérifier, restent encore dans le domaine des choses incertaines et douteuses ; ceux qui se sont le plus occupés des abeilles ont toujours eu bien moins pour but de bien connaître leur histoire naturelle que de chercher à rendre leur multiplication le plus profitable possible, ce qui n'est pas du tout la même chose.

L'essaimage artificiel, beaucoup moins pratiqué qu'il ne devrait l'être, consiste à transvaser une partie de la population d'une ruche dans une autre avec sa reine, lorsqu'on juge les abeilles assez nombreuses pour que l'essaimage naturel soit inévitable. Dans ce cas, il n'y a pas lieu de se préocuper de savoir si la ruche à dédoubler contient ou ne contient pas de reine ; s'il n'y en a pas d'autre que celle qui accompagne l'essaim séparé , on peut être certain que la ruche en renferme au moins une autre près d'éclore. Sans entrer à ce sujet dans des détails d'histoire naturelle qui exigeraient trop de développements, je vous signalerai simplement un fait qui met parfaitement en relief l'instinct de prévoyance des abeilles. Supposons qu'au moment où l'essaim artificiel est isolé, les abeilles restant dans la ruche se trouvent sans reine, et qu'il n'y en ait pas de prêtes à naître dans le couvain que contient la ruche : que font dans ce cas les ouvrières ? Elles se mettent aussitôt à examiner les cellules, et elles en adoptent une renfermant une larve d'ouvrière, éclose depuis moins de trois jours. Cette loge est aussitôt agrandie et façonnée comme les cellules où doivent naître les reines, et qu'on nomme pour cette raison cellules royales; la larve de la cellule ainsi modifiée est nourrie d'un brouet particulier; dans ce logement et avec cette nourriture, l'abeille reine arrive à son entier développement, et devient l'espoir de la colonie régénérée. Car les études des naturalistes ont mis au jour ce fait longtemps ignoré et éminemment curieux que toute larve d'ouvrière, placée dans des conditions favorables, peut devenir une reine, et que toutes les abeilles ouvrières sont des reines manquées.

Quant à l'essaimage artificiel, vous voyez qu'il n'y a jamais lieu, pourvu qu'on opère sous l'influence de circonstances déterminées et bien connues des apiculteurs, de craindre que la portion de la colonie laissée dans la ruche tombe dans le découragement, cesse de travailler, pille le miel et aille chercher fortune ailleurs, ce qui ne manque pas d'arriver à toute ruche qui reste sans reine.

— Puisque l'essaimage artificiel n'est possible que quand une ruche trop peuplée est sur le point de donner un essaim, quel avantage, je vous prie, trouve-t-on à ne point attendre qu'elle essaime naturellement ?

— L'essaimage artificiel, dit M. le curé, offre le très-grand avantage de prévenir toute chance de perte des essaims qui, lorsqu'ils partent par essaimage naturel, ne sont pas dans l'habitude de faire savoir où ils ont l'intention d'aller se poser, ce qui en rend souvent la prise très-difficile. A la vérité, quand un rucher est bien placé, comme le vôtre, au centre d'un canton où les ressources abondent pour l'existence des nouveaux essaims, ils ont peu de motifs pour s'éloigner, et vont pour la plupart, s'abattre à peu de distance du rucher. Mais, le contraire arrive quelquefois, chose qu'on ne peut ni prévoir, ni

empêcher ; il y a des essaims qui sans cause connue, partent en ligne droite, et s'en vont, souvent à de très-grandes distances, chercher un domicile qui leur convienne
c'est autant de perdu ; ces pertes ne sont pas possibles
quand on pratique la méthode de l'essaimage artificiel.

— Cette méthode, dont je comprends les avantages
d'après vos explications, est-elle d'une application
difficile ?

— Pas le moins du monde. Il faut vous munir d'un tabouret dont vous aurez enlevé la paille : rien de plus facile
à se procurer ; c'est le seul ustensile indispensable. Après
avoir fait passer dans la ruche à dédoubler une petite
quantité de fumée pour engourdir les abeilles dont cette
ruche est remplie, on la pose, la pointe en bas, dans le
tabouret dépaillé, en ayant soin de lui donner un bon
aplomb, afin qu'elle ne vacille pas ; puis, tout aussitôt, on
pose dessus une ruche vide, très-légèrement enduite de
miel. Cela fait, on entoure d'une bande de linge mouillé,
contenue par un ou deux tours de forte ficelle, la ligne de
jonction des deux ruches. Alors, on tape doucement, mais
sans interruption sur la ruche inférieure, en commençant
par en bas et remontant très-lentement. Au bout de cinq
minutes, les abeilles font entendre un bruissement sourd
qui annonce qu'elles commencent à monter ; au bout d'un
quart d'heure environ, le bruissement se fait entendre en
haut de la ruche droite ; et il est très-probable que les trois
quarts au moins des abeilles, suivies de la reine, sont mon-
tées dans la ruche précédemment vide, et que l'opération
a réussi. Pendant qu'on opère ainsi l'essaimage artificiel,
pour lequel il faut toujours choisir une belle et chaude
journée, entre onze heures du matin et trois heures de l'après-
midi, on a dû mettre a la place de la ruche sur laquelle on
opère une autre ruche vide, avec quelques gouttes de miel ;

cette ruche sert à donner provisoirement l'hospitalité aux abeilles qui reviennent des champs à tout moment, et qui, tout étonnées de ne pas trouver leur ancien domicile, iraient, sans cette précaution, se réunir aux ruches voisines ; on les fait rentrer dans la ruche mère, lorsque celle-ci est remise à sa place, ce qui sert à égaliser autant que possible sa population et celle de l'essaim artificiel.

Quelquefois, mais rarement, l'essaimage artificiel est manqué parce que la reine ne s'est pas décidée à monter avec la portion de sa famille qui a pris possession de la nouvelle ruche ; on s'en aperçoit bien vite en voyant les abeilles, au lieu de vaquer à leur besogne accoutumée, sortir par petits groupes, rentrer presque aussitôt, puis, tourner autour des ruches voisines auxquelles elles finiraient toutes par se réunir, car, jamais un essaim ne se fixe dans une ruche où il n'y a ni reine, ni couvain qui lui donne l'espoir certain d'en avoir bientôt une nouvelle. En pareil cas, il n'y a rien de perdu ; la vieille ruche où la reine est restée est remise à sa place ; celle qui contient l'essaim privé de reine est mise tout à côté ; en quelques heures, la totalité des abeilles est réintégrée dans son premier domicile. Il faut l'y laisser tranquille un jour ou deux, après quoi l'on peut avec la certitude du succès, recommencer l'opération de l'essaimage artificiel. Cette année, je vous engage à vous convaincre par vous-même de la facilité d'exécution de ce procédé, en pratiquant sur une partie de vos ruches l'essaimage artificiel.

— Est-il utile, dit le fermier, lorsqu'un essaim part et qu'il ne se pose pas immédiatement, de le suivre en criant et en frappant sur des casseroles et des chaudrons, selon l'usage de ce pays ?

— Cet usage, dit M. le curé, n'est point exclusif à ce canton, il est en vigueur en France, partout où l'on s'occupe d'apiculture. Il a pour point de départ, souvent à l'insu des gens qui frappent sur leurs chaudrons parce que c'est la coutume, les termes mêmes de la loi qui, de toute ancienneté, afin qu'un essaim égaré ne reste pas sans maître, en accorde la propriété à celui chez lequel il vient se poser, pourvu que le vrai propriétaire ne soit pas connu. Si l'essaim, depuis son point de départ a été suivi jusqu'au moment où il se pose quelque part, n'importe à quelle distance, le propriétaire qui l'a suivi peut le prendre. et l'emporter. Or, comment constater la poursuite, sans contestation possible? De temps immémorial, on n'a rien imaginé de mieux que de faire un affreux charivari de cris et de ferraille, musique discordante qui, du reste, atteint très-bien son but, et qui se répète par habitude, même quand les essaims ne montrent aucune disposition à s'éloigner.

Le moment de l'essaimage naturel étant venu, M. le curé fit remarquer au fermier que les premiers essaims, formés d'ailleurs dans de très-bonnes conditions, montraient un peu d'hésitation à se poser et tournoyaient assez longtemps en l'air avant de prendre leur parti, ce qu'il attribua à cette circonstance que les arbres voisins du rucher manquaient de branches basses, ce qui avait obligé quelques essaims à se poser à une grande hauteur au-dessus du sol. Il avait fallu apporter des échelles pour approcher de ces essaims et les recueillir; l'un d'entre eux n'avait pu être pris qu'avec beaucoup de difficulté dans une ruche enduite de miel, qui lui avait été présentée au bout d'une longue perche. Plus tard, un ou deux essaims se posèrent à terre, faute d'emplacement plus convenable à leur portée; ce furent les plus faciles à recueillir; il suffit de poser dessus une ruche dans laquelle les abeilles n'hésitèrent pas à s'installer. Un essaim nombreux et qui promettait beaucoup, prit son vol en ligne droite avec tant de rapidité et à une telle hauteur malgré les cris et les casseroles, qu'il fut regardé comme perdu, la poursuite étant impossible.

— Que diriez-vous, dit M. le curé, si je retrouvais, moi, cet essaim fugitif, et si je vous le faisais rendre ? C'est pourtant à quoi je m'engage, s'il est allé s'abattre sur le terrain d'un homme de bonne foi. J'ai bien remarqué la direction qu'il a prise ; je sais à peu près où il est allé ; marquez la ruche d où il est parti, et vous allez voir quelque chose à quoi vous ne vous attendez pas. En effet, les prévisions de M. le curé ne le trompaient pas. En prolongeant sa promenade habituelle jusqu'au presbytère d'une commune voisine, dans la direction par laquelle l'essaim s'était éloigné, il sut qu'un cultivateur avait recueilli un bel essaim sur un arbre de son verger ; l'heure de la trouvaille coïncidait avec celle de la fuite de l'essaim perdu, le doute n'était pas possible. Mais, le trouveur alléguait son droit et prétendait conserver l'essaim, qui d'ailleurs, disait-il, pouvait venir de partout ailleurs que du rucher du fermier au nom duquel il était réclamé.

— Ce n'est pas le droit que j'invoque, dit M. le curé ; c'est votre conscience ; j'ai une preuve à vous offrir ; si elle ne vous satisfait pas, gardez l'essaim.

L'essai proposé ayant été accepté, M. le curé s'approche avec précaution de la ruche où l'essaim trouvé avait été installé. Des groupes de 30 a 40 abeilles prenaient l'air au soleil sur la tablette devant leur demeure ; elles semblaient deviser entres elles en se délassant de la fatigue du voyage. M. le curé les saupoudra légèrement de quelques pincées d'ocre rouge dont il s'était muni à cet effet ; puis, il dit à celui qui avait recueilli l'essaim :

— Faites-moi l'amitié de venir dîner avec moi à mon presbytère ; là, je vous fournirai la preuve incontestable

que les abeilles trouvées dans votre verger appartiennent
bien réellement à celui qui les réclame. L'offre étant agréée,
M. le curé conduisit son hôte droit au rucher de la ferme,
et là, il lui fit voir, arrivant tout essoufflées de minute en
minute, quelques douzaines d'abeilles au corps du plus
beau rouge.

— Je savais bien, lui dit-il, que quelques-unes des abeilles sur lesquelles j'avais répandu de l'ocre rouge revien-
draient à leur point de départ; ces retours partiels ont
toujours lieu pour les essaims fugitifs, bien qu'ils restent
inaperçus. Il doit être évident pour vous, comme il l'est
pour moi, que ces abeilles rouges viennent de chez vous,
qu'elles sont parties de l'essaim trouvé, et que si elles reviennent ici, c'est qu'elles en étaient parties; remarquez
bien d'ailleurs que pas une ne se trompe de porte, et que
toutes se présentent à celle de la ruche qui a fourni l'essaim fugitif. Je vous demande maintenant si, non
pas en droit, mais en conscience, l'essaim trouvé est à
vous?

La chose était trop évidente et la restitution inévitable.
Toutefois, le fermier voyant la contrariété que cette nécessité causait à son confrère, lui dit obligeamment : Gar-
dez-le, voisin, puisqu'il est allé vous demander asile ; seulement, l'an prochain, s'il produit un essaim, ce sera pour
moi. Vous y gagnerez de toute façon ; car, M. le curé se
fera, j'en suis certain, un plaisir de vous donner sur la
conduite de votre rucher d'excellents conseils, qui vous
feront trouver dans l'éducation des abeilles deux choses
que j'y trouve moi-même, et qui sont un peu du goût de
tout le monde, du plaisir, et du profit.

CHAPITRE XXXIV

Les abeilles (Suite).

Reposoirs d'abeilles. — Leur construction. — Reine tombée à terre pendant l'essaimage naturel. — Réunion nécessaire des essaims faibles. — Ruches de diverses formes. — Ruche commune. — Ruche villageoise ou Lombarde.—Transformation d'une ruche commune en ruche Lombarde.— Ruches à hausses. — Ruches d'observation. — Récolte des rayons, ou taille des ruches. — Epoque de cette récolte. — Egouttement du miel fin. — Extraction du miel de seconde qualité. — Lavage et fonte des rayons pressés. — Précautions à prendre pendant la fonte de la cire.

L'année suivante, M. le curé fit comprendre au fermier la nécessité absolue, à l'époque de l'essaimage naturel des abeilles, de leur préparer aux alentours du rucher des lieux de repos, qu'on nomme des reposoirs d'abeilles dans les pays où l'apiculture est le mieux pratiquée. Ils consistent en poteaux de 3 à 4 mètres de haut, dont le sommet supporte un bras horizontal en potence. A ce bras est fixée une poulie dans laquelle passe une corde retenue le long du poteau par une autre poulie. Au bout supérieur de la corde, on suspend un balai de bruyère, dans le milieu duquel on insère un morceau de vieux rayon de cire, afin que son odeur attire les abeilles. Avec 4 ou 5 de ces reposoirs d'abeilles, dont la dépense est tout à fait insignifiante, pas un des essaims ne s'écarte, et quant à la prise des essaims, une fois qu'ils se sont logés dans le balai de bruyère, il 'suffit de faire tout doucement glisser la corde dans la poulie, les abeilles descendent ainsi sans secousse jusque dans l'intérieur de la ruche miellée, dont elles prennent aussitôt possession.

M. le curé se faisait un plaisir de visiter souvent le rucher de la ferme dans la saison de l'essaimage; un jour il trouva le fermier et le jeune garçon chargé de soigner les abeilles fort embarrassés tous les deux à suivre les évolutions d'un essaim qui, après s'être fixé un instant sur un reposoir, s'était envolé de nouveau, et décrivait en l'air des cercles irréguliers.

M. le curé, sans rien dire, se mit à fureter aux alentours de la ruche d'où cet essaim venait de partir; il ramassa par terre une grosse abeille qui paraissait épuisée de fatigue, la mit dans une ruche vide toute prête d'avance pour recevoir l'essaim irrésolu, et élevant les bras, il tendit en avant à la hauteur de sa tête la ruche renversée, dans laquelle la grosse mouche se tenait immobile. Quelques instants après, une centaine d'abeilles se détachèrent de l'essaim tourbillonnant pour s'abattre dans la ruche. A peine y furent-elles posées qu'elles se mirent à produire ce bruissement nommé rappel par les apiculteurs. A ce bruit, tout l'essaim, bien qu'il fût en l'air à une assez grande hauteur, vint fondre sur la ruche, qu'il remplit en un moment. Le fermier prit alors la ruche et la mit à la place qui lui était destinée.

— Je vous avais bien dit, s'écria le jeune garçon, que M. le curé avait un secret pour attirer les essaims; vous venez de le voir, cette fois; j'espère que vous n'en douterez plus.

— Tout mon secret, dit M. le curé, consiste à connaître à fond, par suite d'observations assidues, les usages des abeilles. En voyant un essaim indécis se poser et s'envo ler tour à tour, je me suis dit: cet essaim a perdu ou plutôt égaré sa reine; elle n'est pas restée dans la ruche, sans quoi les abeilles y rentreraient; sans doute, par suite de ses habitudes sédentaires ou d'un léger excès d'embonpoint, cette reine vole mal; la force de ses ailes lui aura fait défaut. Effectivement, je l'ai trouvée à terre, se traînant péniblement et faisant d'inutiles efforts pour tâcher de s'envoler. Sachant les abeilles en quête de leur reine, je n'ai pas douté un instant qu'en la mettant bien en vue dans la ruche vide, quelques-unes des abeilles errantes ne vinssent à la reconnaître et à se grouper autour d'elle, c'est ce qui n'a pas manqué. Je savais bien aussi qu'une fois groupé autour de la reine, ce petit noyau d'essaim battrait le rappel; vous l'avez entendu; l'essaim qui n'est pas sourd l'a entendu comme vous et moi, et s'est empressé de descendre dans la ruche : ce que j'ai fait pour attirer cet essaim n'a donc rien d'extraordinaire, rien de secret surtout, et tout le monde peut en faire autant. Pour peu qu'on s'y connaisse et qu'on mette de soin à la rechercher, on doit trouver la reine; tant que l'essaim tournoie aux environs du rucher, c'est que la reine lui manque et qu'elle est tombée de lassitude; elle ne peut pas être bien loin.

Lorsque la saison des essaims fut passée, M. le curé fit remarquer au fermier qu'il avait commis une faute grave dans la récolte des essaims, et que cette faute devait être réparée au plus vite. Vous avez, lui dit-il, donné une ruche séparée à chacun des jeunes essaims; cela fait un très-bel effet pour le coup d'œil; le nombre de vos ruches est plus que doublé, et ceux qui viennent visiter votre rucher ne manquent pas de vous en faire compliment. Cette très-mince satisfaction d'amour-propre est à elle seule tout le profit qui puisse vous en revenir; si vous ne vous hâtez de réparer le mal, votre rucher, je vous en avertis, est sur le chemin de sa ruine.

—Voilà, dit le fermier, ce que je ne comprends en aucune façon; tous mes jeunes essaims me semblent actifs, bien portants, et dans les meilleures conditions. Et veuillez remarquer, monsieur, que je ne suis pas seul de mon avis; si je voulais vendre mes essaims de l'année, il vient tous les jours des amateurs m'en demander plus que je n'en ai à ma disposition : en quoi peut donc consister cette faute si grave que j'aurais commise à mon insu?

— Le voici, dit M. le curé, et vous-même, mon ami, vous allez la reconnaître. Les essaims partis les premiers, et ceux que vous avez séparés par l'essaimage artificiel sont forts et très-bien approvisionnés : pourquoi cela? Pour deux raisons très-évidentes ; d'une part, au moment de l'essaimage, ils étaient nombreux et bien constitués; de l'autre, c'était l'époque de l'année où les abeilles ont le plus de fleurs à leur disposition. De plus, vos premiers essaims avaient devant eux toute la belle saison pour remplir leur magasin et pour élever le couvain, deux fonctions dont ils se sont très-bien acquittés. En est-il de même des essaims secondaires donnés par plusieurs de vos ruches tardivement, vers la fin de juin? Assurément, non. Vous avez même eu des ruches qui, après vous avoir fourni une très-bonne colonie par l'essaimage artificiel, vous ont encore donné un essaim naturel secondaire peu de temps après. Tous ces essaims secondaires sont faibles et sont venus tard; non-seulement, à moins de les sacrifier à l'entrée de l'hiver, ils ne vous donneront ni cire, ni miel, mais ils n'auront même pas pu, les malheureux, ramasser avant les premiers froids de quoi s'épargner le désagrément de mourir de faim pendant l'hivernage. Vous parlez de les vendre? Quand même il se présenterait des amateurs assez peu connaisseurs pour acheter de tels essaims, ce serait les tromper; je vous en crois incapable.

— Que faut-il donc faire? dit le fermier.

— Vous hâter, tandis qu'il en est encore temps, de réunir aux premiers essaims les moins forts une partie de la population des essaims secondaires, trop faibles pour se soutenir par eux-mêmes, puis rassembler dans une même ruche les débris de plusieurs de ces derniers essaims, en ayant soin de n'y laisser qu'une seule reine, sans quoi la haine implacable que les abeilles-mères se portent mutuellement les pousserait à se livrer des combats acharnés à la suite desquels la ruche pourrait se trouver orpheline, c'est-à-dire dépourvue de reine; car, à la suite de leur duel à mort, il arrive très-souvent que les deux adversaires sont mortellement blessées, et qu'elles succombent toutes les deux.

Ayant suivi de point en point les conseils de M. le curé, et sacrifié un certain nombre de reines, le fermier éprouva bien quelque regret de voir son rucher moins bien garni; mais il fut forcé de reconnaître que, sans cette mesure de salut public, pas un de ses essaims secondaires n'aurait pu se soutenir.

— J'ai remarqué chez vous, monsieur, dit-il à M. le curé, plusieurs ruches de formes diverses; pourquoi, je vous prie, m'en avez-vous fait adopter une seule, du même modèle que celle dont par vos soins les gens de ce canton font usage, à la place de l'ancienne ruche commune, actuellement abandonnée?

— Le choix d'un modèle de ruche, dit M. le curé, doit être déterminé par les ressources locales qui rendent le travail des abeilles plus ou moins productif et les essaims plus ou moins nombreux; c'est la considération dominante pour l'apiculteur. Moi, j'en ai de plusieurs modèles; mais c'est ce qu'on nomme des ruches d'observation; elles me servent à continuer mes études sur les détails des mœurs des abeilles ; je ne vous en ai pas conseillé l'adoption, parce qu'elles ne peuvent vous être d'aucune utilité. Les ruches d'un emploi généralement avantageux et commode appartiennent à deux séries, celles des ruches à chapiteau, et celle des ruches à hausse. Parmi les ruches à chapiteau, la meilleure de toute porte le nom de ruche villageoise ; on la nomme aussi ruche lombarde, non pas qu'elle nous soit venue de la Lombardie, mais parce qu'elle a été simplifiée et vulgarisée par un habile apiculteur nommé Lombard ; c'est celle que je vous ai fait adopter par une raison des plus simples. En commençant à chercher à répandre dans ce canton le goût de l'apiculture, j'ai trouvé chez le petit nombre de ceux qui élevaient des abeilles sans beaucoup de discernement, la ruche en cloche à un seul compartiment. Cette ruche est une des plus mauvaises et des moins commodes pour bien pratiquer l'apiculture rationnelle. Sa forme rend également difficile la réunion des essaims trop faibles, la récolte du miel et de la cire, et les diverses opérations qu'exige le bon gouvernement d'un rucher. Je ne me flattais pas de décider les cultivateurs à acheter d'autres ruches meilleures ; ils n'en auraient pas trouvé dans le pays, et pour en faire venir d'ailleurs, ils auraient pour la plupart reculé devant la dépense. J'ai fait mieux ; les ruches du pays étant toutes en ouvrages de vannerie, recouvertes d'une chemise de paille, j'ai pris une scie et j'ai tranché la ruche commune aux deux tiers de sa hauteur ; cette opération me donnait, sans bourse délier, une ruche à chapiteau. Puis, j'ai fait faire par le vannier un rond d'osier blanc à claire voie, semblable à ceux dont on se sert pour mettre la galette au four. Ce rond ajusté à l'orifice du corps de la ruche permet aux abeilles de passer à volonté d'un compartiment à un autre ;

j'ai replacé par-dessus la partie supérieure faisant les fonctions de chapiteau, et voila une ruche commune, si défectueuse à tous égards, convertie avec quelques centimes de dépense seulement en une excellente ruche lombarde. Les avantages de cette séparation sont évidents; les abeilles sont averties par leur instinct de loger toujours leur principal approvisonnement en miel à la partie de leur ruche la plus éloignée de l'entrée, afin que si quelque ennemi tente de s'introduire dans leur demeure pour se régaler de miel à leurs dépens, il ait à traverser toute la ruche avant d'atteindre le magasin. Il en résulte que, dans la ruche lombarde, presque tout le miel est dans le chapiteau qui ne contient jamais de couvain, circonstance des plus importantes pour la récolte des produits des ruches.

— Quels avantages particuliers présentent, je vous prie, les ruches à compartiments, que vous nommez, je crois, ruches à hausses ?

— Ces ruches, dit M. le curé, sont de simples ruches à chapiteau, dont le corps, au lieu d'être d'une seule pièce, comme celui de la ruche lombarde, est divisé horizontalement en trois ou quatre compartiments nommés hausses, séparés entre eux par des planchers à claire voie, tels que celui qui sépare le corps de la ruche lombarde de son chapiteau. Cette distribution des ruches est fort commode dans les pays où les fleurs sont tellement abondantes, que tout le miel récolté ne peut pas être contenu dans le chapiteau. Lorsqu'après avoir enlevé celui-ci, on voit que les rayons placés au-dessous sont également remplis de miel, on enlève la première ou même la seconde hausse sans aucune difficulté, et sans sacrifier les abeilles, qu'il est facile de confiner passagèrement à l'aide d'un peu de fumée, dans la partie de la ruche à laquelle on ne touche pas.

Je me ferai un plaisir, un jour où vous aurez le temps,

de vous faire voir à quoi me servent mes ruches d'observation. J'ai renoncé aux ruches vitrées, longtemps en
grande faveur; le travail des abeilles a si vite rendu le
verre impénétrable à la vue, que l'observateur peut à peine
s'en servir passagèrement. Les miennes sont en deux parties, l'une et l'autre toutes en bois. La partie supérieure,
en forme de cadre plat, ouvrant à charnière, n'a que tout
juste l'épaisseur nécessaire pour que les abeilles y cons-
truisent un seul rayon, de sorte qu'en ouvrant le panneau,
je vois, à un moment donné, où en est la besogne, je sur-
prends tous les secrets de la vie intérieure de la ruche.
L'autre partie, de même forme que la première est seulement beaucoup plus épaisse, afin que les abeilles puissent y construire plusieurs rayons paralèlles, et s'y réunir
en assez grand nombre pour se réchauffer réciproquement, sans quoi, elle ne passeraient pas l'hiver, durant
lequel j'aime à les observer aussi bien que pendant la période de leur plus grande activité.

Grâce aux heureuses dispositions de la ruche lombarde
qui répond à tous les besoins des abeilles sous le climat
du centre de la France, le fermier récolta sans difficulté
le miel et la cire de ses abeilles. M. le curé lui montra à
faire cette récolte, contrairement aux usages du pays, en
plein été, immédiatement après le départ des essaims,
époque où il y a dans la ruche peu de population et peu
de couvain. Les abeilles étant confinées dans le bas de la
ruche et ne s'y trouvant qu'en petit nombre, les rayons
du chapiteau n'en contiennent presque pas. Une fois seulement, le fermier en récoltant les produits de ses ruches
après l'essaimage, en trouva plusieurs dont le chapiteau
contenait un assez grand nombre d'abeilles.

— Est-ce qu'il faut les sacrifier, dit-il à M. le curé, qui
assistait à l'opération ?

— Non, certes, mon ami, dit M. le curé. Emportez bien vite ces chapiteaux à la maison ; je vais vous montrer ce qu'il y a à faire en pareille circonstance.

Quand cet ordre eut été exécuté, M. le curé fit fermer exactement les volets extérieurs de la chambre où régnait alors une complète obscurité. Quelques minutes plus tard, il entr'ouvrit un volet de façon à ne laisser pénétrer dans la chambre qu'un mince filet de lumière. Les abeilles suivirent toutes, les unes après les autres, la direction de ce rayon lumineux ; une fois dehors, elles s'en allèrent tout droit rejoindre leurs ruches respectives sur lesquelles les chapiteaux furent replacés aussitôt après l'enlèvement des rayons remplis de miel.

—Vous pouvez voir par vous-même, dit M. le curé, quel avantage les ruches à hausse et les ruches à chapiteau présentent pour la récolte des produits. Quand on agit sur des ruches communes, d'une seule pièce, il faut opérer comme pour l'essaimage artificiel et prolonger l'opération, jusqu'à ce que toutes les abeilles soint passées de la ruche pleine dans la ruche vide. La première, dans laquelle il reste toujours quelques mouches, est placée à l'ombre, à peu de distance de la seconde dans laquelle la colonie vient de déménager ; les abeilles retardataires s'empressent alors d'aller rejoindre les autres. C'est beaucoup d'embarras, et si la fin de l'été n'est pas favorable, les abeilles n'ayant pas pu refaire leur approvisionnement, sont exposées à mourir de faim. Aussi, dans beaucoup de localités, on en est encore à suivre l'usage barbare que j'ai fait disparaître de ce canton, et qui consiste à tuer par asphyxie les abeilles dont on veut enlever les rayons.

— Que voulez-vous, Monsieur ? Nous ne savions pas mieux ; moi-même, avant vos leçons, j'avais vu étouffer les mouches pour tailler les ruches, comme on dit vulgairement, et j'étais persuadé qu'il était impossible de faire autrement.

— Vous devez voir aujourd'hui combien les cultivateurs qui étouffent leurs abeilles sont tout à la fois cruels, ingrats et inintelligents. Non-seulement il ne faut pas tuer les abeilles pour prix de leurs services, mais il est de toute justice, comme il est aussi de l'intérêt bien entendu de l'apiculteur, de ne prendre à ces laborieux insectes que le superflu, et de leur laisser largement le nécessaire. Il faut laisser égoutter sur un tamis de crin le miel encore chaud, au moment même où vous enlevez les rayons, et opérer dans une chambre où règne une température de 18 à 20 degrés, pour le moins ; par ce moyen, la meilleure partie du miel fin reste assez longtemps liquide pour laisser monter à sa surface une écume composée de petites parcelles de cire. Après avoir enlevé cette écume, le miel de première qualité doit être porté dans une cave bien fraîche, où il ne tarde pas à se prendre en masse dans les pots ou les barils préparés pour sa conservation. Après l'égouttement du miel fin, vous soumettez à l'action d'une forte presse les gâteaux brisés d'où découle encore du miel de seconde qualité ; il ne s'agit plus alors que de fondre la cire.

Si vous voulez en tirer tout le parti possible, ne faites pas comme beaucoup de gens négligents qui mêlent tous les rayons pressés et les fondent, sans prendre auparavant la peine de les laver. Commencez par trier les rayons pour mettre à part ceux qui n'ont contenu que du miel, et ceux dans lesquels du couvain a été élevé. Brisez les gâteaux et lavez-les séparément à grande eau ; alors seulement, il sera temps de les fondre, chacun dans un chaudron séparé ; la fonte des premiers vous donnera de la cire grasse, que les marchands de cire vous paieront à un prix plus élevé ; les autres ne peuvent donner que de la cire commune; mêler ces deux qualités de cire, c'est déprécier par négligence la totalité. Autant je blâme, comme je le dois, les gens avides, intéressés, que la crainte de la perte la plus légère réduit au désespoir, autant j'approuve celui qui met tous ses soins à ne rien laisser perdre des divers produits du travail utile.

C'est pour que votre cire conserve toute sa valeur et que vous ne perdiez rien de ce que fabriquent généreusement pour vous ces auxiliaires industrieux, que je vous engage à chauffer modérément l'eau dans laquelle votre cire fond, renfermée dans un sac de grosse toile, à ne pas laisser l'eau bouillir trop fort, ce qui ferait monter comme une vraie soupe au lait la cire en fusion, et surtout à ne la faire fondre que sur un feu de charbon. Si vous placez sur un feu clair le chaudron à fondre la cire, pour peu que la flamme s'élève et qu'elle dépasse les bords du chaudron, la cire, quand même elle ne brûlerait pas, devient sèche, cassante, brune et ne peut plus être blanchie ultérieurement, ce qui lui fait perdre une grande partie de sa valeur vénale.

CHAPITRE XXXV

Les abeilles (Suite).

Abeilles mères tenues en réserve. — Moment de les substituer aux reines
épuisées. — Aversion des abeilles pour quelques personnes. — Moyens
de conquérir leur confiance. — Remède contre leurs piqûres. — Hivernage des ruches. — Méthode de Gélien. — Emballage dans la mousse
sèche. — Méthode de M. Antoine (de Reims). — Enfouillage des ruches. — Abeilles mortes de faim dans des ruches bien approvisionnées.
— Abeilles grises et noires, tuées par les ouvrières. — Abeilles atteintes
de la diarrhée. — Cause de leur mortalité. — Breuvage pour les guérir.

—

Pendant la récolte des rayons contenus dans les chapiteaux ou calottes des ruches lombardes. le fermier remarqua à la partie inférieure des gâteaux des cellules très-
spacieuses, d'une forme particulière; c'étaient évidemment des cellules royales. Il les détacha sans les endom-
mager, et alla les montrer à M. le curé, afin de savoir
s'il y avait moyen d'en tirer un parti quelconque.

— Vous avez très-bien fait, dit M. le curé, de conserver
ces cellules; elles contiennent des larves de reines. Les
abeilles ouvrières sont prévoyantes; la reine peut venir à
mourir d'accident, de vieillesse, ou de maladie; il faut que
la colonie soit toujours en mesure de pouvoir la remplacer
au besoin. Vous voyez dans ces cellules une des preuves
les plus frappantes de l'instinct merveilleux dont la bonté

19.

divine a doué ces insectes. Nous ne pouvons nous permettre de les ouvrir pour nous assurer de leur contenu;
nous savons seulement que les unes renferment des larves
à divers degrés de développement, et les autres, des nymphes, qui sont pour les abeilles ce que les chrysalides sont
pour les papillons. Les nymphes doivent passer un certain
temps dans un état de parfaite immobilité, pendant lequel
elles n'ont pas besoin de nourriture. Quand même il
serait possible de leur en donner, elles ne seraient pas
en état d'en profiter; elles traversent une phase de leur
existence pendant laquelle leurs organes digestifs, tels
qu'ils étaient à l'état de larve, se transforment en ceux
de l'insecte à l'état parfait, et sont par conséquent tout à
fait hors d'état de fonctionner. Nous pouvons compter avec
certitude sur la naissance d'un certain nombre d'abeilles-
mères qui sont actuellement dans leurs cellules à l'état
de nymphes; il suffit pour cela de les tenir dans un local
tranquille, où règne une température douce. A mesure
qu'elles naîtront, les abeilles-mères seront enfermées
isolément dans de petites boîtes où vous pourrez les
conserver pendant 10 à 12 jours, pourvu que vous ayez
soin de leur distribuer un peu de miel, trois à quatre fois
par jour. Leur naissance va coïncider avec le départ des
essaims secondaires; ceux qui partiront accompagnés
d'une reine déjà fatiguée par plusieurs années de fécondité, auront plus de chances de succès si vous remplacez
cette vieille reine épuisée par une jeune abeille-mère,
prête à renouveler, en l'augmentant par une ponte abondante, la population de sa ruche. L'opération du remplacement est d'autant plus facile que, presque toujours,
les vieilles reines, qui volent difficilement, se laissent
tomber à terre en cherchant à suivre l'essaim au moment
de son départ. On peut donc, sans grande difficulté,

supprimer une vieille reine et lui en substituer une des jeunes, tenues en réserve pour cette destination. Mais gardez-vous bien de présenter une jeune reine à l'entrée d'une ruche dans laquelle il y en a une autre, quand même celle-ci serait épuisée par l'âge, et hors d'état de pourvoir par la ponte de ses œufs au remplacement de la colonie; la nouvelle venue serait arrêtée et tuée par les abeilles de faction à l'entrée de la ruche. Il faut laisser écouler un délai de 24 à 36 heures après l'enlèvement de la vieille reine; la jeune est alors acceptée sans difficulté.

— J'ai remarqué, dit le fermier, que quelques personnes sont beaucoup plus exposées que d'autres aux piqûres des abeilles, qui s'acharnent après elles comme si elles éprouvaient contre elles un sentiment de haine inexplicable; d'autres, au contraire, telle que le jeune garçon chargé de la direction de votre rucher et du mien, peuvent, sans crainte d'en être piquées, les approcher, les manier même, et en faire tout ce qui leur plaît; est-ce tout simplement caprice de la part des abeilles, ou bien, y a-t-il réellement quelque chose à faire pour s'en faire accepter, et si cette expression est ici permise, pour devenir leur ami?

— Ce serait, je crois, abuser des termes, dit M. le curé, que de faire intervenir le mot amitié dans les rapports de l'abeille avec l'homme; mais il est certain qu'on peut, par l'habitude de les approcher et de les traiter avec une extrême douceur, les amener à entretenir avec l'homme de très-bonnes relations. Il faut d'abord éviter tout ce qui les irrite, les grands éclats de voix, les gestes, la brusquerie dans les mouvements. Il est surtout recommandé de ne pas approcher des ruches sans une absolue nécessité, soit à l'époque de la grande ponte, soit quand le temps est à l'orage, deux circonstances qui rendent les abeilles irritables et sujettes à s'emporter même envers ceux qu'elles voient habituellement; c'est en nous assujettissant à ces mesures de précaution, que le jeune garçon qui soigne mon rucher n'a jamais été, non plus que moi, en butte à la colère dangereuse des abeilles. Il y a des gens qui, sans cause connue, ne peuvent se faire supporter par elles et sont certains d'en être piqués toutes les fois qu'ils en approchent; ceux-là ont absolument besoin du camail et des gants dont je vous ai conseillé l'emploi, et dont à la rigueur, je crois bien cependant que vous pourriez vous passer. En cas de piqûres, qui sont peu de chose isolément, mais qui peuvent devenir graves par leur multiplicité, on doit toujours être muni d'un flacon plein d'alcali volatil ou ammoniaque liquide. Quelques gouttes de cette liqueur dans un peu d'eau pour laver la plaie après qu'elle a été pressée pour en faire sortir l'aiguillon laissé dedans par l'abeille, font cesser immédiatement la douleur de la piqûre et en préviennent les suites.

Le rucher de la ferme, grâce à une direction intelligente, avait pris une extension telle qu'il était devenu l'une des dépendances les plus productives du domaine de la fermière, qui d'abord opposée à ces vilaines bêtes, comme elle les nommait, ne les avait soufertes que par pure condescendance pour les conseils de M. le curé. Mais, quand en jetant les yeux sur sa comptabilité, elle eut vu ce que des ruches bien soignées peuvent rapporter de bon argent par la vente du miel, de la cire, et des essaims; quand elle se fut assurée qu'après avoir distribué sur cet argent d'abondantes aumônes et habillé plusieurs pauvres enfants de la paroisse à l'époque de la première communion, il en restait encore une bonne poignée dans le tiroir, elle se sentit réconciliée avec le rucher, et ne parla plus des abeilles qu'avec une certaine considération.

Tant que le nombre des ruches n'avait pas dépassé une trentaine, l'hivernage n'avait pas offert de sérieuses difficultés. M. le curé avait fait adopter par le fermier, pour le premier hivernage, la méthode qu'il suivait lui-même pour son propre rucher ; cette méthode est due à M. Gélien ; voici en quels termes il la décrite lui-même : « On se procure en automne de la mousse longue qu'on fait parfaitement s cher, et qu'il faut avoir soin de bien secouer afin qu'elle ne contienne ni terre ni poussière. Toutes les ruches étant posées près les unes des autres, sur un même plancher, posé lui-même sur des pièces de bois servant de chantier, à l'entrée de l'hiver, je couvre mes ruches de mousse et j'en remplis les intervalles qui se trouvent entre elles. La mousse retient très-bien la chaleur ; elle n'attire point les souris, qui semblent plutôt la craindre et l'éviter. Quand on la met par poignée, en la serrant beaucoup, elle forme une masse ou une plaque assez bien liée pour résister à l'action des vents. Je la maintiens derrière et devant avec des morceaux de toile d'emballage. Je couvre aussi de mousse le haut de la ruche à quatre doigts d'épaisseur, et je mets au-dessus une petite planche chargée d'une large pierre. Je n'ôte cet emballage qu'au commencement, au milieu, ou même à la fin d'avril ; je place alors la mousse dans un local à l'abri de l'humidité ; elle peut servir plusieurs années de suite. »

M. le curé avait trouvé, dans la pratique, cette méthode de beaucoup préférable à l'usage ordinaire qui consiste à faire hiverner les ruches isolées les unes des autres, en les couvrant d'une couche épaisse de paille que les apiculteurs nomment chemise, et qui couvre complétement la ruche. Ce genre d'abri ne suffit pas toujours pour garantir les abeilles contre les effets d'un froid très-rigoureux. A la suite d'un hiver d'une sévérité exceptionnelle, le fermier perdit quelques-uns de ses essaims moins soigneusement couverts que les autres.

— Je ne m'explique pas, disait-il à M. le curé, comment les abeilles ont pu périr de froid cette année, ayant résisté plusieurs fois à des gelées moins longues, il est vrai, mais beaucoup plus rudes.

— C'est, dit M. le curé, que vous êtes dans l'erreur sur le genre de mort de ces essaims ; les abeilles sont mortes, non pas de froid, mais de faim.

— Comment cela se peut-il ? J'ai trouvé au printemps les ruches pleines de miel ?

— Oui, sans doute ; mais il faut savoir que les abeilles, pendant l'hivernage, ne peuvent se nourrir de leur miel qu'autant qu'il reste à l'état liquide ; du moment où, par l'effet du froid, le miel se *granule* ou se prend en masse solide, les abeilles ne peuvent plus s'en nourrir. Dans les hivers ordinaires, les abeilles bien empaquetées dans la mousse sèche, qui laisse toujours pénétrer assez d'air respirable à l'intérieur de la ruche, produisent par leur seule réunion, en se tenant serrées les unes contre les autres, bien assez de chaleur pour que les rayons en contact immédiat avec elles n'éprouvent pas l'effet du froid extérieur ; le miel contenu dans ces rayons reste par conséquent liquide, et les abeilles peuvent s'en nourrir tant qu'il y en a. Mais si le froid extérieur se prolonge plus que de coutume, quand les abeilles ont épuisé le miel des rayons échauffés par leur contact et qu'elles veulent entamer celui des rayons sur lesquels la gelée a exercé son action, cela leur est impossible, de sorte qu'au sein de l'abondance, dans une ruche amplement approvisionnée, un essaim qu'on ne prend pas soin de garantir suffisamment contre le froid meurt de faim.

Actuellement que votre rucher a pris une extension, qui fort heureusement n'est point arrivée à son terme, vous commencez à avoir trop de ruches pour pouvoir les emballer toutes dans de la mousse sèche à l'entrée de l'hiver, comme vous l'avez fait jusqu'ici. Si vous m'en croyez, vous emploierez toujours pour l'hivernage de la moitié de vos ruches la méthode de Gélien, qui depuis nombre d'années vous donne ainsi qu'à moi des résultats satisfaisants, sauf un petit nombre d'accidents inévitables dans l'application de toute méthode d'hivernage des abeilles, et nous ferons chacun de notre côté, pour faire hiverner le surplus de nos ruches, l'essai de quelques autres procédés ; nous adopterons définitivement celui qui nous aura le mieux réussi.

Après plusieurs tentatives qui ne furent pas toutes heureuses, le fermier, de l'avis de M. le curé, s'en tint à la méthode d'enfouissage des ruches telle qu'elle est pratiquée en Champagne, en adoptant le procédé de M. Antoine (de Reims). L'attention de M. le curé avait été appelée sur les avantages de ce procédé par les résultats authentiquement constatés et publiés dans les journaux spéciaux. 130 ruches conservées par l'enfouissage ont donné à M. Antoine 160 bons essaims. A la récolte du printemps, 51 de ces ruches lui ont donné 850 kil. de miel et 83 kil. de cire. A l'issue d'un été d'une sécheresse extraordinaire, circonstance très-défavorable au travail des abeilles, les 130 ruches conservées par l'enfouissage avaient donné 1,500 kil. de miel, soit en moyenne 10 kil. par ruche. A l'entrée de l'hiver suivant, M. Antoine avait 190 essaims, et au mois d'avril de l'année suivante, il lui n restait 170 dans le plus parfait état de conservation. Voici comment procède cet apiculteur. Il fait choix d'un emplacement parfaitement tranquille, où le sol, qui d'ailleurs doit être exempt de toute humidité souterraine, ne puisse éprouver aucune secousse, aucun ébranlement, ainsi que cela ne peut manquer d'avoir lieu dans le voisinage d'une rue ou d'une route où passent des voitures pesamment chargées. Les fosses sont creusées à 70 centimètres de profondeur; leur largeur est juste suffisante pour qu'une ruche y puisse entrer facilement. Plus les ruches sont fortes, moins elles doivent être nombreuses dans chaque fosse. M. Antoine enfouit dans la même fosse 20 ruches dont les essaims sont faibles ; s'il les juge d'une force médiocre, il n'en met pas plus de 14 ; il en met 7 seulement, si les essaims sont de première force. Les ruches, bien enveloppées de paille de tous les côtés, sont placées sur leurs plateaux au fond de la fosse, puis rechargées de toute la terre qui en a été extraite. L'époque la plus favorable pour la pratique de ce procédé d'enfouissage est dans le courant de novembre, quand les abeilles se sont confinées volontairement chez elles, n'ayant plus rien à faire au dehors. La terre dont les fosses sont rechargées est façonnée en forme de dôme, et ensemencée en blé d'hiver.

Il résulte des vérifications faites par un entomologiste distingué, M. Guérin-Menneville, que les abeilles ainsi enfouies consomment pendant l'hivernage deux cinquièmes seulement de la quantité de miel qu'elles consomment habituellement, lorsqu'elles hivernent hors de terre; en outre, la reine commence plus tôt sa ponte au printemps suivant, et donne de meilleurs essaims; quant à la mortalité à l'intérieur des ruches enfouies, elle est presque nulle. Ces résultats, constamment reproduits plusieurs années de suite, ne laissèrent dans l'esprit de M. le curé aucun doute sur les avantages de cette mé-

tnode à la fois sûre et économique. N'est-il pas merveilleux, disait-il au fermier, qu'après avoir été enterrées
pendant quatre longs mois au moins, nos abeilles ressus-
citent vives, alertes, pleines de vie et de santé, prêtes à
reprendre avec une ardeur nouvelle le cercle de leurs
travaux? c'est à n'y pas croire, à moins d'en avoir fait
l'expérience; pour moi, je n'userai plus désormais d'un
autre procédé pour l'hivernage de mes ruches, et je ne
puis que vous engager à en faire autant.

— Voyez donc, Monsieur, dit un jour le fermier à
M. le curé, qui donnait un coup d'œil d'inspection à son
rucher, quelle mortalité réellement effrayante semble
régner dans quelques unes de mes plus belles ruches.
En voilà des centaines étendues mortes sur le seuil de
leur demeure, les unes sont devenues grises, les autres
noires; est-ce une maladie connue et qu'il soit possible
de prévenir?

— Le fait qui vous préoccupe avec raison, dit M. le
curé, est une des particularités les plus obscures de l'histoire naturelle des abeilles. Les naturalistes n'ont pas
encore pu réussir à en déterminer exactement les caractères. Si vous aviez observé ces ruches avec assez d'attention, vous auriez vu que celles d'entre les abeilles qui
changent ainsi de couleur pour devenir grises ou noires,
qu'elles soient ou non atteintes d'une maladie quelconque,
ne meurent pas de cette maladie; elles sont tuées par les
autres abeilles de leur ruche, et ce qu'il y a de plus singulier, c'est qu'elles se laissent tuer sans opposer aucune
résistance. Quelques apiculteurs pensent que c'est la
vieillesse qui produit chez les abeilles ce changement de
couleur, et qu'elles sont sacrifiées parce qu'elles ont cessé
d'être capables de prendre part au travail commun; car
toutes les abeilles ainsi mises à mort sont des ouvrières;

maisce n'est là qu'une simple conjecture. Quant à moi, je pense que c'est bien une maladie qui enlève aux abeilles, devenues grises ou noires le pouvoir et même la volonté de se défendre, et que les autres les tuent probablement pour arrêter, par ce sacrifice, les progrès d'une contagion qui finirait par dépeupler entièrement la colonie; je ne donne, bien entendu, mon opinion personnelle à ce sujet que comme une conjecture. En tout cas, ce fait qui s'est quelquefois produit dans mon rucher, n'a jamais causé la perte complète d'une colonie; au bout d'un certain temps, on ne voit plus d'abeilles mortes aux alentours de la ruche, les éclosions de jeunes abeilles comblent les vides, et les essaims reviennent à leur état primitif de prospérité.

Quelque temps après, à la suite d'un été pluvieux, quelques ruches furent atteintes de la diarrhée, qui détruisit en peu de jours une grande partie de leur population. Le fermier se hâta de recourir aux conseils de M. le curé pour porter remède à un mal si grave.

— La diarrhée des abeilles, dit M. le curé, n'est pas par elle-même une maladie très-dangereuse. Dans le cours de mes expériences sur les abeilles, il m'est arrivé plusieurs fois d'isoler des ouvrières atteintes de cette affection au degré le plus intense; toutes ou presque toutes finissaient par se rétablir après quelques jours de diète, sans aucun traitement particulier. Mais, quand un grand nombre d'abeilles est attaqué de la diarrhée, comme elles n'en sont pas autrement malades et qu'elles peuvent continuer à aller et venir dans la ruche en prenant part aux travaux journaliers, elles salissent les rayons et salissent aussi leurs compagnes, qui meurent alors, non de la maladie, mais bien par asphyxie, parce que les ouvertures par lesquelles elles respirent se trouvent complétement bouchées. Cet inconvénient ne se produit pas en temps ordinaire; l'instinct de propreté, dont les abeilles sont douées au plus haut degré, les avertit de ne jamais commettre dans l'intérieur de leur ruche la moindre infraction aux lois de la plus rigoureuse propreté; il en est autrement quand une fois la diarrhée les atteint, elles causent alors involontairement la mort de leurs compagnes, et si l'on ne vient à leur secours, la ruche est perdue. Le remède que j'emploie en pareil cas réussit toujours et presque instantanément; il consiste à placer sous la ruche contenant un essaim malade de la diarrhée une assiette dans laquelle je verse un peu de vin vieux très-sucré. Attirées par l'odeur de ce liquide, qui paraît être fort de leur goût, toutes les abeilles viennent tour à tour s'en régaler, ce qui met fin immédiatement à la maladie.

— J'ai suivi votre conseil, Monsieur, dit le fermier quelques jours après; le remède a très-bien opéré. J'ai seulement à regretter la mort d'un certain nombre de mes abeilles qui, en se penchant sans précaution sur le bord de l'assiette, peut-être un peu étourdies par le vin, auquel elles ne sont pas habituées, sont tombées dans le vin et s'y sont noyées.

— C'est ma faute, dit M. le curé, j'ai oublié de vous avertir, en vous donnant ma recette, qu'il fallait, comme j'ai soin de le faire en semblable circonstance, faire flotter à la surface du vin sucré des petits brins d'osier blanc, sur lesquels les abeilles peuvent se poser pour boire à leur aise sans danger de trouver la mort dans le breuvage préparé pour les guérir.

CHAPITRE XXXVI

Les vers à soie.

Rusticité du mûrier. — Origine du mot Magnanerie. — Les Magnans. — Vente des cocons. — Ce que produisent en cocons 1000 kil. de feuilles. — Poids des cocons par rapport à celui des œufs éclos. — Prix moyen des cocons pour un kil. de soie. — Espace carré que doivent couvrir les vers nés de 30 gra mes d'œufs. — Eclosion naturelle. — Ses inconvénients. — Eclosion artificielle. — Température graduellement élevée. — Durée de l'incubation. — Enlèvement des vers éclos les premiers. — Les quarante cocons de Sommières.

—

— Ce doit être pour vous, mon ami, disait au fermier M. le curé, en se promenant un soir avec lui dans la campagne, un grand plaisir de voir le bien que vous avez fait autour de vous, presque sans vous en mêler, rien que par l'exemple de vos succès. Pour les abeilles particulièrement, ce succès tient du prodige; il n'y a presque pas une famille pauvre de la paroisse qui, grâce à vos avances sagement mesurées, n'ait au moins quelques ruches, qui sont pour elles une source de bien-être. Tout s'enchaîne en agriculture ; si vous étiez resté comme votre prédécesseur, dans l'assolement triennal, dont jamais je n'avais pu le décider à sortir, le canton ne serait pas, comme il l'est actuellement, couvert de prairies artificielles et de toute sorte de cultures qui donnent aux abeilles de quoi butiner, et l'éducation en grand des abeilles serait impossible.

—Vous faites honneur, Monsieur, à ma ferme améliorée par vos conseils, d'un bienfait qui émane du rucher du presbytère.

—Non, mon ami, toute vanité à part, le résultat vient de vous, non de moi. On disait avant l'installation de votre rucher : « M. le curé a des mouches à miel; cela l'amuse et lui fournit les moyens de faire de temps en temps, à quelque pauvre vieille femme, l'aumône d'un petit pot de miel : c'est très-bien chez lui, mais chez nous, cela ne servirait qu'à faire piquer nos enfants. »

La preuve que telle était l'opinion générale à l'égard de mon rucher, c'est qu'en dépit de mes efforts, sauf trois ou quatre de mes paroissiens à qui j'avais fait l'avance de quelques essaims, et qui les soignaient tant bien que mal, personne n'en voulait. Aujourd'hui, tout le monde en veut parce que tout le monde sait, à un centime près ce que vous rapportent vos abeilles, dont moi, je ne pouvais pas faire l'objet d'une spéculation ; on en veut, parce que les marchands de miel, de cire et d'essaims ont appris le chemin de notre commune, et qu'ils viennent, par des achats à des conditions avantageuses, solliciter la production. Voila ce que je n'aurais jamais fait à moi tout seul ; je dirai, si vous voulez, que nous l'avons fait à nous deux, afin que vous ne puissiez m'accuser de cette fausse modestie, proche parente de la vanité.

Eh bien! mon ami, ce que nous avons fait pour les abeilles, il s'agit actuellement de le faire pour les vers à soie. Vous savez qu'il y a quelques années, beaucoup de propriétaires de nos environs se sont pris d'un bel enthousiasme pour le mûrier; ils en ont planté partout, sur les bords des chemins, sur la lisière des champs, sans beaucoup de discernement quant au choix du sol et de l'exposition. Quelques-unes de ces plantations ont réussi malgré tout, parce que le mûrier est un arbre essentiellement. rustique et qui a la vie très-dure. Mais, quand il s'est agi de changer la feuille de mûrier en soie, c'est différent; ceux qui ont essayé n'y entendant rien, mal secondés par des ouvriers et ouvrières qui en savaient encore moins qu'eux, n'ont réussi qu'à manger de l'argent, beaucoup d'argent, après quoi tout le monde y a renoncé. Quant aux mûriers, on n'en plante plus, mais on n'en a point arraché ; ceux qui veulent vivre, vivent ; ils sont en place, on n'en fait rien, mais ils y restent. Dans ces circonstances il est facile d'avoir, soit sur la paroisse même, soit aux environs, une ample provision de feuilles, presque pour rien. Voici ce que je me propose de faire, avec votre concours. Comme en toute chose le bon sens, ce présent du bon Dieu, présent dont nous nous servons si rarement, indique de commencer par le commencement, nous formerons d'abord, dans un local que vous me prêterez, un très-petit atelier modèle, dans lequel je me charge de styler, d'après les meilleures méthodes, un certain nombre de femmes et d'enfants à toutes les opérations de l'éducation de vers à soie. Une fois en possession d'un personnel tout dressé, je pourrai dire à plusieurs des propriétaires du voisinage qui ont des mûriers, et qui ne manqueront pas, ne fût-ce que par simple curiosité de venir voir travailler nos vers à soie : Vous, Messieurs, qui en possédez les éléments, dotez notre canton de l'industrie de la soie; voici de pauvres gens qui ont grand besoin de travail pour vivre; je vous les donne comme parfaitement au fait du service d'une magnanerie. C'est là, mon ami, qu'il faut en venir; ni vous ni moi ne saurions faire aux pauvres de tout le canton une plus belle charité.

— Je ne sais, Monsieur, dit le fermier, si dans notre canton où, comme vous venez de le dire vous-même, elle a déjà échoué une fois, l'industrie de la soie peut prendre racine ; mais, ce que je sais, c'est que si elle y doit subir un nouvel échec, ce ne sera pas plus ma faute que la vôtre : je me mets tout à fait à votre disposition, vous n'avez qu'à parler. Vous venez de vous servir du mot magnanerie ; ce mot que j'ai si souvent lu ou entendu prononcer, m'a toujours beaucoup intrigué ; personne de ceux à qui j'en ai demandé le sens et l'origine, n'a pu me répondre d'une manière satisfaisante.

— La langue celtique, dit M. le curé, celle que parlaient avant le christianisme les Gaulois, nos ancêtres, a laissé dans plusieurs de nos patois qui ont été des langues, quelques traces dont fait partie le verbe *magne* ou *magni*, qu'on retrouve dans les patois wallons du nord et dans ceux de nos départements du midi. Magní, signifie manger ; on nomme les vers à soie des magnans, parce qu'ils mangent beaucoup ; les Magnans, nom de famille très-commun dans le midi, ont dû voir des ancêtres d'un haut appétit ; la magnanerie est tout naturellement le local occupé par les magnans.

Je vous ferai observer que, quand nous aurons réussi, et tout me dit que nous réussirons, ceux qui voudront utiliser la feuille de mûrier existant dans le pays pour organiser en grand la production de la soie, n'auront nullement besoin de faire construire tout exprès une magnanerie ; une grange, sur les côtés de laquelle on pratique quelques fenêtres, un grenier bien ventilé, qu'il est toujours facile d'éclairer suffisamment, et qui est presque toujours traversé par un tuyau de cheminée où le maçon a bientôt fait de pratiquer un foyer ouvert, sont autant de magnaneries toutes faites au besoin. Les mûriers, si la nécessité se fait sentir d'en augmenter le nombre, n'enlèvent pas de terrain à l'agriculture ; on peut les planter à 12 ou 15 mètres, en tous sens, et cultiver les intervalles. La main-d'œuvre, lorsqu'on possède un noyau de gens au fait du service d'une magnanerie, ne cause aucun embarras ; elle consiste surtout en journées de femmes et d'enfants qu'on occupe pendant six à sept semaines, à une époque de l'année où l'on n'a pas un urgent besoin de leur concours pour les travaux courants de l'agriculture. Tâchons donc seulement, comme nous l'avons fait pour l'apiculture, de réussir, non pas à demi, mais d'une manière incontestable, éclatante, que nous puissions un peu faire sonner les écus que la vente de nos cocons nous aura produits, et vous verrez ?

— Je renouvelle ici une question que je vous ai faite souvent, Monsieur, quand vous m'avez engagé à essayer une culture que je ne connaissais pas : où en vendrai-je les produits ? Qui m'achètera mes cocons, supposé que j'obtiennne des cocons ?

— Et le chemin de fer, dit M. le curé ? vous n'y songez jamais. J'écrirai, le cas échéant, au secrétaire de la Société d'agriculture de Lyon, pour qu'il reçoive les cocons que nous allons obtenir ; car nous en aurons, je vous le promets. Le chemin de fer est à deux pas d'ici ; douze heures après que nos cocons auront été récoltés, ils seront vendus à Lyon, quand même nous en ferions pour des sommes fabuleuses ; la France, pour ses fabriques de tissus de soie, achète à l'étranger de la soie pour plus de cent millions par an ; il n'y a jamais lieu de craindre que le marché en soit encombré et la vente difficile.

Et puis, mon ami, j'ai beaucoup étudié la question de la production de la soie avant de vous proposer de vous en mêler ; je vous dirai d'avance les bases sur lesquelles

on peut opérer avec sécurité, le résultat auquel on peut,
sans trop d'ambition, aspirer raisonnablement ; nous verrons plus tard si nous nous en sommes plus ou moins rapprochés. D'après un auteur qui fait autorité en cette matière, M. Frédéric de Boullenois, il faut pour élever les
vers à soie provenant de l'éclosion de 30 grammes d'œufs,
que les magnaniers nomment graine de vers à soie,
1,000 kil. de feuille de mûrier non mondée, c'est-à-dire,
pesée avant d'avoir été séparée des fruits verts et des bouts
de branches vertes qui s'y trouvent inévitablement mêlés
lorsqu'on la cueille. 30 grammes d'œufs peuvent donner
50 kil. de cocons ; c'est ce que les magnaniers du midi
nomment faire le *quintal par once*, résultat facile à obtenir surtout lorsqu'on opère en petit, mais qu'il n'est pas
facile de dépasser.

En prenant la moyenne des dix dernières années, je
trouve que le prix des cocons s'est maintenu entre 4 fr.
et 4 fr. 50 c. le kilogramme ; donc, de 1,000 kil. de feuilles
de mûrier on peut faire pour 400 ou 450 fr. de cocons.
Lorsqu'on peut dévider soi-même la soie des cocons, il
faut en moyenne 12 kil. de cocons pour 1 kil. de soie.
Cette méthode, qui du reste ne serait pas profitable ici,
offre un seul avantage, celui de pouvoir attendre le moment le plus favorable pour la vente des produits ; la soie
peut être conservée pendant un temps indéfini ; les cocons
doivent être vendus dès qu'ils sont récoltés : ils ne se
gardent pas.

Une chose dont il faut aussi se préoccuper avant de
commencer à élever des vers à soie, c'est l'espace qu'ils
occuperont quand ils auront tout leur volume ; ce sont en
naissant de petits fils de soie noire, à peine distincts, tant
ils sont petits ; mais ils augmentent tellement de volume
que, pour qu'ils ne se gênent pas réciproquement, on doit

tabler sur un espace de 30 à 35 mètres carrés de surface pour les vers nés de 30 grammes d'œufs.

Le fermier, sa femme et ses enfants, voyant l'importance que semblait y attacher M. le curé, auquel ils avaient tant et de si grandes obligations, mirent tout le soin et toute la bonne volonté possibles, tant à bien disposer le local qu'à tenir tout prêts et en état de servir les objets qu'il avait indiqués comme indispensables, spécialement les couteaux pour couper la feuille pendant les premiers âges des vers, les claies sur lesquelles les repas de feuilles devaient leur être distribués, et les tablettes à rebord saillant pour pouvoir les transporter d'un lieu à un autre.

Quand tout fut en état : « J'ai bien peur, Monsieur, dit le fermier, que quand nous aurons formé un bon atelier, il ne trouve pas d'emploi dans ce pays. Vous savez le proverbe : « Chat échaudé craint l'eau froide » ; ceux qui ont précédemment échoué voudront difficilement, je le crains, courir de nouvelles chances, et les ouvriers que vous aurez stylés n'y gagneront pas grand' chose.

— Vous croyez cela ? dit M. le curé. Eh bien ! mettons les choses au pis ; nous avons réussi, et personne ne veut faire de la soie : nous en ferons, nous. Nous achèterons aux peureux la feuille de leurs mûriers, 8 à 9 fr. les 1,000 kil., c'est ce qu'elle vaut dans le midi ; quand ils auront vu ce que vous gagnerez avec vos vers à soie bien dirigés par votre femme, secondée de ses filles actives et intelligentes, ce sera comme nos abeilles, je vous dis que tout le monde en voudra, vous le verrez.

— Ma curiosité, dit le fermier, est vivement excitée par tout ce que vous m'avez dit des vers à soie : qu'attendons-nous pour faire éclore les vers des 30 grammes d'œufs que vous avez reçus depuis quelques jours ?

— J'attends, dit M. le curé, que le sage mûrier, comme

on a surnommé cet arbre, parce qu'il est le dernier à prendre ses feuilles, et que, pour cette raison, il gèle très-rarement, soit juste au degré de développement convenable, ce qui ne peut tarder; alors nous procèderons à l'éclosion artificielle des œufs.

— Pourquoi, Monsieur, ne pas attendre tout simplement que la chaleur de la saison fasse éclore les œufs? Ne serait-ce pas s'épargner beaucoup de perte de temps et éviter un grand embarras?

— Ce serait justement le contraire, dit M. le curé, et voici pourquoi. Lorsqu'un enfant ou une personne inoccupée s'amuse à élever quelques centaines de vers à soie, peu importe qu'ils naissent les uns après les autres; c'est ce qui a lieu quand l'éclosion est naturelle. Mais, pour le magnanier, opérant en grand dans un but industriel, il importe au plus haut degré que tous les vers naissent à peu près au même moment, afin qu'ils traversent tous en même temps les diverses phases de leur croissance, et qu'ils soient, comme on dit dans les magnaneries, aussi égaux que possible. Chaque phase de l'existence du ver à soie est marquée par un changement de peau qu'on désigne sous le nom de mue; chaque mue est suivie d'une période de repos absolu et d'immobilité, pendant laquelle les vers ne mangent pas. Vous faites-vous une idée des soins et des embarras du service dans une magnanerie où des vers par centaines de mille mangeraient, changeraient de peau et dormiraient, tous à des heures différentes? Par l'éclosion artificielle, on fait éclore les vers en trois jours; il en vient seulement quelques-uns le premier jour; la grande masse naît le second jour et le surplus le troisième.

Lorsqu'il jugea le moment favorable, M. le curé fit venir les enfants du fermier et une dixaine d'enfants de pauvres familles du village, qu'il voulait mettre en état de servir utilement plus tard dans les magnaneries.

— Voyez, leur dit-il, mes amis ; voici un petit cabinet en planches, que nous avons fabriqué à peu de frais et où nous avons installé un poêle, dans un coin du grenier, afin de pouvoir en diriger à notre gré la chaleur. Voici les œufs de vers à soie ; il y en a 30 grammes ; je les ai mis dans de petites capsules de papier, par couches très-minces ; car selon les préceptes des gens les plus expérimentés, il ne faut pas que les œufs, pour avoir une bonne éclosion, soient entassés à plus de deux millimètres d'épaisseur. Mon opération ayant principalement votre instruction pour but, je procèderai tout à fait méthodiquement. Aujourd'hui, le thermomètre marque dans ce cabinet 18 degrés centigrades ; le feu du poêle, selon la manière dont va se comporter la température extérieure, sera réglé de façon à augmenter chaque jour la chaleur d'un degré, jusqu'à ce que le thermomètre marque 26 degrés ; nous l'y maintiendrons jusqu'à la naissance des vers.

Les premiers vers, au grand amusement des enfants, naquirent entre onze heures et midi, le dixième jour.

— Comment ferons-nous, Monsieur, dit un enfant, pour prendre sans les blesser ces pauvres petites chenilles noires ?

— Nous ne les prendrons pas du tout, dit M. le curé ; cela n'est nullement nécessaire. Voici ce que nous ferons : Sur ce papier percé de trous dont je recouvre la boîte où des vers viennent de naître, je mets quelques petites branches de mûrier sauvage ou pourrette, à feuilles très-tendres, les seules que les jeunes vers à soie puissent manger et digérer au moment de leur naissance. Attirés par l'odeur des feuilles, les vers traverseront les trous du papier et monteront tous, jusqu'au dernier, sur la branche de pourrette. Alors nous enlèverons cette branche, et les vers nouvellement éclos ne resteront pas sur les œufs, dont la principale éclosion doit avoir lieu demain.

— Et que ferons-nous de ceux-ci, dit la fermière, qui prenait à toute cette opération un très-vif intérêt ?

— S'il s'agissait de ce qu'on nomme une grande éducation, dit M. le curé, ces vers les premiers éclos, en petit nombre par rapport à ceux qui nous naîtront demain et après-demain, seraient sacrifiés comme devant causer plus d'embarras que de profit. Mais, comme nous aurons la feuille à discrétion, nous allons en faire des générosités; je les distribue à tous ceux des enfants qui en voudront pour les élever chez eux; chacun en recevra le même nombre; nous verrons quel sera celui d'entre vous qui obtiendra le plus de cocons.

Il faut que je vous raconte à ce propos, mes amis, une petite histoire d'enfant qui est de nature à éveiller en vous une juste idée de ce que peut produire l'industrie des vers à soie. Il y a dans le Gard, un village nommé Sommières, et dans ce village une usine considérable, une grande forge, avec fonderie de fer. Sommières est au centre du pays de la soie; le chauffeur de la machine à vapeur de l'usine a une petite fille de sept à huit ans, à laquelle un de ses voisins a donné il y a quelques années, quarante vers à soie. N'ayant pas de local pour les élever, la petite fille installa sa magnanerie en miniature dans une espèce de hangar ouvert de tous les côtés, attenant à la chaudière de la machine à vapeur. Les vers y réussirent si bien que des quarante vers elle eut quarante cocons. Son père qui, comme tous les gens de son pays, s'était plus ou moins occupé des vers à soie, fut émerveillé de la beauté de ses cocons. « Ce serait dommage, dit-il, de les livrer à la dividense. Nous en laisserons éclore tous les papillons et nous en récolterons les œufs. Or, il s'est produit un fait auquel personne ne s'était attendu ; les vers nés des œufs des papillons provenant des quarante cocons, eurent tous un caractère particulier ; ils constituent une sous-race distincte connue sous le nom de race des quarante cocons de Sommières. Tandis que diverses maladies contagieuses décimaient les vers à soie de toutes les races françaises et étrangères, les descendants des quarante cocons étaient exempts de maladie et donnaient des cocons admirables. Ils sont en ce moment recherchés dans tout le midi ; l'heureux créateur de cette race a fait, en élevant des vers à soie uniquement pour en récolter et en vendre les œufs, une véritable fortune. Il faut faire dans tout cela une grande part aux circonstances favorables sous l'influence desquelles la petite fille avait élevé ses quarante vers à soie, dans un local à la fois très-chaud et très aéré ; mais on peut admettre aussi que les soins assidus de cette enfant y sont pour quelque chose. Ainsi, mes amis, tâchez d'égaliser, de surpasser même, s'il y a moyen, les quarante cocons de Sommières.

CHAPITRE XXXVII

Les vers à soie (Suite).

Avantages de la fréquence des repas donnés aux vers à soie. — Repas de jour et de nuit. — Influence de la chaleur sur la durée de l'éducation.— Frèze, ou grande faim des vers au cinquième âge. — Moyen d'égaliser les vers éclos les derniers. — Rapport du poids des vers avec celui de la feuille consommée. — Inconvénients de la feuille mouillée. — Moyens de la sécher. — Feuille rouillée. — Première période du cinquième âge. — Fin de l'appétit des vers. — Cabanage. — Monte. — Formation des cocons. — Décoconnage. — Débourrage. — Pesage et vente des cocons. — Résultat des petites éducations toujours supérieur à celui des grandes.

———

— C'est actuellement, mes amis, dit M. le curé aux enfants qu'il entreprenait de former au métier de magnaniers, c'est à présent qu'il s'agit de ne pas dormir. Les vers à soie, depuis le moment de leur naissance jusqu'à celui où ils s'enferment dans leur cocon, ont besoin de soins qui ne souffrent pas une seule minute d'interruption. Il faut donc que notre atelier, pour bien s'acquitter d'une besogne qui va durer environ six semaines, se divise en deux escouades qui devront se relayer pour le service de jour et le service de nuit; car, la nuit ne doit pas interrompre les repas, ou plutôt le repas continuel du ver à soie.

— Je crois pourtant être bien sûr, dit le fermier, d'avoir lu dans les livres d'agriculture où il est question du ver à soie, qu'il est d'usage dans beaucoup de magnaneries de distribuer à ces précieuses chenilles un bon repas le soir assez tard, et de remettre le repas suivant jusqu'au lendemain matin de très-bonne heure.

— Il est vrai, dit M. le curé, que c'est ainsi qu'on traite les vers à soie partout où la main d'œuvre est rare et où l'on craint de se donner, sans se ménager, toute la peine de laquelle dépend le succès. Lorsqu'on donne le dernier repas de feuilles à 10 heures du soir, et le second le lendemain à 4 heures du matin, les vers à soie jeûnent, et ils n'en meurent pas; mais savez-vous ce qui en résulte? Que sur les 40,000 vers que donne en moyenne l'éclosion de 30 grammes d'œufs, on obtient 24,000 cocons, jamais audelà, et cela en 35 à 40 jours. Nous qui opérons en petit, qui avons trois ou quatre fois plus de monde qu'il ne nous en faut, nous qui devons tenir surtout à pouvoir montrer un résultat des plus brillants, pour faire naître dans ce canton l'industrie de la soie, ce n'est pas cette voie arriérée que nous devons suivre. Nos vers doivent manger jour et nuit, sauf le temps de sommeil qui accompagne chaque mue ou changement de peau, et qui sépare les périodes qu'on désigne sous le nom d'âges du ver à soie. Cette chenille naît avec quatre peaux l'une sur l'autre qu'on peut comparer à des vêtements dont elle se débarrasse successivement, à mesure qu'ils deviennent trop étroits; il en résulte pour elle cinq âges distincts qui composent toute sa vie comme ver à soie, âges dont la durée peut varier, selon la fréquence et l'abondance des repas, et aussi selon la température à laquelle les vers sont soumis. En général, plus ils ont chaud, plus ils transpirent; plus ils transpirent, plus ils ont faim. Bien loin qu'il en résulte une perte pour l'éleveur, une éducation rapide, avec des repas fréquents et une haute température, procure en dernière analyse une économic notable de feuilles, parce que les vers ainsi traités vivent et mangent moins longtemps. Si tout va comme je l'espère, que personne n'y mette de négligence et que tout le monde fasse son devoir, en 28 jours, nos vers fileront ; ce qui nous restera de besogne alors ne sera plus qu'un jeu. Ainsi, pendant les trois premiers âges, nous ferons le plus régulièrement possible 12 distributions en 24 heures, c'est-à-dire que nous donnerons aux vers un repas toutes les deux heures; pendant le quatrième et le cin quième âge, nous pourrons sans inconvénient ne leur en donner que 8 en 24 heures, c'est à dire, un de trois en trois heures seulement. Si l'on consulte l'expérience, dit M. Robinet dont je vous répète les paroles parce que cet auteur fait autorité, elle prouve que cette fréquence des repas a pour résultat, non-seulement une importante économie de feuilles et une réduction considérable de la durée de l'éducation, mais encore un développement plus complet du ver à soie, et une amélioration sensible, dans la qualité des cocons.

Les enfants prirent dès le début un grand plaisir à voir grossir les vers qui, pendant le premier âge, augmentaient réellement de volume à vue d'œil. La première feuille qui leur fut donnée fut de la feuille de pourrette, ou mûrier non greffé, obtenu de semis, dont un propriétaire du voisinage avait formé une fort belle haie, mais dont jusqu'à ce moment la feuille n'avait jamais servi à rien. Cette feuille mince et tendre, finement hâchée, fut servie aux vers en repas inégaux, d'autant plus copieux que leur appétit semblait augmenter. Aux approches du premier sommeil, M. le curé, qui donnait à toute l'opération des soins vigilants, recommanda de modérer la dose de feuilles composant les derniers repas. La fermière lui demanda si, dans le cas où on leur en offrirait plus qu'il ne leur en faut, ils seraient capables de s'en donner une indigestion ?

— Non pas, dit M. le curé ; ils n'en mangeraient toujours qu'à leur appétit, qui diminue quand ils sont sur le point de changer de peau. Mais, en donnant trop de feuille à la fois, on subit une perte inutile ; et puis, cette feuille qui n'est pas consommée, fermente, s'échauffe, et son contact peut nuire sensiblement aux vers à soie.

M. le curé voulut présider lui-même à l'opération délicate du délitement des vers à soie. Le délitement ou enlèvement de la litière contenant les côtes des feuilles et les déjections des vers, se fait facilement à l'aide des papiers percés, couverts d'une petite quantité de feuille fraîche et posés par-dessus les vers. En quelques minutes, tous ont traversé les trous en quittant la litière qu'il est facile de jeter au dehors avec le petit nombre de vers faibles, languissants ou malades, qui n'ont pas pu suivre le mouvement du reste de la bande.

— Je m'étonne d'une chose, Monsieur, dit le fermier, qui venait voir la magnanerie aussi souvent que ses travaux lui en laissaient le loisir ; tous vos vers ont l'air d'être du même âge ; les voilà tous endormis, pour ainsi dire, à la même heure, et cependant, il y en a une bonne partie dont la naissance est de vingt-quatre heures au moins en retard sur celle de la masse : comment avez-vous fait pour les égaliser ?

— Il a suffi pour cela, dit M. le curé, de donner pendant un jour seulement un peu plus de nourriture et de chaleur aux vers les moins avancés, afin de leur faire prendre de l'avance, et de tenir les vers éclos les premiers un peu moins chaudement, en leur donnant un peu moins de feuille, ce qui les a ramenés tous au même niveau.

Nous devons actuellement, dit M. le curé, quand les vers à soie eurent heureusement traversé leurs trois premiers âges, accorder toute notre attention à la feuille de mûrier. Jusqu'à présent, il ne nous en a fallu qu'une quantité médiocre, et le travail pour la cueillir et la préparer n'était que secondaire dans les opérations de notre éducation de vers à soie ; ce travail va désormais devenir notre principale préoccupation. Pour vous faire apprécier la progression de la consommation de la feuille par les vers, je vous dirai, mes enfants, qu'un patient naturaliste a pris la peine de comparer, à la suite de nombreuses expériences, le poids des vers à celui de la feuille consommée. Il a trouvé les chiffres suivants, en prenant pour point de départ, le poids des vers au moment de l'éclosion.

Les vers à soie mangent pendant le premier âge, 112 fois ce poids ; pendant le second, 336 fois ; pendant le troisième âge 1,120 fois ; pendant le quatrième, 3,360 fois et pendant le cinquième, 20,296 fois. C'est pendant ce dernier âge que les vers éprouvent cette faim vorace, nommée frèze par les magnaniers du midi ; nous réserverons pour la leur offrir à ce moment de leur existence, ce que nous aurons de meilleure feuille, c'est-à-dire celle des arbres qui, sont à la fois les mieux portants et les plus avancés en âge ; ce sont ceux dont la feuille consommée par les vers pendant la frèze du cinquième âge, leur fait produire la meilleure soie.

Aussi longtemps que les vers ne sont pas encore dans leur prodigieux appétit, nous pouvons prendre le temps de monder la feuille ; plus tard, le temps nous manquerait pour cette opération ; nous aurons soin seulement de ne jamais la leur offrir mouillée, ce qui ne pourrait manquer de causer parmi eux une grande mortalité.

— Alors, dit le fermier, pour peu que le temps se mette à la pluie ainsi que nous en sommes menacés, nous allons nous trouver fort embarrassés !

— Moins que vous ne croyez, dit M. le curé. Tant que, comme en ce moment, les vers ne mangent par jour qu'une quantité modérée de feuille , supposé qu'elle soit mouillée au moment où on la cueille, nous prendrons un grand sac de toile, très-proprement lavé et séché ; nous y secouerons la feuille par portions; elle laissera dans la toile, l'eau dont elle sera mouillée et pourra être distribuée aux vers après être restée étalée pendant une heure ou deux sur le plancher d'une chambre, où elle achèvera de se sécher. Si le même inconvénient se présente au moment où nos vers à soie auront le plus d'appétit, le même procédé n'étant plus applicable, nous avons du monde disponible; nous ferons cueillir de la feuille d'avance pour trois ou quatre jours. La feuille mouillée, étalée sur un plancher propre, et retournée plusieurs fois par jour à l'aide d'un râteau à dents de bois, se ressuie très-bien , et est aussi bonne pour les vers que si elle n'avait pas été mouillée.

—En voici une, dit la fermière, qui porte de grandes taches rouges, j'ai peur qu'elle ne rende nos vers malades : faut-il la leur distribuer?

— Vous le pouvez sans aucune crainte. Ces taches sont une maladie de la feuille qu'on nomme la rouille, en raison de la couleur des taches. Il n'y a pas de danger que les vers en soient incommodés, car leur instinct les avertit de ne pas toucher aux parties rouillées de la feuille ; il faut seulement augmenter la dose, afin que, tout en laissant de côté cette portion de la feuille qui les rendrait malades, il leur reste de quoi satisfaire leur appétit.

Il n'était bruit dans le pays que des vers à soie de la ferme ; les enfants en étaient fiers, car il n'y avait sur leurs claies tenues avec une rigoureuse propreté, ni morts, ni malades. Tout le monde voulait les voir et M. le curé avait dû régulariser les visites, sachant que l'air de la petite magnancrie, s'il avait été vicié par la présence d'un trop grand nombre de visiteurs à la fois, aurait nui sensiblement à la santé des vers à soie.

Enfin, le cinquième âge, l'époque critique pour les éducations de vers à soie, se passa sans accident; la température extérieure était favorable ; aucun violent orage n'était survenu, et la feuille de bonne qualité avait maintenu les vers dans un état remarquable de santé et de prospérité. M. le curé fit observer aux enfants que le cinquième âge des vers à soie se partage en deux périodes distinctes. Pendant la première, le ver éveillé de son dernier sommeil, revêtu de sa dernière peau, fait sa soie, comme disent les magnaniers; il arrive à toute sa maturité ; alors, il ne mange plus; on ne donne plus qu'une petite quantité de feuille pour les retardataires ; les vers à soie évacuent tout le résultat de leur dernière digestion et se préparent à monter, c'est-à-dire à chercher à leur portée un local propice pour filer leur cocon.

— Allons! dit M. le curé, lorsqu'on en fut là, tout le monde dehors, excepté le détachement de service ; il s'agit de ramasser du genêt et de la bruyère, pour cabaner.

— Qu'est-ce que cabaner, demanda la fermière ?

— Vous allez le voir et l'apprendre en nous aidant, dit M. le curé.

Bientôt la bande joyeuse des enfants revint chargée de genêts et de grandes bruyères dont elle se mit à effiler en pointe la partie inférieure, afin de pouvoir les piquer en deux lignes, un peu inclinées l'une vers l'autre, sur les bords des claies où les vers se disposaient à filer. La fermière trouva que le cabanage, bien préparé, avait un très-bel aspect.

— J'espère, dit M. le curé, que ce sera bien autre chose quand nos vers vont avoir couvert toutes les cabanes de leurs beaux cocons jaunes. Voyez; le plus grand nombre commence à se promener sur les bords des claies ; si vous les examinez avec assez d'attention, vous remarquerez que chacun d'entre eux traîne après lui un fil de soie, à l'aide duquel il cherche à se fixer quelque part. C'est, sans contredit, le moment le plus intéressant pour nous de toute notre opération. Quelquefois, à l'instant même où le magnanier se croit recompensé de ses peines et de ses avances, les vers, pris subitement de la graisse, de la gatine, ou de la jaunisse, maladies dont heureusement je n'ai pas d'exemple à vous signaler parmi les nôtres , essaient de monter, mais ils ne peuvent y parvenir ; ils retombent et meurent, et la récolte de la soie est anéantie. Il n'en sera pas de même chez nous ; n'en ayant pas une trop grande multitude, nous compterons nos cocons par curiosité ; je vois, dès à préssent que nous en aurons à peu près autant que de vers, car les voilà qui montent et filent avec une incroyable activité. Depuis le moment de leur naissance, ils n'ont fait, jusqu'à présent, que manger et dormir ; à partir de la seconde période du cinquième âge, vous voyez qu'ils ont cessé d'être un peu gourmands et très-paresseux pour devenir, comme nos chères abeilles, des modèles d'industrieux travail.

Presque tous les vers étaient montés; il ne restait plus sur les claies que quelques vers en retard, errants çà et là, cherchant à grimper le long des cabanes, et retombant aussitôt.

— Est-ce qu'ils sont malades ? dit la fermière. Je ne vois sur eux aucune trace de maladie ?

— Je pense, dit M. le curé après les avoir bien examinés, qu'ils sont seulement un peu plus faibles de tempérament

que les autres; ayons égard à leur faiblesse, offrons-leur
des branches de genêt posées à plat sur les claies ; ils se
logeront entre les rameaux et fileront un cocon tel quel;
ces cocons n'auront pas grande valeur; mais nous devons
tenir à en avoir le plus possible, et il ne faut pas négliger
les petits profits.

Ce fut une véritable fête pour les enfants qui avaient
pris part au travail de la magnanerie que de voir, pendant deux jours, les vers filer, s'enfermer d'abord dans
un réseau transparent de fils déliés, fixés aux rameaux
environnants, puis s'établir au centre, et là s'enfermer
dans un cocon où chacun d'eux disparut pour subir en
secret sa dernière transformation.

— Il s'agit actuellement de décoconner, comme on dit
dans le midi, c'est-à-dire, d'enlever les cabanes, d'en
détacher les cocons, de les débourrer, en enlevant la bourre
composée des fils extérieurs qui recouvrent la vraie soie;
puis nous n'aurons plus qu'à compter notre richesse, et
à peser nos cocons, après quoi nous les expédierons par
le chemin de fer à mon corresdondant de Lyon, qui se
charge de la vente.

Le décoconnage donna pour résultat 32,000 cocons,
pesant 62 kilogrammes. C'était beaucoup au delà de ce
que M. le curé avait prévu et annoncé.

— Il ne faudrait pas, dit-il, baser les opérations d'une
grande magnanerie sur l'espoir d'un résultat semblable.
Quand vous en serez a élever en grand des vers à soie, si
30 grammes d'œufs vous donnent 50 kilos de cocons, le
quintal par once des éleveurs du Var, tenez-vous pour
plus que content. Cette fois, nos vers ont été soignés comme
ils ne peuvent jamais l'être par ceux qui opèrent en grand.
Mais je suis heureux que notre première expérience
démontre aux familles de petits cultivateurs dont chacun

peut facilement élever les vers d'une éclosion de 25 à 30 grammes 'd'œufs, ce qu'une petite éducation bien conduite peut produire; car, en opérant en petit, pourvu qu'on fasse comme nous, qu'on ne s'endorme pas, ce que nous avons réalisé de cocons avec 30 grammes d'œufs, tout le monde peut l'obtenir, sans plus de frais ni d'embarras qu'il ne nous en a coûté.

Quelques jours après l'envoi, M. le curé recevait de son correspondant un bon de 235 fr. 60 cent.; les cocons avaient été trouvés de très-belle qualité; ils avaient obtenu le cours le plus élevé du moment, celui de 3 fr. 80 cent. le kilogramme. Le correspondant informait en outre M. le curé, qu'en raison de leur belle qualité, les cocons, provenant d'un pays où ne régnait aucune maladie des vers à soie, avaient été achetés par un éducateur qui se proposait d'en laisser éclore les papillons, afin d'en vendre les œufs.

Le bon de 235 fr. 60 cent. fut montré par le fermier à qui voulut le voir; de ce moment, les propriétaires de mûriers furent assaillis de demandes pour leurs feuilles de l'année prochaine; des marchés avantageux de part et d'autre furent passés à ce sujet; M. le curé se chargea de faire venir des œufs de ver à soie pour tous ceux qui, voyant l'argent qu'on y pouvait gagner en si peu de temps, avaient pris la résolution d'essayer, eux aussi, l'an prochain, une petite éducation; l'impulsion était donnée, le but était atteint.

— Nous avons eu du bonheur, dit le fermier en recevant le prix des cocons, d'obtenir du premier coup des produits jugés de première qualité!

— Du bonheur et de bonne feuille, mon ami, dit M. le curé. Il ne nous est arrivé que ce qui arrive toujours à ceux qui, comme nous venons de le faire, convertissent en soie des feuilles de mûriers qu'on a laissé vieillir sans les utiliser, et dont la feuille n'a point été cueillie depuis longtemps; c'est à la qualité de la feuille dont nos vers ont été nourris que doit être surtout attribuée la qualité supérieure de nos cocons.

Un soir du mois de juin, le fermier rassembla dans le jardin de la ferme tous les enfants qui avaient prêté leur concours pour l'éducation des vers à soie; il leur remit à tous une petite gratification, d'autant mieux reçue qu'ils ne s'y attendaient pas, se trouvant assez payés par les connaissances qu'ils avaient acquises et qui devaient leur être très profitables; car, déja pour la plupart, ils étaient retenus à de très-bonnes conditions, pour la saison des vers à soie de l'année suivante.

Sur ces entrefaites, survint M. le curé. Je vous ai tous engagés, mes amis, leur dit-il, à tenir note exactement de la marche de l'éducation des vers à soie, de la quantité de feuilles qu'ils ont consommée pendant chaque âge, de la durée de leur sommeil, et de tous les détails de l'opération; j'en ai fait autant de mon côté; que ceux qui ont tenu des cahiers me les remettent ; je les comparerai à mon journal tenu, pour ainsi dire, heure par heure, et je donnerai un beau livre d heures à celui dont le journal aura été le mieux tenu.

— Moi, dit le fermier, j'y joins une belle pièce de cinq francs.

CHAPITRE XXXVIII

Résumé des conseils de M. le curé.

Les notes de M. le curé. — Soins à donner au matériel. — Charrette écossaise. — Bâtiments. — Arrangements à prendre pour les constructions devenues nécessaires. — Bestiaux. — Élevage des meilleurs reproducteurs. — Inconvénients de l'engraissement poussé trop loin. — Engrais. — Emploi des engrais liquides. — Des engrais pulvérulents. — Conservation des produits. — Ce que coûte la conservation du froment. — Destruction des animaux nuisibles. — Danger pour le fermier de se passionner pour la chasse. — Dernière pensée religieuse de M. le curé.

—

Le temps avait resserré les liens de l'amitié pleine de respect d'une part, riche d'affection toute paternelle de l'autre, qui unissaient à M. le curé le fermier et sa famille ; le jour de la fête du digne pasteur, le presbytère regorgeait littéralement de bouquets de fleurs cueillies dans le jardin de la ferme, fleurs que chacun des enfants du fermier s'était plu à cultiver avec des soins assidus, en vue de ce jour solennel. Cependant, le fermier avait passé de la jeunesse à l'âge mûr, et M. le curé, d'un âge déjà très-avancé, bien que sa vieillesse fût exempte d'infirmités graves, prévoyait l'instant, probablement peu éloigné, d'une inévitable séparation. Un jour où le fermier venait de lui souhaiter sa fête :

— Vous connaissez, dit M. le curé, le proverbe des bonnes gens de campagne : « On part à tout âge ; mais, les jeunes *peuvent*, les anciens *doivent*. » J'ai fait graver autour du cadran de ma pendule l'inscription qu'un savant flamand du dix-septième siècle, Juste Lipse, composa pour une horloge publique de Bruxelles ; elle ne contient que quatre mots latins : *Utere presenti, memor ultimæ.* Il faut renoncer à rendre dans notre langue la concision énergique de ces quatre paroles dont le sens est qu'il faut user de l'heure présente, en songeant à la dernière heure. Ces jours derniers, en jetant les yeux sur cette devise éminemmènt chétienne, je pensais à vous, mon ami, au moment incertain, très-près de nous peut-être, où nous devons nous quitter pour nous revoir un jour dans un monde meilleur. Alors, il m'est venu à la pensée de consigner par écrit quelques conseils que vous aimerez à relire, quand je ne serai plus là pour vous en donner ; je sais bien que vous et les vôtres, vous n'aurez pas besoin de ce souvenir pour penser à moi ; je sais que vous continuerez à donner en tout et à tous le bon exemple, en faisant, comme nous avons cherché à le faire de concert depuis que nous nous connaissons, tout le bien que Dieu met à votre portée. Que nulle pensée de tristesse ne trouble le plaisir que j'ai à vous recevoir aujourd'hui au presbytère, parce que je vous parle de mon prochain départ. Prenez ce cahier, et parlons d'autre chose ; je serais bien ingrat envers le bon Dieu, si je ne reconnaissais qu'il m'a largement accordé ma part de bonheur en ce monde dans l'attachement que mes bons paroissiens, vous les premiers, mes bons amis, n'ont cessé de me témoigner.

Les notes de M. le curé.

Afin de mettre de l'ordre dans les courtes notes que je désire vous laisser, je les classe sous les titres suivants qui me paraissent comprendre les points les plus importants parmi ceux dont nous aimions à nous entretenir ensemble; car, je désire que ces notes soient pour vous les preuves permanentes de la sollicitude d'un ami absent; elles ont pour objet : le *matériel*, les *bâtiments*, les *bestiaux*, les *engrais*, la *conservation des produits*, et la *destruction des divers animaux nuisibles* à l'agriculture.

MATÉRIEL. L'un des plus grands services que vous ayez rendus a l'agriculture de votre canton, c'est d'y avoir introduit et implanté, avec une sage prudence, les instruments aratoires les mieux appropriés aux conditions locales. Soyez toujours assidu à suivre les séances de votre comice agricole, à prendre part aux concours de charrues; tâchez que vos valets de ferme s'y distinguent, et ne négligez rien pour que votre ferme conserve dans le pays la réputation, qu'elle a dès à présent, d'être l'une des mieux pourvues du matériel agricole le plus complet et le plus perfectionné; ce que vous pourrez dépenser pour cela sera de l'argent très-bien employé. N'attendez jamais au dernier moment pour passer en revue ceux de vos instruments de labour ou de transport dont on ne se sert pas toute l'année, afin qu'ils ne soient pas chez le forgeron au moment où vous en aurez besoin. Réformez, à mesure que l'amélioration de la voirie vicinale vous en fournira les moyens, ce qui vous reste encore de tombereaux trop massifs et de charrettes trop pesantes; tout cela pouvait être nécessaire quand les chemins vicinaux étaient d'affreux ravins remplis de fondrières; avec de bons chemins, tout cela ne sert plus, comme je vous l'ai dit souvent, qu'à éreinter vos attelages et à diminuer la durée du service des harnais; le compte du bourrelier est toujours assez élevé. Je vous recommande la charrette écossaise, à ressorts et à bascule, qu'on peut vider comme un tombereau ordinaire, sans dételer. Le charron du chef-lieu en possède un très-bon modèle d'après lequel il en a déjà fabriqué pour plusieurs de vos voisins : il ne faut pas vous laisser d passer.

Faites repasser en temps utile les lames des hache-pailles et des coupe-raines; il ne faut pas que les ouvriers, toujours assez disposés à dénigrer cette partie de votre mat riel puissent se plaindre qu'il ne fonctionne pas convenablement. Profitez des moments où les gens de la ferme sont le moins occupés pour leur faire donner, avant la fin de l'automne, une ou deux couches de peinture aux charrettes, chariots, tombereaux, charrues et autres instruments du même genre, dont les parties en bois se détériorent si vite par l'usage. Non-seulement vous aiderez ainsi à leur conservation, mais encore, sans que vous ayez besoin de vous en mêler, votre matériel sera mieux entretenu, parce que vos domestiques en seront fiers, et tiendront à honneur de le maintenir, par amour propre, dans un brillant état de propreté.

Batiments. Oubliez en toute circonstance que les bâtiments de votre exploitation ne sont pas à vous : soignez-les comme s'ils étaient votre propriété. Depuis que, par les améliorations successivement introduites par vous, votre ferme est arrivée à son plus haut degré possible de fertilité, plusieurs parties de vos bâtiments, spécialement la bergerie et l'étable, sont devenues insuffisantes; il vous faut indispensablement une seconde citerne au purin. Votre propriétaire jouit d'une certaine aisance ; il est animé de beaucoup de bonne volonté ; mais enfin, ses moyens sont limités, et il ne peut pas évidemment dépasser certaines bornes. Après avoir bien réfléchi sur ma proposition, voyez si l'arrangement suivant vous semble praticable ; il est généralement usité dans la Grande-Bretagne. Le fermier qui a de l'argent disponible offre à son propriétaire de faire élever à ses frais les constructions nécessaires, à la condition que l'intérêt du capital dépensé sera déduit de son fermage ; ou bien, c'est le propriétaire qui fait la dépense, et le fermier paie en augmentation de fermage l'intérêt à 5 p. 100 de la somme dépensée pour le bâtiment qu'il a demandé. Cette manière de concilier les intérêts des deux parties change une dépense devant laquelle elles reculeraient, en un placement avantageux, qui facilite la réalisation d'une chose utile au bien de l'exploitation.

Bestiaux. Je n'ai que des éloges à donner à la méthode prudente, mais sûre, que vous avez appliquée à l'amélioration de vos bestiaux de toute espèce ; le succès le plus éclatant vous a justifié aux yeux de ceux qui vous blâmaient de commencer par améliorer les races du pays par elles-mêmes avant tout croisement, et qui vous ont blâmé plus sévèrement encore quand vous êtes entré largement dans la voie des croisements avec les meilleures races de la France et de l'étranger. Vous avez maintenant à entrer dans une autre voie où vous marcherez ; je vous en suis garant, de succès en succès, et où vous êtes assuré d'obtenir des résultats également utiles aux autres et à vous-même. Il faut consacrer tous les ans une bonne partie de vos fourrages à élever des reproducteurs portés à la plus grande perfection de formes que puisse comporter chaque race ou sous-race, soit pure, soit croisée. Quelques taureaux parfaits sous ce rapport, distribués par vous dans un pays où l'on est dans l'usage de n'apporter aucun soin dans le choix des reproducteurs, feront un bien incalculable ; vous êtes sûr de les bien vendre, et vous régénèrerez ainsi le bétail de tout l'arrondissement, sur lequel jusqu'à présent votre exemple n'a pas exercé une influence capable de triompher de l'incurie et de la routine.

Apportez la plus grande attention au choix de vos vaches laitières ; les mauvaises mangent autant que les bonnes. Persévérez dans la méthode de ne les conserver qu'autant qu'elles donnent leur maximum de lait, et de les engraisser pour la boucherie dès que leur lait diminue ; ne modifiez ce système que dans le cas, peu probable, où le prix de la viande de boucherie viendrait à baisser sensiblement.

Ne poussez jamais trop loin l'engraissement des animaux de boucherie. Quel que puisse être votre désir, très-légitime, d'ailleurs, de conquérir une prime dans un concours régional, ne dépensez pas votre peine et vos fourrages à fabriquer des bœufs dont la viande, à force d'être grasse, n'est plus, ni agréable au goût, ni salutaire à l'estomac, ou des moutons devenus tout suif, avec des restes de viande, dont après qu'ils sont dépécés, on ne peut, pour ainsi dire, rien faire de bon, si ce n'est de la chandelle. Mais ne vendez jamais de veaux trop jeunes, et n'en livrez jamais un seul au boucher avant qu'il ait été largement engraissé. De tous vos animaux de boucherie, le veau et le porc sont ceux dont, sans perte et sans inconvénient, vous pouvez pousser l'engraissement jusque près de ses limites extrêmes.

Soyez inexorables vis-à-vis de vos gens pour l'exécution des mesures de rigoureuse propreté dans l'étable, la ber-

gerie, la porcherie ; le succès de l'élève et de l'engraissement de toute espèce de bétail, dépend en grande partie
du soin que vous prendrez de veiller à ce qu'ils soient tenus le plus proprement possible ; d'ailleurs, l'habitude en
est prise dans votre ferme ; il ne faut que persévérer, et ne
pas souffrir qu'elle se perde. Quelle que puisse être l'a-
bondance de la production des fourrages dans votre exploitation, ne renoncez jamais à la sage coutume de peser les
rations de vos bestiaux, aussi bien celles des animaux de
service, que celles des animaux de rente, aussi bien celles
des bêtes d'élève, que celles des bêtes en voie d'engraissement.

Engrais. — Ayez toujours présent à la mémoire cette
vérité que, sans engrais, il n'y a pas de bonnes terres, et
qu'avec de l'engrais, il n'y en a pas de mauvaises ; trans-
mettez ce précepte à vos enfants ; hors de la, il n'y a pas
de bonne agriculture possible. Quand vous serez en possession d'une seconde citerne au purin, étendez à la plus
grande partie des terres voisines de la ferme l'usage de
l'engrais liquide, en vous souvenant qu'il est tout particulièrement utile au lin et au colza. Usez largement des
engrais pulvérulents, surtout du guano, de la poudrette
et du noir de raffinerie, pour les cultures de l'avant-der-
nière et la dernière année de votre assolement alterne
quadriennal qui convient à vos terres et qu'il n'y a pas de
motif de modifier. Ne craignez pas non plus de dépenser
de l'argent lorsqu'il s'agira de donner à propos à vos terres
des amendements très-actifs et d'un effet durable, tels que
la marne et la chaux ; c'est prêter à la terre un capital
qu'elle sait toujours rendre avec intérêts.

Conservation des produits. — Il y a un genre d'illu-
sion à laquelle cèdent beaucoup de fermiers, et contre la-

quelle je vous engage à vous tenir en garde; elle consiste à croire qu'en retardant la vente pour obtenir un prix un peu plus élevé, ils réalisent des bénéfices qui, le plus souvent, n'existent que dans leur imagination. Par exemple, votre sole de blé est de 40 hectares par an; la moyenne du rendement est de 25 hectolitres par hectare; au moment du battage, le blé vaut 20 fr. l'hectolitre; la grande meûnerie à vapeur, qui fonctionne à peu de distance de votre ferme, offre de vous acheter vos 1,000 hectolitres pour 20,000 fr., l'argent sur le sac. Ce prix ne vous semble point assez élevé; vous refusez de vendre, et six mois plus tard, vous vendez, en effet, 21 fr. l'hectol. ; vous recevez 21,000 fr., et vous dites : j'ai bien fait d'attendre; j'y gagne 1,000 fr. Mais, la main-d'œuvre pour remuer votre froment vous a coûté 25 cent. par hectolitre, soit 250 fr., et les insectes, charançons, alucites, fausses teignes, en ont détruit une douzaine d'hectolitres passés au déchet par le criblage. Consultez votre comptabilité ; vous verrez, non pas ce que vous avez gagné, mais bien ce qu'il vous en a coûté pour attendre, car, si vous aviez vendu au moment du battage, 20,000 fr. en six mois, vous auraient produit 500 fr. d'intérêts. Additionnez 250 fr. de frais de manutention, 500 fr. pour six mois d'intérêts, 240 fr., pour le déchet par les insectes ; vous trouverez un total de 990 fr. C'est donc en votre faveur une différence totale de 10 fr., à laquelle se réduit votre profit pour avoir vendu le blé 21 fr. au lieu de 20 fr. l'hectolitre; sans compter qu'au lieu d'une hausse de 1 fr., il pouvait survenir une baisse, et que, malgré toutes vos précautions contre les insectes, sur une provision de 1,000 hectolitres de froment conservé pendant six mois, le déchet pourrait être de plus de 12 hectolitres.

En règle générale, quand vous trouvez à vendre vos produits, à un prix suffisamment rémunérateur, ne vous laissez pas séduire par l'espoir d'une hausse incertaine ; vendez. L'argent dont vous pouvez toujours faire un emploi utile, une fois que vous l'avez entre les mains, vous met à l'abri de toute espèce de risques, et vous savez très-bien que, s'il y a des frais à faire pour garder du blé, il n'y en a pas pour garder l'argent qui, bien employé, porte toujours un intérêt dont il faut tenir compte.

Destruction des animaux nuisibles. — Autant j'ai pris plaisir à vous voir participer aux chasses au loup et vous y distinguer par le sang-froid, l'adresse et la sûreté du coup d'œil, autant je me suis appliqué à combattre en vous un penchant démesuré pour la chasse. Ce genre de plaisir ne convient point aux fermiers ; il les détourne de leurs travaux, les brouille avec leur propriétaire et ceux des terres voisines, et les entraîne à des pertes de temps souvent irréparables ; sans compter que tout fermier qui commence par être chasseur finit par être un peu braconnier ; et si le fermier braconne, que feront ses serviteurs ? L'affût au renard, et, avec l'autorisation du propriétaire, l'affût au lapin, que la rapidité de sa multiplication a fait classer avec raison parmi les animaux les plus nuisibles à l'agriculture, c'est tout ce que vous devez vous permettre en fait de chasse ; prenez ce conseil pour l'un des plus salutaires qu'il soit en mon pouvoir de vous donner. Employez toute votre autorité sur vos enfants et vos serviteurs pour qu'ils respectent les nids des oiseaux qui vivent uniquement d'insectes, et loin de causer à l'agriculture le moindre dommage, lui rendent, au contraire par la destruction des insectes nuisibles, des services signalés qu'eux seuls peuvent rendre.

Ne vous étonnez pas, mon ami, de ne trouver dans mes

conseils que deux lignes sur ce qui doit être le but de toute votre existence ; vous recommander de penser aux pauvres, ce serait douter de votre bon cœur ; reportez à celui qui sera le père spirituel de la paroisse après moi ce que vous aviez pour moi de confiance et de respect ; faites le bien, comme vous en avez la douce et salutaire habitude ; maintenez votre florissante famille dans la crainte de Dieu, l'amour du travail, et la commisération pour les pauvres ; je sais que vous le ferez en pensant à moi, et je vous en remercie.

FIN.

TABLE
ALPHABÉTIQUE DES MATIÈRES.

FIN DE LA TABLE ANALYTIQUE.

MÊME MAISON.

DU MÊME AUTEUR

DE LA VIGNE
ET DES ARBRES FRUITIERS

1 joli vol. in-18 avec gravures — Prix : **75** c.

DE LA BASSE-COUR
Traité complet de l'élève et de l'engraissement des animaux
de basse-cour

1 joli vol. in-18 — Prix : **75** c.

DES INSTRUMENTS ARATOIRES
ET DES TRAVAUX DES CHAMPS

1 joli vol. in-18 avec gravures. — Prix : **75** c.

DES BÊTES OVINES
ET DES CHÈVRES

1 joli vol. in-18 illustré. — Prix : **75** c.

GARO ET SON CURÉ
OU PRONES INTERROMPUS PAR UN IMPIE
ET DÉFENDUS PAR UN TROUPIER

Par V. BERTRAND

1 joli volume Charpentier — PRIX : **2 Fr.**

Paris. — Imp. H. CARION, rue Bonaparte, 64.

BIBLIOTHEQUE NATIONALE DE FRANCE

3 7531 05030406 3

www.ingramcontent.com/pod-product-compliance
Lightning Source LLC
LaVergne TN
LVHW011952170726
843503LV00001B/92